高等学校计算机基础教育规划教材

C语言程序设计教程
（第2版）

郭有强　马金金　朱洪浩　姚保峰　王磊　马程　编著

清华大学出版社
北京

内 容 简 介

本书注重培养读者的程序阅读能力和程序设计能力,是一本集知识性和实用性为一体的C语言程序设计教材。全书分3篇,共11章。第1篇(基础知识)包括C语言概述,数据类型、运算符及表达式,程序流程控制;第2篇(核心技术)包括函数、指针、数组、指针与数组;第3篇(高级应用)包括结构体与共用体、文件、编译预处理与位运算及综合应用举例。

本书真正遵循循序渐进的原则,结合C语言特点和初学者的接受规律设计课程体系结构,每章重点突出,难点分散处理,以“基本概念-基本应用-能力培养”为主线,注重结合大量实例分析及算法的应用与实现,强调程序设计应用开发能力的培养。本书力求做到概念清晰、内容新颖、实用性强,使初学者既能理解C语言的语法规则,又能掌握程序设计的思想和方法。本书配有《C语言程序设计教程实验指导与课程设计(第2版)》实验教材,并提供完整的教学PPT、所有案例源代码、习题答案、习题源代码等。

本书可作为高等院校、计算机水平考试、各类成人教育等教学用书,也可作为计算机爱好者的自学参考书。

图书在版编目(CIP)数据

C语言程序设计教程/郭有强等编著. —2版. —北京:清华大学出版社,2021.1(2021.10重印)
高等学校计算机基础教育规划教材
ISBN 978-7-302-55536-0

Ⅰ.①C… Ⅱ.①郭… Ⅲ.①C语言-程序设计-高等学校-教材 Ⅳ.①TP312

中国版本图书馆 CIP 数据核字(2020)第 086439 号

责任编辑:袁勤勇 杨 枫
封面设计:常雪影
责任校对:李建庄
责任印制:沈 露

出版发行:清华大学出版社
    网 址:http://www.tup.com.cn, http://www.wqbook.com
    地 址:北京清华大学学研大厦 A 座   邮 编:100084
    社 总 机:010-62770175   邮 购:010-83470235
    投稿与读者服务:010-62776969,c-service@tup.tsinghua.edu.cn
    质量反馈:010-62772015,zhiliang@tup.tsinghua.edu.cn
    课件下载:http://www.tup.com.cn,010-83470236
印 刷 者:北京富博印刷有限公司
装 订 者:北京市密云县京文制本装订厂
经 销:全国新华书店
开 本:185mm×260mm   印 张:21.5   字 数:497千字
版 次:2009 年 2 月第 1 版 2021 年 1 月第 2 版 印 次:2021 年 10 月第 3 次印刷
定 价:59.80 元

产品编号:088161-01

前言

C语言是一种在国际上广泛流行的计算机程序设计语言,从诞生之日起就一直保持着旺盛的生命力。它具有表达能力强、功能丰富、目标代码质量高、可移植性好、使用灵活方便、程序结构简洁清晰等特点。C语言既具有高级语言的优点,又具有低级语言的某些特点,能够用来编写各种系统软件和应用软件。C语言是一种结构化的程序设计语言,函数结构为实现程序的模块化设计提供了强有力的支持。C++、Java都是在C语言的基础上发展起来的,尽管如此,它们目前依然没有可取代C语言的迹象。尤其C11标准发布以后,C语言的旺盛生命力再次得到了保持和延续。因此,大部分高等院校都把C语言作为理工类专业的程序设计语言基础课程。

很多初学者感到学习C语言比较困难,尤其在核心内容上,如函数的参数传递、数组、指针等。为了使学生能够更好地理解和掌握核心重点内容,作者总结了30年的教学经验与不足,仔细分析了国内同类教材的体系结构,真正按照"循序渐进、深入浅出"的思路重构了核心内容的体系结构,进而形成了本修订版。本书共分3篇:基础知识、核心技术和高级应用。主要修订内容及调整如下。

全书共11章。第1篇(基础知识)包括C语言概述,数据类型、运算符及表达式,程序流程控制;第2篇(核心技术)包括函数、指针、数组、指针与数组;第3篇(高级应用)包括结构体与共用体、文件、编译预处理与位运算及综合应用举例。修订内容除了对各章节的文字叙述进行了完善和修改,更新了部分经典实例外,着重思考了第2篇(核心技术)的组织结构顺序,目的是突出每章的重点、核心内容,不再把多个重点、难点混在一章内,使学生能够重点明确、循序渐进地开展学习。区别于其他国内教材,本教材按照函数、指针、数组、指针与数组的顺序进行组织,这样考虑的原因如下。

(1)函数、指针、数组都是C语言的核心内容,每部分内容学生都不容易掌握,因此应分别突出本章重点,不能内容混杂,以便学生掌握本章学习重点,攻克本章学习难点。

(2)函数是C语言的基本单位,其重要性不言而喻,应该在整个教学体系中前置。指针、数组既是C语言的重点又是难点。指针的基本知识放在数组之前是为了解释清楚数组名的有关问题。由于指针、数组都是比较复杂的内容,因此指针、数组两章只分别介绍基本概念和基本应用,后面增加"指针与数组"一章专门处理指针与数组的结合应用问题,通过每章内容设计分层次提高难度。

(3)函数一章突出函数的有关内容,不涉及数组和指针;指针一章主要阐述指针的基本概念和基本应用,不涉及数组问题;数组一章主要阐述数组的基本概念和基本应用,不涉及指针的问题;指针与数组一章有针对性地专门阐述指针与数组的结合应用问题(两个重难点的结合)。这样安排,每章的内容聚焦、指向性强,前面的内容掌握后,后面渐进展开其他内容,并结合前面的内容逐步提高,真正做到"循序渐进"。

(4) 数组、指针的概念内容多且难懂,国内大部分教材对这两方面内容都是各用一章完成。这样,虽然整体组织结构上清晰,但从实际教学组织和学习效果看,学生往往分不清学习重点,因难点交织而难以掌握。本书首先各通过一章分别介绍数组、指针的基本概念和基本应用,然后通过"指针与数组"一章提高深化。这样处理后,学习难度呈现层次梯度,每部分内容学习目标性强,重难点突出,既便于学生对基本知识的掌握,又利于学生专心于能力提升。

以上调整,符合 C 语言特点和初学者的接受规律。本教材课程体系结构科学、组织合理、每章重点内容突出、知识难点分散处理,真正遵循了循序渐进的原则,使学生在建立正确程序设计理念的前提下,扎实地掌握利用 C 语言有关核心技术进行结构化程序设计的技术和方法,提高程序设计能力,并为进一步学习后续课程打下扎实的基础。

本书是安徽省高等学校省级质量工程项目(一流教材建设),从 C 语言程序设计的基本思想出发,以"基本概念-基本应用-能力培养"为主线,注重案例驱动与算法的应用与实现,强调程序设计应用开发能力的培养。本书自 2009 年 2 月第 1 版出版发行以来,在多所院校得到很好的应用,颇受广大师生的好评。本书有配套的《C 语言程序设计教程实验指导与课程设计(第 2 版)》实验教材,书中所有例题、习题源代码均在 Visual C++ 6.0 环境下调试通过。与本教材配套的还有完整的 C 语言课程教学大纲、课件、教学进度表、书中所有案例源代码、习题答案、习题源代码等,以上资源也可从清华大学出版社网站(http://www.tup.tsinghua.edu.cn/index.html)下载。

本教材可作为高等院校、计算机水平考试、各类成人教育等教学用书,也可作为计算机爱好者的自学参考书。

本书由郭有强负责总体设计、统稿,并编写第 9、11 章;马金金编写第 1、7 章,并负责本书全部源代码的测试及教学视频制作;朱洪浩编写第 4、6 章,并负责全书文字校对。参加编写的还有姚保峰,编写第 2、3 章;王磊编写第 5、8 章;马程编写第 10 章。感谢参加第 1 版编写工作的戚晓明、何爱华、刘娟等老师。

在本书的编写过程中参考了部分图书资料和网站资料,在此向文献作者表示衷心的感谢。清华大学出版社的编辑和校对人员为本书出版付出了心血,在此表示感谢!

感谢读者选择使用本书。由于作者水平有限,书中难免会有不足之处,恳请业界同人及广大读者朋友提出宝贵意见,敬请批评指正。

郭有强

2021 年 1 月

目　录

第 2 篇　核 心 技 术

第 3 篇　高级应用

第1篇

基 础 知 识

第1章

C 语言概述

学习目标：

(1) 掌握程序和程序设计的有关知识。

(2) 理解算法，掌握算法设计的基本思想及其表示方法。

(3) 了解 C 语言的发展和特点。

(4) 掌握 Visual C++ 6.0 集成开发环境的使用。

C 语言是一门面向过程、抽象化的通用程序设计语言，广泛应用于底层开发。C 语言的设计目标是提供一种能以简易的方式编译、处理低级存储器、仅产生少量的机器码以及不需要任何运行环境支持便能运行的编程语言。C 语言描述问题比汇编语言简洁，编码工作量小，可读性好，易于调试、修改和移植，而代码质量与汇编语言相当。C 语言一般只比汇编语言代码生成的目标程序效率低 10％～20％，因此 C 语言可以编写系统软件。尽管 C 语言提供了许多低级处理的功能，但仍然保持着跨平台的特性，以一个标准规格写出的 C 语言程序可在包括一些类似嵌入式处理器以及超级计算机等作业平台的许多计算机平台上进行编译。

1.1 程序与程序设计语言

1.1.1 程序

程序是指一组指示计算机或其他具有信息处理能力装置执行动作或做出判断的指令，通常用某种程序设计语言编写，运行于某种目标体系结构上。尽管当今的计算机系统已具有相当高的水准，但仍采用冯·诺依曼(von Neumann，1903—1957)的体系结构，基于这种体系，计算机如果没有程序的支持将无法工作。程序里的指令都是基于机器语言，程序通常首先用一种计算机程序设计语言编写，然后用编译程序或者解释执行程序翻译成机器语言。程序一般分为系统程序和应用程序两大类。

一个程序应包括如下信息。

(1) 数据描述。在程序中指定数据的类型和数据的组织形式，即数据结构(data structure)。

（2）操作描述。操作的方法和步骤，也就是算法（algorithm）。

数据是操作的对象，操作是对数据进行加工处理，以便得到结果。

著名计算机科学家沃思（Niklaus Wirth）提出：数据结构＋算法＝程序。

通常认为：

$$程序＝算法＋数据结构＋程序设计方法＋语言工具和环境$$

由此可见，编写程序是让计算机解决实际问题的关键。一般编译写计算机程序必须具备两个基本条件：一是掌握一门计算机高级语言的规则，二是掌握解题的方法和步骤。

1.1.2　程序设计语言

现代计算机是由硬件系统和软件系统两大部分构成的，硬件是计算机系统的物质基础，而软件是计算机的灵魂。没有软件的计算机称为"裸机"，这样的计算机什么也干不了，只有安装了软件，计算机才能工作，成为一台真正意义上的"电脑"，而所有的软件，都是用计算机程序设计语言编写的。程序设计语言（programming language），是一组用来定义计算机程序的语法规则。它是一种被标准化的交流技巧，用来向计算机发出指令。一种计算机语言让程序员能够准确地定义计算机所需要使用的数据，并精确地定义在不同情况下所应当采取的行动。计算机程序设计语言的发展，经历了从机器语言、汇编语言到高级语言的历程。

1. 机器语言

机器语言是用二进制代码表示的计算机能直接识别和执行的一种机器指令的集合。它是计算机的设计者通过计算机的硬件结构赋予计算机的操作功能。用机器语言编写程序，编程人员要首先熟记所用计算机的全部指令代码和代码的含义。编写程序时，程序员要自己处理每条指令和每一数据的存储分配和输入输出，还得记住编程过程中每步所使用的工作单元处在何种状态。这是件十分烦琐的工作，而且，编写出的程序全是 0 和 1 的指令代码，直观性差，还容易出错。现在，除了计算机生产厂家的专业人员外，绝大多数的程序员已经不再去学习机器语言了。机器语言具有灵活、直接执行和速度快等特点，但可读性差、可移植性差、重用性差。

2. 汇编语言

汇编语言是面向机器的程序设计语言。由于机器语言难以掌握，人们着手进行了一系列的改进，用一些简单的英文字母和符号串来替代完成特定的指令的二进制串，这样用符号代替机器语言的二进制码，就把机器语言变成了汇编语言（也称为符号语言）。使用汇编语言编写的程序，机器不能直接识别，要由一种程序将汇编语言翻译成机器语言，这种起翻译作用的程序叫作汇编程序，汇编程序是语言处理系统软件。汇编程序把汇编语言翻译成机器语言的过程称为汇编。汇编语言不像其他大多数的程序设计语言一样被广泛用于程序设计。在今天的实际应用中，它通常被应用在底层，即硬件操作和高要求的程序优化的场合。驱动程序、嵌入式操作系统和实时运行程序都需要汇编语言。汇编语言保持了机器语言的优点,但开发效率很低,只能针对特定的体系结构和处理器进行优化。

3. 高级语言

高级语言主要是相对于汇编语言而言,它是较接近自然语言和数学公式的编程,基本脱离了机器的硬件系统,用人们更易理解的方式编写程序。高级语言与计算机的硬件结构及指令系统无关,它有更强的表达能力,可方便地表示数据的运算和程序的控制结构,能更好地描述各种算法,而且容易学习掌握。编写的程序称为源程序。高级语言并不是特指的某一种具体的语言,而是包括很多编程语言,如流行的 Java、C、C++ 、C♯、Pascal、Python、Lisp、Prolog、FoxPro 等,这些语言的语法、命令格式都不相同。计算机高级语言按程序的执行方式可以分为编译型和解释型两种。编译型语言的程序是一次性地编译成机器码,可以脱离开发环境独立运行,而且通常运行效率较高。如 C、C++ 、Fortran、Pascal 等。解释型语言的程序在解释器上运行,可以方便地实现源程序级的移植,跨平台性较好,但由于每次执行都需要进行一次编译,因此解释型语言的运行效率通常较低。如Ruby、Python 等。

1.1.3　程序设计

程序设计是给出解决特定问题程序的过程,是软件构造活动中的重要组成部分。程序设计往往以某种程序设计语言为工具,给出这种语言下解决问题的程序。程序设计过程应当包括分析、设计、编码、测试、排错等不同阶段。程序设计与软件设计不是一个概念,它们的侧重点不同。如果说软件设计是工程项目设计,则程序设计是工程中核心部分的实施过程。从另一个角度看,程序设计与软件设计之间又难以找出明显的分界线,交叉地带有很多共同的问题。整个程序设计过程为软件开发的一部分。程序设计的一般步骤如下。

1. 确定数据结构

依据所需要处理的任务要求,规划输入的数据和输出的结果,确定存放数据的数据结构。由于在 C 语言中数据结构集中体现在数据类型上,因此,在进行程序设计时,应统筹规划程序中所使用的变量、数组、指针以及它们的类型等。这是很重要的,如果在此期间选择了不合适的数据类型,将来修改起来就会比较困难。

2. 确定算法

算法是指为解决某一特定问题而采取的确定的有限的步骤。对同一个问题,每一个人确定的算法都不应该完全相同。算法有优有劣,对于程序设计人员来说,应该学习比较优秀和比较经典的算法。

3. 编写程序

在充分论证数据结构和算法以后才能考虑编写程序,编写程序需要结合程序设计方法(面向过程或是面向对象)和程序设计语言,不同的集成开发环境写出的程序代码是有区别的。

4. 程序调试

程序开发人员编写的程序称为源程序或源代码,源代码不能直接被计算机执行。源代码要经过编译程序编译,生成目标程序,然后链接其他相应的代码,最后生成可被计算机执行的可执行文件。一个源代码有时要经过多次的修改才能编译通过,因此这一步有时是很困难的。程序在编译时,如果不能通过,则会有错误提示信息,程序员要根据错误提示信息调试程序。

5. 整理源程序并总结资料

对于程序设计人员来说,平时的归纳和总结是很重要的。程序员应将平时的源程序进行归类保存,以方便今后查找,同时一定要注意保留文字资料。

1.2 算 法

在计算机领域,算法就是用计算机解决数值计算或非数值计算问题的方法。著名的图灵理论指出,只要能被分解为有限步骤的问题就可以被计算机执行。这条理论定义了算法一是有限的步骤,二是能够将这些步骤设计为计算机所执行的程序。要描述解决问题的方法步骤,首先要对算法进行研究。算法的内容涉及面很广,这里仅作概念性的介绍。

1.2.1 算法的含义

算法(algorithm)是指解题方案的准确而完整的描述,是一系列解决问题的清晰指令,算法代表着用系统的方法描述解决问题的策略机制。也就是说,能够对一定规范的输入,在有限时间内获得所要求的输出,如图 1.1 所示。如果一个算法有缺陷,或不适合于某个问题,执行这个算法将不会解决这个问题。不同的算法可能用不同的时间、空间或效率来完成同样的任务。一个算法的优劣可以用时间复杂度与空间复杂度来衡量。算法的时间复杂度是指执行算法所需要的计算工作量,算法的空间复杂度是指算法需要消耗的

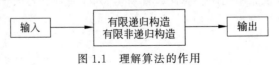

图 1.1　理解算法的作用

内存空间。

算法是在有限步骤内求解某一问题所使用的一组定义明确的规则。通俗地说,就是解题方案的准确而完整的描述,是一系列解决问题的清晰指令。在这个过程中,无论是形成解题思路还是编写程序,都是在实施某种算法。前者是推理实现的算法,后者是操作实现的算法。

例如:设有两个杯子 A 和 B,分别盛放酒和醋,要求将它们互换。算法如下:

step 1:C←A;

step 2:A←B;

step 3:B←C。

例如:从 10 个数中找出最大数,存入 max 中。算法如下:

step 1:i=1,令 max 等于第一个数;

step 2:i=i+1;

step 3:将 max 与第 i 个数进行比较,若前者小于后者,则修正 max 为第 i 个数;否则进行 step 4;

step 4:若 i<10,则转到 step 2;否则输出 max 并结束。

例如:求 1～100 的和。算法如下:

step 1:sum←0,t←1;

step 2:sum←sum+t;

step 3:t←t+1;

step 4:若 t<=100,则转到 step 2,否则转到 step 5;

step 5:输出 sum,结束。

例如:求 n!。算法如下:

step 1:s←1,t←1;

step 2:s←s * t;

step 3:t←t+1;

step 4:若 t<=n,则返回 step 2,否则输出 s 并结束。

1.衡量算法步骤优劣的标准

衡量一个算法步骤优劣的标准主要有以下 3 方面。

(1) 思路:清晰、正确。

(2) 过程:简单、明了、扼要。

(3) 算法:合适。

例如:求 1+2+3+…+100,这个问题可以设计以下两种算法。

算法 1:传统的方法就是逐个累加,即 1+2=3,3+3=6,6+4=10,…,4851+99=4950,4950+100=5050。加到 100 需要计算 99 次。

算法 2:分析规律,1+100=2+99=3+98=…=50+51,那就是 100/2=50 个 101 相加,所以直接等于(1+100)×100/2=5050,即首末相加的和乘以个数除以 2 就可以,省了很多计算量,这在数量更大时优势尤为明显,算法 2 相比算法 1 而言,是采用寻求规律,减少计算量的较好算法。

2. 算法分类

按数据的处理方式，计算机中的算法可分为两类。

(1) 数值运算：求数值的解。如求解方程的根、求函数的定积分等。

这类算法研究较深入、成熟，如数学程序库中的有关数学问题的求解，已编制成了标准的子程序供人们使用。

(2) 非数值运算：目前使用的范围广泛，如办公自动化处理、图书情报检索等。

此类算法一般没有固定的模式，由编程者自己编制，或参考已有类似的算法重新设计解决特定问题的专门算法。如排序是非数值运算算法中研究较为深入的一种。

3. 学习算法的意义

算法思想是现代人应具备的一种数学素养。掌握算法的基本思想、基本特征，理解构造性数学，有利于培养学生的逻辑思维、表达能力、理性精神和实践能力。

1.2.2　算法的特性

一个算法应该具有以下 5 个重要的特征。

(1) 有穷性：一个算法必须保证执行有限步之后结束。

(2) 确切性：算法的每一步骤必须有确切的定义。

(3) 输入：一个算法有零个或多个输入，以确定运算对象的初始情况，所谓零个输入是指算法本身定出了初始条件。

(4) 输出：一个算法有一个或多个输出，以反映对输入数据加工后的结果。没有输出的算法是毫无意义的。

(5) 有效性：算法中的每一个步骤都应该被有效地执行，并应能得到一个明确的结果。例如，b＝0 时，a/b 是不能有效执行的。

不满足有穷性的，不能称为算法，只能称为计算过程，操作系统就是一个计算过程。操作系统在没有作业时，其计算过程并不终止，而是处于等待状态，直到新的作业进入。

正确的算法必须满足下列 3 个条件。

(1) 每一个逻辑块必须由可以实现的语句来完成；

(2) 模块与模块之间的关系应该是唯一的；

(3) 算法要能终止，不能造成死循环。

下列过程不是一个正确的算法。

step 1：令 n 等于 0；

step 2：n 加 1；

step 3：转向 step 2。

如果利用计算机执行此过程，则形成死循环。

而下列过程就是一个正确的算法。

step 1：令 n 等于 0；

step 2：n 加 1；

step 3：如果 n 小于 100，则转向 step 2，否则停止。

1.2.3 算法的表示

算法的表示方法很多，主要有自然语言、流程图、N-S 图、伪代码和计算机程序语言等。这里重点介绍自然语言、传统流程图和 N-S 图。

1. 自然语言

自然语言是指人们日常使用的语言，可以是英文、中文或中英文结合。自然语言的优点是通俗易懂；缺点是文字冗长，易出现歧义。

例如：求解 sum＝1＋2＋3＋4＋5…＋(n−1)＋n。

使用自然语言描述从 1 开始的连续 n 个自然数求和的算法如下：

① 确定一个 n 的值；

② 假设等号右边的算式项中的初始值 i 为 1；

③ 假设 sum 的初始值为 0；

④ 如果 i≤n 时，执行⑤，否则转出执行⑧；

⑤ 计算 sum 加上 i 的值后，重新赋值给 sum；

⑥ 计算 i 加 1，然后将值重新赋值给 i；

⑦ 转去执行④；

⑧ 输出 sum 的值，算法结束。

2. 流程图

用图形表示算法，直观形象，易于理解。流程图是用一些图框来表示各种操作。美国国家标准化协会(ANSI)规定了一些常用的流程图符号，如表 1.1 所示。

表 1.1　常用的流程图符号

符　　号	名　　称	作　　用
	开 始、结束符	表示算法的开始和结束符号
	输入、输出框	表示算法过程中，从外部获取的信息（输入），然后将处理过的信息输出
	处理框	表示算法过程中需要处理的内容，只有一个入口和一个出口
	判断框	表示算法过程中的分支结构，菱形框的 4 个顶点中，通常用上面的顶点表示入口，根据需要用其余的顶点表示出口
	流程线	算法过程中的指向流程的方向

例如：求解 sum＝1＋2＋3＋4＋5…＋(n−1)＋n。

使用流程图描述从 1 开始的连续 n 个自然数求和的算法，如图 1.2 所示。

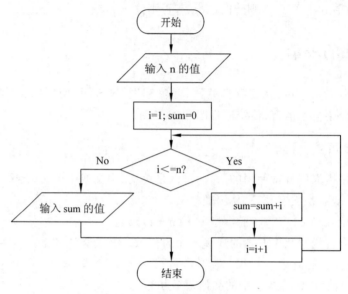

图 1.2　流程图表示算法

从这个算法流程图可以比较清晰地看出求解问题的执行过程。

3. N-S 图

1973 年，美国学者提出了一种新的流程图形式。在这种流程图里，完全去掉了带箭头的流程线。全部算法写在一个矩形框内，在框内还可以包含其他从属于它的方框，即由一些基本的框组成一个大框。这种流程图适用于结构化程序设计算法的描述，常用的 N-S 流程图符号如表 1.2 所示。

表 1.2　常用的 N-S 流程图符号

符　号	名　称	作　用
<table><tr><td>A</td></tr><tr><td>B</td></tr></table>	顺序结构	A 和 B 两个框表示顺序结构
P / 成立 \ 不成立 / A \ B	选择结构	当 P 条件成立时执行 A 操作，当 P 条件不成立时执行 B 操作

符　　号	名　称	作　　用
当P成立 A	循环结构	当型循环：当条件 P 成立时反复执行 A 操作，当条件 P 不成立时结束循环
A 直到P成立		直到型循环：反复执行 A 操作，直到条件 P 成立

例如：求解 sum=1+2+3+4+5…+(n−1)+n。

使用 N-S 结构图描述从 1 开始的连续 n 个自然数求和的算法如图 1.3 所示。

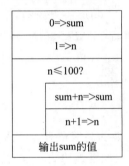

图 1.3　N-S 结构图描述

1.3　C 语言简介

1.3.1　C 语言的发展

C 语言的前身是 ALGOL 语言（ALGOL 60 是一种面向问题的高级语言）。1963 年，英国剑桥大学推出 CPL 语言，此语言在 ALGOL 语言的基础上增加了硬件处理能力，同年，剑桥大学的马丁·理查德对其简化，提出 BCPL 语言；1970 年，肯·汤普森以 BCPL 语言为基础，设计出很简单且很接近硬件的 B 语言（取 BCPL 的首字母），并且他用 B 语言写了第一个 UNIX 操作系统；1972 年，美国贝尔实验室的布朗·卡尼汉和丹尼斯·利奇对其完善和扩充，提出了 C 语言（取 BCPL 的第二个字母）；1973 年年初，C 语言的主体完成，汤普森和利奇迫不及待地开始用它完全重写了 UNIX；1989 年，ANSI 发布了第一个完整的 C 语言标准——ANSI X3.159—1989，简称 C89，不过人们习惯称其为 ANSI C；C89 在 1990 年被国际标准组织 ISO(International Standard Organization)一字不改地采纳，ISO 官方给予的名称为 ISO/IEC 9899，所以 ISO/IEC 9899:1990 也通常被简称为 C90；1999 年，在做了一些必要的修正和完善后，ISO 发布了新的 C 语言标准，命名为

ISO/IEC 9899:1999，简称为 C99(C 语言的第二个官方标准)；2011 年 12 月 8 日，ISO 又正式发布了新的标准，称为 ISO/IEC 9899：2011，简称为 C11(C 语言的第三个官方标准，也是 C 语言的最新标准)。自 1972 年投入使用之后，C 语言成为 UNIX 和 Xenix 操作系统的主要语言，是当今最为广泛使用的程序设计语言之一。推动 C 语言发展的主要计算机专家如图 1.4 所示。

(a) BPCL——马丁·理查德　　　　(b) B——肯·汤普森　　　　(c) C——丹尼斯·利奇

图 1.4　推动 C 语言发展的主要计算机专家

1.3.2　C 语言的特点

(1) C 语言是具有低级语言功能的高级语言。C 语言把高级语言的基本结构和语句与低级语言的实用性结合起来，可以像汇编语言一样对位、字节和地址进行操作，而这三者是计算机最基本的工作单元。C 语言允许直接访问物理地址，可以直接对硬件进行操作，可以用来写系统软件。

(2) C 语言简洁、紧凑，使用方便、灵活。C 语言程序书写形式自由，主要用小写字母表示，相对于其他高级语言源程序代码量少。

(3) 运算符丰富，表达式能力强。C 语言的运算符包含的范围很广泛，共有 34 个运算符。C 语言把括号、赋值、强制类型转换等都作为运算符处理。从而使 C 语言的运算类型极其丰富，表达式类型多样化，灵活使用各种运算符可以实现在其他高级语言中难以实现的运算。

(4) 数据结构丰富，便于数据的描述与存储。C 语言的数据类型有整型、实型、字符型、数组类型、指针类型、结构体类型、共用体类型等，能用来实现各种复杂的数据类型的运算，并引入了指针概念，使程序效率更高。另外，C 语言具有强大的图形功能，支持多种显示器和驱动器，且计算功能、逻辑判断功能强大。

(5) C 语言是结构化、模块化的编程语言。结构化语言的显著特点是代码及数据的分隔化，即程序的各个部分除了必要的信息交流外彼此独立。这种结构化方式使得程序层次清晰，便于使用、维护以及调试。C 语言是以函数形式提供给用户的，这些函数可方便地调用，并具有多种循环、条件语句控制程序流向，从而使程序完全结构化。

(6) C 语言程序生成代码质量高，程序执行效率高，一般只比汇编程序生成的目标代码效率低 10%～20%。

（7）C 语言程序可移植性好。与汇编语言相比，C 语言程序基本上不做修改就可以运行于各种型号的计算机和各种操作系统。

C 语言也存在一些不足之处，如运算符及其优先级过多、语法定义不严格等，对于初学者有一定的困难。

操作系统、系统使用程序以及需要对硬件进行操作的场合，用 C 语言明显优于其他高级语言，许多原来用汇编语言处理的问题可以用 C 语言进行处理。C 语言绘图能力强，可移植性强，并具备很强的数据处理能力，因此适用于编写系统软件，三维、二维图形和动画，它是数值计算的高级语言。

1.3.3　简单的 C 语言程序

一个完整的 C 语言程序由一个或多个具有相对独立功能的程序模块组成，这样的程序模块称为函数。因此，函数是 C 语言程序的基本单位。

【例 1-1】　在屏幕上输出字符串"Hello World!"。

程序代码如下：

```
/* e1_1.c */
#include<stdio.h>
void main(){
    printf("Hello World!\n");                /* 在屏幕输出 Hello World!字符串 */
}
```

程序运行结果：

```
Hello World!
```

程序说明：

（1）以 # 开始的语句称为预处理指令，将 stdio.h 文件包含到本程序中。

（2）程序只包括一个主函数 main()，void 表示 main() 返回一个无类型（不确定）值。

（3）函数体调用标准输出函数 printf()，作用是在屏幕上输出字符串 Hello world!，\n 是换行符。

（4）/* … */是注释语句。

【例 1-2】　计算两个整数之和，并输出到屏幕。

程序代码如下：

```
/* e1_2.c */
#include<stdio.h>
void main(){
    int i,j,sum;                    /* 定义变量 i,j,sum */
    i=3;j=5;                        /* 为变量 i,j 赋值 */
    sum=i+j;                        /* 对 i 和 j 求和放入变量 sum 中 */
    printf("sum=%d\n",sum);         /* 在屏幕输出求和结果 */
```

```
        }
```

程序运行结果：

```
sum=8
```

程序说明：

（1）首先定义 3 个整变量 i、j、sum，int 是整型类型符；然后分别为变量 i、j 赋值；接着将 i 和 j 的值相加后存入变量 sum，最后输出求和结果 sum。

（2）＝是赋值运算符，作用是将右边的值赋值给左边的变量。

通过以上两个程序可以看出，编写 C 语言程序需要掌握 C 语言特定的书写规则。

（1）以♯开始的语句称为预处理指令。♯include 语句不是必需的，但是，如果程序有该语句，就必须将它放在程序的开始处。以.h 为后缀的文件被称为头文件，可以是 C 语言程序中现成的标准库文件，也可以是自定义的库文件。stdio.h 文件中包含了有关输入输出语句的函数。

（2）C 语言程序由函数组成。由一个主函数 main() 和若干个被调用函数组成，主函数有且仅有一个。一个 C 语言程序总是从 main() 函数开始执行，最后在 main() 函数结束。主函数的位置在程序中是任意的，其他函数总是通过函数调用语句执行。主函数可以调用任何非主函数，任何非主函数都可以相互调用，但是不能调用主函数。

（3）函数的定义分为两部分：函数说明（即函数头）和函数体。

```
返回值类型 函数名(类型 形参 1,类型 形参 2,…) {
        变量定义部分
        执行部分
}
```

函数可以返回一个具体值，也可以返回一个不确定值。如果某函数返回一个不确定值，则返回值类型为 void。函数名后的一对圆括号不能省略，可以有参数，也可以没有参数。一对花括号表示函数体，花括号也可以用于将语句块括起来。

（4）函数体中的每个语句都以分号结束，语句的数量不限，C 语言程序中的一个语句可以跨越多行，并且用分号通知编译器该语句已结束。复合语句要以一对{ }括起来。

（5）C 语言本身没有输入输出语句。输入和输出操作通过调用系统提供的标准输入输出函数完成。

（6）C 语言中的变量必须先定义才能使用。

（7）可以用/＊…＊/对 C 语言程序中的任何部分做注释。作用是帮助用户阅读程序，它对程序的运行不起作用，编译系统在对源程序进行编译时，注释会被忽略。/＊和＊/必须成对出现，且/和＊之间不能有空格，注释内容可以是西文，也可以是中文。在程序中添加注释是一个好的编程习惯，可以增强程序的可读性。

1.4　C语言程序开发过程

前面学习了C语言的基本语法知识,这些知识是编写C语言程序的基础,但仅仅这些是不够的。下面通过一个具体实例介绍C语言编程求解的完整过程。

1.4.1　问题分析与算法设计

例如:求1~100的整数和。

传统的算法是将每个数字逐个累加,即

$$1+2=3,3+3=6,6+4=10,\cdots,4851+99=4950,4950+100=5050。$$

每次累加一个值,这个值是规律变化的,设置一个变量(如i)来表示这个值,由于在第一次要加的这个值是1,因此将其初始化为1。为了保存累加的结果值,需要设置另一个变量(如sum),由于其开始时没有加入任何值,因此将其值初始化为0。所以,每次累加的C语言语句可以写为

```
sum=sum+i;
```

累加过程从1开始重复100次,因此使用循环进行,完整的过程可以描述为:

step 1:将i初始化为1,将sum初始化为0;

step 2:若i小于或等于100,将i加入sum中,i的值加1,重复执行step 2;

step 3:若i的值大于100,输出sum的值,程序结束。

以上过程就是逐步解决该问题的具体步骤,也就是该问题的算法。

1.4.2　编辑程序

确定了问题的算法后,就可以根据算法的描述对程序进行编辑。编辑程序是指C语言源程序的输入和修改。使用文本编辑器创建源代码的文件,最后以文本文件的形式存放在磁盘上,主文件名由用户自行定义,扩展名为c,如hello.c。许多文本编辑器都可以用来编辑源程序,如Windows的记事本、Turbo C等,本书程序均采用Visual C++ 6.0环境编辑。下面介绍具体的操作方法。

1. 启动 Visual C++ 6.0 环境

方法:选择【开始】|【程序】|Microsoft Visual studio 6.0|Microsoft Visual C++ 6.0命令,启动 Visual C++ 6.0,主窗口如图1.5所示。

2. 新建 C 源程序文件

(1)选择 Files|New,弹出 New 对话框。

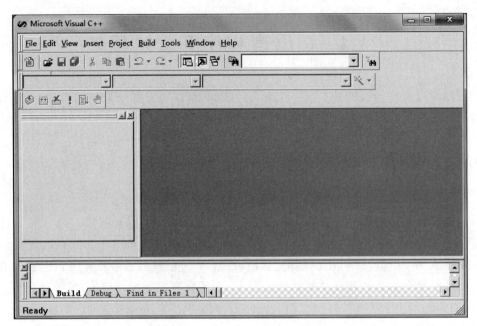

图 1.5　Visual C++ 6.0 环境

（2）单击 Files 选项卡；再选取 C++ Source File 选项，在右侧的 File 文本框中输入文件名，如 test.c（扩展名若不写，默认为 c）；在 Location 文本框中可以设置文件存放的路径，单击 OK 按钮，如图 1.6 所示。

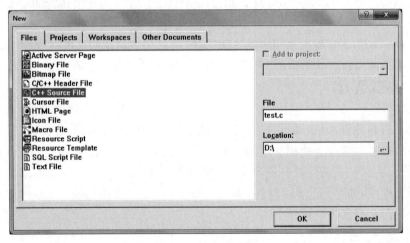

图 1.6　新建对话框

此时可以看到右侧空白区域即为该文件的编辑区，在该区域内输入程序代码即可。如求 1～100 的整数和的程序编辑，如图 1.7 所示。

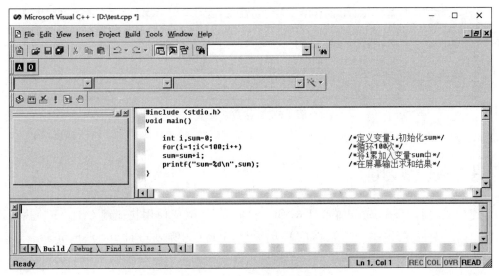

图 1.7　为 test.c 输入代码

1.4.3　编译与连接

编译是编译器把 C 语言源程序翻译成二进制目标程序。目标程序文件的主文件名与源程序的主文件名相同,扩展名为 obj。如果在编译过程中出现错误,系统会给出"出错信息",此时用户需要回到编辑状态进行修改,直到编译通过为止。

编译成功后,用连接程序将编译过的目标程序和程序中用到的库函数连接装配在一起,形成可执行的目标程序。可执行文件的主文件名与源程序的主文件名相同,其扩展名为 exe。

在 Visual C++ 6.0 中输入源程序后,选择 Build 菜单下的 Compile test.c(或使用快捷键 Ctrl+F7)编译这个文件,如果输入内容没有错误,屏幕下方的输出窗口将会显示如图 1.8 所示的结果。

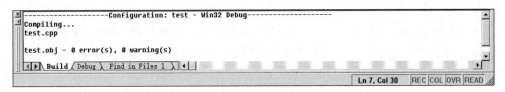

图 1.8　编译成功提示

如果在编译时得到错误或警告信息,可能是源文件出现错误,再次检查源文件是否有错误;若有则改正它,再重新编译,直到出现如图 1.8 所示的结果。

编译通过后,选择 Build 菜单下的 Build　test.exe(或使用快捷键 F7)进行连接。如果连接正确,屏幕下方的输出窗口将会显示如图 1.9 所示的结果。

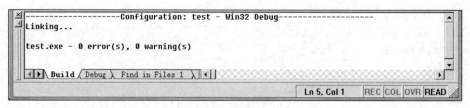

图 1.9　连接成功提示

1.4.4　运行与调试

连接成功后,选择 Build 菜单下的 Start Debug\Go(或使用快捷键 Ctrl＋F5)执行该文件,程序运行后将显示一个类似 DOS 的窗口,在窗口中显示一行 sum＝5050。

所谓程序调试,是指对程序的查错和排错。程序调试一般经过以下几个步骤。

1. 人工检查,即静态检查

在写好一个程序后,不要匆忙上机,而应对纸面上的程序进行人工检查,这一步很重要,它能发现程序设计人员由于疏忽而造成的多处错误。为了更有效地进行人工检查,所编写的程序应力求做到以下 3 点:

(1) 采用结构化程序方法编程,以增加可读性;

(2) 尽可能多地加注释,以帮助理解每段程序的作用;

(3) 在编写复杂程序时,不要将全部语句都写在 main()中,要编写多个函数分别实现一个个单独的功能。这样既易于阅读,也便于调试,各函数之间除用参数传递数据外,数据间应尽量少出现耦合关系,以便于分别检查和处理。

2. 上机调试,即动态检查

在人工(静态)检查无误后,上机调试,通过上机发现错误称为动态检查。

3. 运行程序,试验数据

运行程序,输入程序所需数据,得到运行结果。对运行结果进行分析,看是否符合要求。有的初学者看到输出运行结果就认为没问题了,不做认真分析,这是不对的。

本 章 小 结

本章介绍了 C 语言的发展和特点、C 语言程序的构成以及算法的定义和表示,其中 C 语言程序的构成和算法的表示是重点和难点。程序是控制计算机完成特定功能的一组有序指令的集合,编写程序所使用的语言称为程序设计语言,C 语言是一种高级程序设计语言,知识要点如下。

（1）C语言是一种面向过程的程序设计语言,兼有高级语言和汇编语言的优点。它有丰富的数据类型、运算符、标准库函数及预处理功能,目标代码效率高,程序可移植性好。

（2）算法是指解题方案的准确而完整的描述,是一系列解决问题的清晰指令,算法代表着用系统的方法描述解决问题的策略机制。一个算法的优劣可以用空间复杂度与时间复杂度进行衡量。

（3）构成C语言程序的基本单位是函数,函数是具有相对独立功能的程序模块。任何一个可以执行的C语言程序,有且仅有一个main(),程序总是从主函数中的第一条语句开始运行。用户可以自定义函数,C语言程序中可包含一个或多个这样的函数,也可以没有。C语言提供标准库函数,它们是开发者为用户预先编写的、具有特定功能的一系列函数。

（4）C语言程序的书写格式自由、灵活。C语言的函数由语句组成,以分号";"作为语句的结束符;C语言区分大小写。

（5）C语言程序的运行一般要经过4个步骤,即源程序的编辑、编译、目标程序的连接、可执行程序的运行。

习　题　1

一、单项选择题。

1. 一个C语言程序可以包含任意多个不同名的函数,但有且仅有一个_____,一个C语言程序总是从主函数开始执行。

  A. 过程　　　　　　B. 主函数　　　　　　C. 函数　　　　　　D. include

2. 以下叙述中不正确的是_____。

  A. 无论注释内容的多少,在对程序编译时都被忽略

  B. 注释语句只能位于某一语句的后面

  C. 注释语句必须用/ ∗ 和 ∗ /括起来

  D. 在注释符/和 ∗ 之间不能有空格

3. _____是C语言程序的基本构成单位。

  A. 语句　　　　　　B. 程序行　　　　　　C. 函数　　　　　　D. 子程序

4. 以下说法中正确的是_____。

  A. C语言程序总是从第一个函数开始执行

  B. 在C语言程序中,要调用的函数必须在main()函数中定义

  C. C语言程序总是从main()函数开始执行

  D. C语言程序中的main()函数必须放在程序的开始部分

5. 在C语言中,每个语句和数据定义是用_____结束。

  A. 句号　　　　　　B. 逗号　　　　　　C. 括号　　　　　　D. 分号

二、填空题。

1. C语言程序由_____组成。

2. 结构化程序由_____、_____和_____ 3 种基本结构组成。

3. C 语言源程序文件的后缀是_____,经过编译后,所生成文件的后缀是_____,经过链接后,所生成的文件后缀是_____。

4. 函数体以符号_____开始,以符号_____结束。

三、用传统流程图或 N-S 流程图表示实现下列功能的算法

1. 求 5! 的算法(1 * 2 * 3 * 4 * 5)。

2. 输入一个整数,输出它的所有因子数。

3. 判断 2000—2500 年间闰年的算法。

4. 求两个数 m 和 n 的最大公约数。

四、编程序输出下列图形

1.
```
    *
   ***
  *****
   ***
    *
```

2.
```
* * * * * * * * * * * * *
        Very good!
* * * * * * * * * * * * *
```

第 2 章

数据类型、运算符及表达式

学习目标：

（1）掌握 C 语言的基本字符集、词汇、数据类型。

（2）熟悉 C 语言的基本数据类型及其使用，理解各种数据类型之间的转换规律。

（3）熟练掌握格式输入函数 scanf() 和格式输出函数 printf() 的使用；了解单字符输入函数 getchar() 和输出函数 putchar() 的使用方法；了解字符串输入函数 gets() 和输出函数 puts() 的使用方法。

（4）掌握运算符、表达式、优先级和结合性的概念；熟知各种运算符，掌握对应表达式的书写方法及表达式值的概念。

2.1　语　法　基　础

任何程序设计语言都有一套对字符、单词及一些特定符号的使用规定，也有对语句、语法等方面的使用规则。C 语言中涉及的规定很多，其中主要有基本字符集、C 语言词汇、语句和标准库函数等，这些规定构成了 C 语言程序的最小的语法单位。

2.1.1　基本字符集

字符是组成语言的最基本元素。C 语言字符集由数字、字母、空白符、标点和特殊字符组成，在字符常量、字符串常量和注释中还可以使用汉字或其他可表示的图形符号。

C 语言基本字符包括：

（1）数字字符，0、1、2、3、4、5、6、7、8、9。

（2）大小写拉丁字母，a～z，A～Z。

（3）其他一些可打印（可以显示）的字符，如各种标点符号、运算符号、括号等。

（4）一些特殊字符，如空格符、换行符、制表符和转义字符等。

空格符、制表符、换行符等统称为空白符，也称为不可显示字符。在程序中适当的地方使用空白符将增加程序的清晰性和可读性。

转义字符是由反斜杠字符\和单个字符或若干个字符组成的,通常用来表示键盘上的控制代码或特殊符号,如换行(\n)、换页(\f)、退格(\b)、鸣铃(\a)符号等。

2.1.2 词汇

C 语言使用的词汇分为 6 类:标识符、关键字、运算符、分隔符、常量、注释符。

1. 标识符

程序中使用的变量名、常量名、数组名、函数名、文件名、类型名等统称为标识符。除库函数的函数名由系统定义外,其余都由用户自定义。

C 语言规定,标识符只能是由字母(A~Z,a~z)、数字(0~9)、下画线(_)组成的字符串,并且第一个字符必须是字母或下画线。

合法的标识符如 A,x,BOOK_1,sum5。

以下标识符是非法的:

```
3s              /*以数字开头*/
s * T           /*出现非法字符 *  */
- x3            /*以非法字符减号开头*/
Book 1          /*出现非法字符空格*/
```

在使用标识符时还需要注意以下几点。

(1) 标准 C 语言不限制标识符的长度,但它受各种版本的 C 语言编译系统限制,同时也受到具体机器的限制。一般系统使用的标识符,其有效长度不超过 8 个字符。

(2) 标识符是区别大小写的。如 BOOK 和 book 是两个不同的标识符。

(3) 标识符虽由程序员自行定义,但命名时应尽量有相应的意义,方便理解,遵循见名知意原则。

(4) 用户定义的标识符不能与关键字相同。

2. 关键字

关键字是由 C 语言规定的具有特定意义的字符串,通常也称为保留字,绝大多数关键字是由小写字母构成的字符序列。C 语言关键字共有 32 个,如表 2.1 所示。

表 2.1   C 语言关键字

auto	else	register	union
break	enum	return	unsigned
case	extern	short	void
char	float	signed	volatile
const	for	sizeof	while
continue	goto	static	

default	if	struct	
do	int	switch	
double	long	typedef	

3. 运算符

C语言含有相当丰富的运算符。运算符与变量、函数一起组成表达式,表示各种运算功能。运算符由一个或多个字符组成。如＋、－、＊、/、％、＝、＜、＞、＜＝、＞＝、! ＝、＝＝、＜＜,＞＞、＆、|、＆＆、||、^、~、()、[]、->、.、!、?、:等。

4. 分隔符

C语言经常使用逗号和空格作为分隔符。逗号主要用在类型说明和函数参数表中,分隔各个变量。空格多用于语句各单词之间,作分隔符。关键字和标识符之间必须有一个或一个以上的空格符作分隔,否则将会出现语法错误。例如,把"int a;"写成 "inta;",C语言编译器会把 inta 当成一个标识符处理,其结果必然出错。

5. 常量

常量可分为数字常量、字符常量、字符串常量、符号常量、转义字符等。

6. 注释符

注释符如/＊…＊/形式,/＊和＊/之间的内容为注释。注释可出现在程序中的任何位置。注释用来向用户提示或解释程序的意义,编译时,不对注释作任何处理。调试程序时也可以把暂不使用的语句标注为注释,使编译系统跳过不作处理。

2.1.3 语句

语句是组成函数的基本单位,它能完成特定操作,语句的有机组合能实现指定的计算处理功能。所有程序设计语言都提供了满足编写程序要求的一系列语句,它们都有确定的形式和功能。

语句包括表达式语句、函数调用语句、控制语句、复合语句和空语句等。

1. 表达式语句

表达式语句由表达式加上分号";"组成。其一般形式为:

表达式;

执行表达式语句就是计算表达式的值。如:

```
x=y;              /＊赋值语句＊/
y+z;              /＊加法运算语句,但计算结果不能保留,无实际意义＊/
```

```
i++;                    /* 自增 1 语句,i 值增 1*/
```

2. 函数调用语句

由函数名、实参加上分号";"组成。其一般形式为:

函数名(实参表);

执行函数调用语句就是调用函数体并把实参赋予函数定义中的形参,然后执行被调函数体中的语句,求取函数值。例如:

```
printf("C Program");       /* 调用标准库函数,输出字符串*/
```

3. 控制语句

控制语句用于控制程序的流程,以实现程序的各种结构方式。它们由特定的语句定义符组成。C 语言有 9 种控制语句,可分成以下 3 类。
(1) 条件判断语句:if 语句、switch 语句;
(2) 循环执行语句:do-while 语句、while 语句、for 语句;
(3) 转向语句:break 语句、continue 语句、return 语句、goto 语句。

4. 复合语句

把多条语句用{ }括起来组成一条复合语句。例如:

```
{
    x=y+z;
    a=b+c;
    printf("%d%d",x,a);
}
```

注意:用{ }将多条语句括起来后,就构成了一条复合语句。

5. 空语句

没有表达式,只有一个分号";"的语句称为空语句,空语句什么也不执行。在程序中空语句有时用来作被转向点,或用来作空循环体。如:

```
while(getchar()!='\n');
```

本句功能是只要从键盘输入的字符不是回车则重新输入。这里的循环体为空语句。

2.2 基本数据类型

1. 数据与类型

数据是程序处理的对象。C 语言把程序能处理的基本数据对象分成一些集合,属于同一集合的数据对象具有同样性质:采用统一的书写形式、在具体实现中采用同样的编码方式(按同样规则对应到内部二进制编码,采用同样二进制编码位数)、对它们能做同样的操作等。具有这样性质的数据集合称为一个类型。

计算机硬件处理的数据也分成若干类型,通常包括字符、整数、浮点数等,CPU 为不同数据类型提供了不同的操作指令。例如,对整数有一套加减乘除指令,对浮点数有另一套加减乘除指令等。程序语言中把数据按类型分类与此有密切关系,但意义不仅于此,实际上,类型是计算机科学的核心概念之一。在学习程序设计和程序设计语言的过程中将不断与类型打交道。

2. C 语言数据类型

C 语言中,任何数据对用户呈现的形式都有两种:常量或变量。而无论常量还是变量,都必须属于某种数据类型。所谓数据类型,是按被说明量的性质、表示形式、占据存储空间的多少以及构造特点划分的。在 C 语言中,每个数据类型都有固定的表示形式,这个表示形式实际上就确定了可能表示的数据范围和它在内存中的存放形式。例如,整数类型有若干种,每一种都有各自的表示范围,超出这个范围就会发生溢出错误。

数据类型分为基本数据类型、构造数据类型、指针类型和空类型四大类。有的类型还可以再分为小类,具体分类如表 2.2 所示。

表 2.2 数据类型分类

数据类型	基本数据类型	数值类型	整型(int)	短整型(short int)
				基本整型(int)
				长整型(long int)
			实型(浮点型)	单精度型(float)
				双精度型(double)
		字符型(char)		
		枚举类型(enum)		
	构造数据类型	数组类型		
		结构体类型(struct)		
		共用体类型(联合类型)(union)		
	指针类型			
	空类型(void)			

1) 基本数据类型

C 语言有 3 种基本数据类型:整型、实型和字符型。

(1) 整型。它包括 short、int、long 等,用以表示一个整数,默认为有符号型,配合 unsigned 关键字,可以表示为无符号型。

(2) 实型,即浮点型。它包括 float、double 等,用来表示实数,相对于整型。

(3) 字符型,即 char 型。用来表示各种字符,与 ASCII 码表一一对应。

char(字符型)占 1 字节, short int(短整型)占 2 字节, int(整型)占 4 字节, long int(长整型)占 4 字节, float(单精度浮点型)占 4 字节, double(双精度浮点型)占 8 字节, enum(枚举类型)占 4 字节。

2) 构造数据类型

构造数据类型是根据已定义的一个或多个数据类型用构造的方法进行定义。也就是说,一个构造类型的值可以分解成若干个成员或元素。每个成员是一个基本数据类型或者是一个构造类型。在 C 语言中,构造类型有数组类型、指针类型、结构体类型、共用体(联合)类型。

3) 指针类型

指针是一种特殊的数据类型。一个指针变量的值就是某个内存单元的地址。

4) 无类型

发生调用函数后,通常会返回一个函数值。函数返回值应该属于某数据类型,因此在函数定义时应说明函数的返回值类型。如果函数只是用于完成某项特定的处理任务,函数调用后的返回值对程序的后期执行没有任何作用,可以将这种函数的返回值类型说明为无返回值类型(void)。这样,函数调用后将返回一个随机值。

2.3 常　　量

视频

程序执行过程中,其值不能发生改变的量称为常量。常量在程序中不必进行任何说明就可以直接使用。如 3.8、210、'i' 等。常量主要分为数值常量、字符常量和字符串常量。

2.3.1　数值常量

数值常量分为整型常量和实型常量。

1. 整型常量

整型常量又称整常数。常用的整常数有十进制、八进制和十六进制 3 种。不同进制的整型常量是根据前缀进行区分的,因此,书写时应注意前缀的正确性。

1) 十进制整常数

十进制整常数没有前缀,数码取值为 0~9。可以是正数,也可以是负数。

以下各数是合法的十进制整常数:

256　　　−57　　　65 535　　　−65 538

以下各数不是合法的十进制整常数:

055(不能有前导 0)　　　49A(含有非十进制数码)

2) 八进制整常数

八进制整常数必须以 0 开头,即以 0 作为八进制数的前缀,数码取值为 0~7。八进制数通常是无符号数。

以下是合法的八进制数：016(十进制为 14)　　　0101(十进制为 65)　　　0177777(十进制为 65 535)。

以下是不合法的八进制数：256(无前缀 0)　　03A8(包含了非八进制数码 A、8)　－0127(出现了负号)。

3) 十六进制整常数

十六进制整常数的前缀为 0X 或 0x,数码取值为 0～9,A～F 或 a～f。

以下是合法的十六进制整常数：0X2A(十进制为 42)　　　0XA0 (十进制为 160)　0XFFFF (十进制为 65 535)。

以下是不合法的十六进制整常数：3B (无前缀 0X)　　0X3H (含有非十六进制数码 H)。

说明：

(1) 空白字符不可出现在整数数字之间。

(2) 在一个常数后面加一个字母 l 或 L 作后缀,则认为是长整型(4 字节)。如 10L、79l、012L、0115L、0XAl、0x4fL 等。

(3) 长整数 234L 和基本整常数 234 在数值上并无区别。

(4) 在一个常数后面加一个字母 U 或 u 作后缀,则是无符号数。如 159u、056u、0X48u 等。

(5) 前缀、后缀可同时使用以表示各种类型的数。如 0XA5Lu 表示十六进制无符号长整数 A5(十进制为 165)。

2. 实型常量

实型也称为浮点型,实型常量也称为实数或者浮点数。实数只采用十进制,可以是十进制数表示形式和指数表示形式。

十进制数形式由数码 0～9 和小数点组成。其中,小数点是必不可少的。如 356.0、12.2、124.等都是合法实数;65 不是合法实数(缺小数点)。

指数形式由十进制数、阶码标志(E 或 e)、阶码组成,一般形式为 aEn(或 aen)。其中,a 为十进制数;E(或 e)为阶码标志;n 为十进制整数,作为阶码。

当使用指数形式时,要注意 E(或 e)之前必须有数字,之后的阶码必须为整数。

以下是合法的实数：

123E5,表示 123×10^5；

3.14e－2,表示 3.14×10^{-2}。

以下是不合法的实数：

E2,因为阶码标志 E 之前必须有数字；

53.－E3,因为负号位置不对；

2.7E,没有阶码。

说明：

(1) 一个实数可以有多种指数形式,如 123.789 可以表示为 1.23789E2 或 12.3789E1

或 0.123789E3,但只有第一种才是规范化的指数形式,程序在输出结果时都是以规范化形式输出,尽管其他形式在程序编写过程中也是允许的。

(2) C 语言运行浮点数使用后缀 f 或者 F。

(3) 实型常数不分单、双精度,都按双精度 double 型处理。

【例 2-1】 实型常量的表示方法。

程序代码如下:

```
/* e2_1.c */
#include<stdio.h>
void main(){
    printf("%f\n",345.0);
    printf("%f\n",345);
}
```

程序运行结果:

```
345.000000
0.000000
```

程序说明:

代码第四行输出错误的原因是,由于在使用时没有加入小数点,所以 345 不是合法实数,不被编译器认可。

2.3.2　字符常量

字符常量有以下两种形式。

1) 由单引号括起的一个字符

如'a','z','8','? ','＋'等都是字符常量。

字符常量有以下特点。

(1) 字符常量只能用单引号括起来,不能用双引号或其他括号。

(2) 字符常量中的单引号只起定界作用并不表示字符本身,单引号中的字符不能是单引号(')或反斜杠(\),因为它们有特别的意义。

(3) 字符常量只能是单个字符,不能是多个字符组成的串。

(4) 字符可以是字符集中的任意字符。但数字被定义为字符型后,其含义发生了变化。如'5'和 5 是不同的,'5'中的 5 是字符,没有大小的概念。

2) 转义字符

转义字符是一种特殊的字符常量。转义字符以反斜杠\开头,后跟一个或几个字符。转义字符具有特定的含义,不同于字符原有的意义,故称转义字符。转义字符主要表示 ASCII 码字符集中不可打印的控制字符和特定功能的字符。

常见的转义字符如表 2.3 所示。

表 2.3　常用的转义字符

转义字符	含　　义	转义字符	含　　义
\n	回车换行	\\	反斜线符(\)
\t	横向跳到下一制表位置	\'	单引号符
\v	竖向跳格	\"	双引号符
\b	退格	\a	鸣铃
\r	回车	\ddd	1~3 位八进制数所代表的字符
\f	走纸换页	\xhh	1~2 位十六进制数所代表的字符

2.3.3　字符串常量

字符串常量简称为字符串。字符串就是用一对双引号("")括住的若干个字符。例如，"abc"、"1234567890"、"aAbBcCdD"。

转义字符也可以出现在字符串中，例如：

"\\ABCD\\"：表示字符串\ABCD\；

"\101\102\x43\x44"：表示字符串 ABCD；

"\"ABCD\""：表示字符串"ABCD"(引号也是字符串中的字符)。由于双引号是字符串开始和结束的标记，所以在字符串内使用双引号字符要以转义字符\"的形式输入。

注意：

(1) 应注意中英文符号和标点的使用，很多编译错误就是由于中文符号和标点造成的。

(2) 字符串中字母区分大小写，所以"A"和"a"是不同的。

(3) 一个字符串中所有字符的个数称为字符串长度，其中一个转义字符当作一个字符。如"1234567"长度为 7，"xyz"长度为 3，"\101\102\x43\x44"长度为 4。

(4) 字符串常量与字符常量的区别如下。

① 字符常量使用单引号，字符串常量使用双引号。

② 字符常量只能是 1 个字符，字符串常量可以是 0 个或多个字符。

③ 可以把字符常量赋给字符变量，但不可以把字符串常量赋给字符变量。C 语言中没有字符串变量这个概念，一般用字符数组来存放字符串常量。

④ 字符常量只占 1 字节内存空间，而字符串常量占用内存空间为其长度加1，其中增加的 1 字节存放'\0'作为字符串的结束标志，称为空字符，值为 0。如"M"和'M'，前者是字符串，占 2 字节，后者是字符，只占 1 字节。

2.3.4　符号常量

C 语言中，常量除了以自身存在形式直接表示之外，还可以用标识符来表示常量，称

为符号常量。用宏定义命令对符号常量进行定义,形式如下:

```
#define 标识符 常量
```

其中,♯define 是宏定义命令的专用定义符,标识符是对常量的命名,常量可以是前面介绍的几种类型常量中的任何一种。该定义使用指定的标识符来代表指定的常量,这个被指定的标识符就是符号常量。

例如,用 PI 代表实型常量 3.1415927,可用下面的宏定义命令:

```
#define PI 3.1415927
```

PI 为定义的符号常量,程序编译时,用 3.1415927 替换所有的 PI。

为了区分变量名,习惯上把符号常量名用大写字母表示。

【例 2-2】 已知圆半径 r,求圆周长 c 和圆面积 s 的值。

程序代码如下:

```
/* e2_2.c */
#include<stdio.h>
#define PI 3.1416
void main(){
    float r,c,s;
    scanf("%f",&r);
    c=2*PI*r;                          /* 编译时用 3.1416 替换 PI */
    s=PI*r*r;                          /* 编译时用 3.1416 替换 PI */
    printf("c=%6.2f,s=%6.2f\n",c,s);
}
```

程序运行结果:(从键盘输入:3)

```
c=18.85,s=28.27
```

程序说明:

定义了一个符号常量 PI,程序中的 PI 全部用 3.1416 替换。

2.4　变　　量

变量是指在程序执行过程中其值可以改变的量。

2.4.1　变量的定义

1. 变量的命名

变量命名要遵守如下规则。

(1) 变量名应遵循标识符的命名规则,即变量名只能由字母、数字和下画线组成,并且第一个字符必须是字母或下画线。

合法的变量名：sum,day,myname,_above,y123。

非法的变量名：M.John,＄12,7BA,m＞n。

（2）变量名区分大小写。变量名 price、PRICE、Price 表示 3 个不同的变量。

（3）变量名不能使用关键字。C 语言中使用的关键字如表 2.1 所示。

2. 变量的定义

变量必须先定义后使用。变量定义是确定变量的数据类型,一般形式如下:

类型说明符　变量名表;

具有相同数据类型的变量可以在一起定义,它们之间用逗号分隔。例如:

```
int data;                        /* 定义整型变量 data */
char ch1,ch2;                    /* 定义字符型变量 ch1 和 ch2 */
```

2.4.2　整型变量

1. 整型变量的分类

整型变量可以分为基本型、短整型、长整型和无符号型 4 种。类型说明符分别用 int、short int(或 short)、long int(或 long)和 unsigned 表示。

其中无符号型可与前 3 种类型匹配构成以下 3 种类型。

```
unsigned int 或 unsigned         /* 无符号基本型 */
unsigned short                   /* 无符号短整型 */
unsigned long                    /* 无符号长整型 */
```

不同的计算机对上述几种整型数据所占用的内存字节数和数值范围有不同的规定,以 Visual C++ 编译系统为例,以上各种数据所分配的存储空间和数值范围如表 2.4 所示。

表 2.4　整型量所分配的存储空间和数值范围

类型说明符	所占字节数	数 值 范 围
int	4	$-2\ 147\ 483\ 648 \sim 2\ 147\ 483\ 647(-2^{31} \sim 2^{31}-1)$
short [int]	2	$-32\ 768 \sim 32\ 767(-2^{15} \sim 2^{15}-1)$
long [int]	4	$-2\ 147\ 483\ 648 \sim 2\ 147\ 483\ 647(-2^{31} \sim 2^{31}-1)$
signed [int]	4	$-2\ 147\ 483\ 648 \sim 2\ 147\ 483\ 647(-2^{31} \sim 2^{31}-1)$
unsigned [int]	4	$0 \sim 4\ 294\ 967\ 295(0 \sim 2^{32}-1)$
unsigned short	2	$0 \sim 65\ 535(0 \sim 2^{16}-1)$
unsigned long	4	$0 \sim 4\ 294\ 967\ 295(0 \sim 2^{32}-1)$

2. 整型变量的定义

一般形式如下：

类型说明符 变量名标识符,变量名标识符,…;

例如：

```
int i,j,k;                              /* i,j,k 为整型变量 */
long x,y;                               /* x,y 为长整型变量 */
unsigned a,b;                           /* a,b 为无符号整型变量 */
```

变量定义应注意以下 3 点：

（1）变量必须先定义后使用,一般放在函数体的开始部分定义。

（2）允许在一个类型说明符后,定义多个相同类型的变量。变量名之间用逗号间隔,类型说明符与变量名之间至少用一个空格间隔。

（3）定义语句必须以";"结尾,构成 C 语句。

2.4.3 实型变量

1. 实型数据在内存中的存放形式

与整型数据存储方式不同,实型数据是按照指数形式存储的。一个实型数据在内存中被分为符号部分、小数部分和指数部分 3 部分存放,小数部分和指数部分构成规范化的指数方式,如-1.23456 在内存中被分为"-"".123456""1" 3 部分。

1 个实型数据一般占用 4 字节的内存空间,那么,究竟用多少位来表示小数部分,多少位来表示指数部分,标准 C 语言并无具体规定,由各 C 语言编译系统自定。一般的 C 语言编译器会占用 24 位存放小数(包括符号),8 位存放指数(包括指数的符号)。事实上,计算机存取小数部分时,是以二进制形式表示,而指数部分是以 2 的幂指数形式存放。

实型数据的小数位数越多,代表有效数字越多,精度也就越高,而指数位数越多,则表示的数值范围就越大。

2. 实型变量的分类

实型变量可以分为如下两类。

单精度型(float 型)：占用 4 字节内存空间,数值范围为 3.4E-38～3.4E+38,有效数字为 7～8 位。

双精度型(double 型)：占用 8 字节内存空间,数值范围为 1.7E-308 到 1.7E+308,有效数字为 15～16 位。

3. 实型变量的定义

例如：

```
float m,n;                              /* 定义 m,n 为单精度实型变量 */
```

```
double a,b,c;                    /*定义 a,b,c 为双精度实型变量*/
```

4. 实型数据的舍入误差

由于实型变量由有限的存储单元组成,因此能提供的有效数字总是有限的,在有效位以外的数字将被舍去。由此可能产生一些误差。

【例 2-3】 实型数据的舍入误差。

程序代码如下:

视频

```
/* e2_3.c */
#include<stdio.h>
void main(){
    float a;
    double b;
    a=5555.55555f;
    b=5555.5555555555;
    printf("%f\n%f\n",a,b);
}
```

程序运行结果:

```
5555.555664
5555.555556
```

程序说明:

变量 a 被定义为 float,变量 b 被定义为 double,所以 a 的有效数字为 7 位,输出 5555.555 之后的数字是无效的,而 b 的有效数字虽然为 16 位,但是由于具体编译器的限制,只运算到小数点后 6 位,其余位数四舍五入。

注意:对于实型数据,由于精度差别,大小差异极大的数值直接进行运算可能丢失一部分数据。

【例 2-4】 请分析下面的程序。

程序代码如下:

```
/* e2_4.c */
#include<stdio.h>
void main(){
    float a,b;
    a=123456.789e5f;
    b=a+20;
    printf("%f",b);
}
```

程序运行结果:

```
12345678868.000000
```

程序说明：

a 的值比 20 大很多，a+20 的理论值应是 12345678920，而一个实型变量只能保证的有效数字是 7 位，后面的数字是无意义的，并不准确地表示该数。所以，把 20 加在后几位上是无意义的。

视频

2.4.4 字符变量

字符变量用来存放字符常量，因此，1 个字符变量只可以存放 1 个字符，不可以存放字符串。

1. 字符变量的定义

字符型变量的类型说明符为 char。定义形式如下：

char c1,c2;

它表示 c1 和 c2 为字符型变量，可以各存放 1 个字符。

2. 字符变量的赋值

定义字符型变量后，可以对 c1、c2 赋值：

c1='a';c2='b';

3. 字符变量的占用空间

字符变量在内存中占 1 字节，只能存放 0~255 范围内的整数。将一个字符常量放到一个字符变量中，实际上并不是把该字符本身放到内存单元中，而是将该字符对应的 ASCII 码放到存储单元中。

【例 2-5】 字符常量的存储形式。

程序代码如下：

```
/* e2_5.c */
#include<stdio.h>
void main(){
    char c1,c2;
    c1=97; c2=98;
    printf("%c %c ",c1,c2);
    printf("%d %d\n",c1,c2);
    c1=c1-32; c2=c2-('a'-'A');
    printf("%c %c\n",c1,c2);
}
```

程序运行结果：

a b 97 98

A B

程序说明：

因 c1、c2 为字符变量，将整数 97 和 98 分别赋给 c1 和 c2，相当于赋值语句：c1＝'a'；c2＝'b'；%c 指定输出字符，则输出 ASCII 码为 97 的字符'a'和 98 的字符是'b'；%d 指定输出整数，因此输出字符对应的 ASCII 码；每一个小写字母比大写字母的 ASCII 码大 32（即'A'＝'a'－32）。

2.5　数据类型转换

视频

混合运算是指在一个表达式中参与运算的对象数据类型不同。

整型（包括 int、short、long）、实型（包括 float、double）可以混合运算，字符型数据可以与整型通用，整型、实型、字符型数据间可以混合运算。

例如：

18＋'b'＋1.5－8765.1234＊'a'是合法的。

在进行运算时，不同类型的数据要先转换成同一类型，然后进行运算。变量的数据类型转换方式有两种：自动转换和强制转换。

2.5.1　自动转换

自动转换发生在不同类型数据运算时，由编译系统自动完成。

1. 自动转换遵循的规则

（1）若参与运算的数据类型不同，则先转换成同一类型，然后进行运算。

（2）转换数据始终往存储长度增加的类型方向进行，以确保精度，如 int 和 long 运算，则将 int 转换为 long 再进行运算。

（3）所有的浮点运算都是以双精度（double）进行的，即使仅含有 float 变量的运算式，也要先转换为 double 再进行运算。

（4）char 和 short 进行运算时，均要先转换为 int。

（5）赋值运算中，赋值号两边的数据类型不同时，将赋值号右边的数据类型转换成左边的类型，如果右边量的数据存储长度长于左边长度，会使一部分数据丢失，从而降低精度，丢失的部分进行四舍五入。

2. 自动转换的运算规则（如图 2.1 所示）

说明：

（1）横向箭头是运算时必定要进行的转换。

如 char、short 必须转换为 int；float 必须转换为 double 才能运算。

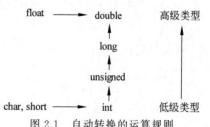

图 2.1　自动转换的运算规则

（2）纵向箭头表示当运算对象的类型不同时转换的方向。

如 char 和 float 运算，将 char 和 float 转换为 double 后运算。

注意：char 转换为 double 的过程是一次性的，无须中间过程，其他转换同样如此。

例如，m＊n＋'b'＋23－d/e，假设已指定 m 为 int 型，n 为 float 型，b 为 char 型，d 为 double 型，e 为 long 型。

计算机执行时从左至右扫描，运算次序如下。

step 1：计算 m＊n，因为 int 和 float 要转换为 double，所以先将 m、n 转换为 double，再计算，结果为 double。

step 2：'b'为 char，转换为 double 后与 step 1 结果相加，结果为 double。

step 3：23 为 int，转换为 double 后运算，结果为 double。

step 4："/"运算优先级高于"－"运算，先运算 d/e，e 转换为 double 型后运算，最后结果为 double。

2.5.2　强制转换

强制转换是通过强制类型转换运算符来实现的。一般形式为：

(类型说明符)(表达式);

功能：把表达式的运算结果强制转换为类型说明符要求的类型。
例如：

```
(float)a;                                /＊把 a 转换为单精度浮点型＊/
(int)(x+y);                              /＊把 x+y 的结果转换为整型＊/
```

注意：

（1）类型说明符和表达式都要用圆括号括起来(单个变量可以省略括号)。

（2）无论是自动转换还是强制转换，都是本次运算的临时值，不会改变变量原本的数据类型。

例如：

```
#include <stdio.h>
void main(){
    float x=5.75f;
    printf("%d, %f\n",(int)x,x);
}
```

输出结果：

```
5,5.750000
```

可以看出，x 虽强制转为 int 型，但只在运算中起作用，只是临时性的，而 x 本身的类型并不改变。

2.6 数据的输入与输出

程序执行过程中,经常需要输入数据,处理完毕后,再将结果输出。因此,输入输出语句是程序设计必不可少的重要语句。C 语言中,所有的输入输出操作都通过调用标准 I/O 库函数实现。标准库函数有很多,常用的有数学函数、字符函数、字符串函数、输入输出函数、动态分配函数和随机函数等。它们分别存放在不同的头文件中。例如,标准输入/输出函数存放在标准输入输出头文件 stdio.h(standard input & output)中;各种数学函数存放在头文件 math.h 中。这些头文件中存放了这些函数的说明、类型和宏定义等,对应的子程序存放在运行库(.lib)中。在程序开始部分把头文件包含到用户程序,就可以直接使用相应的库函数了。格式如下:

```
#include <头文件名>或 #include "头文件名"
```

需要说明的是,不同 C 语言编译系统提供的标准库函数在数量、种类、名称及使用上都有一些差异。但就一般系统而言,常用的标准函数基本上是相同的,附录 C 中列出了一些常用的标准库函数。

最常用的输入输出函数有 scanf()、printf()、getchar()和 putchar()。由于 scanf()和 printf()使用频繁,若程序中只使用这两个库函数,则系统允许可以不加♯include 命令。下面分别介绍这些函数。

2.6.1 格式输出函数 printf()

printf()称为格式输出函数,功能是按用户指定的格式,把指定的数据输出到标准输出设备上。

1. 一般形式

```
printf("格式控制字符串",输出表列);
```

其中,格式控制字符串用于指定输出格式。格式控制字符串可由格式字符串和非格式字符串两种组成。格式字符串是以％开头的字符串,在％后面跟有各种格式字符,以说明输出数据的类型、形式、长度、小数位数等。如％d 表示按十进制整型输出;％ld 表示按十进制长整型输出;％c 表示按字符型输出等。非格式字符串原样输出,在显示中起提示作用。输出表列中给出了各个输出项,要求格式字符串和各输出项在数量和类型上应该一一对应。

2. 格式字符串

格式字符串的一般形式如下:

［标志］［输出最小宽度］［.精度］［长度］类型   /＊方括号［］中的项为可选项＊/

1) 类型

类型字符用以表示输出数据的类型,其格式符和意义如表 2.5 所示。

表 2.5　类型字符和意义

格 式 字 符	意　义
d	以十进制形式输出带符号整数(正数不输出符号)
o	以八进制形式输出无符号整数(不输出前缀 0)
x,X	以十六进制形式输出无符号整数(不输出前缀 0x)
u	以十进制形式输出无符号整数
f	以小数形式输出单、双精度实数
c	输出单个字符
s	输出字符串
e,E	以指数形式输出单、双精度实数
g,G	以%f 或%e 中较短的输出宽度输出单、双精度实数

2) 标志

标志字符为 －、＋、♯ 和空格 4 种,其意义如表 2.6 所示。

表 2.6　标志字符和意义

标　志	意　义
－	输出结果左对齐,右边填空格;默认输出结果右对齐,左边填空格或 0
＋	输出符号(正号或负号)
♯	对 c、s、d、u 类无影响; 对 o 类,在输出时加前缀 o; 对 x 类,在输出时加前缀 0x; 对 e、g、f 类当结果有小数时才给出小数点
空格	输出值为正时冠以空格,为负时冠以负号

3) 输出最小宽度

用十进制整数来表示输出的最少位数。若实际位数多于定义的宽度,则按实际位数输出,若实际位数少于定义的宽度则补以空格或 0。例如:

```
printf("%d\n",111);              /* 111(按实际需要宽度输出) */
printf("%6d\n",111);             /* □□□111,左边填空格 */
printf("%06d\n",111);            /* 000111 */
printf("%-6d\n",111);            /* 111□□□,右边填空格 */
printf("%+d,%+d\n",111,-111);    /* +111,-111 */
printf("%#o,%#x\n",10,16);       /* 012,0x10 */
printf("%f\n",111.11);           /* 111.110000(按实际需要宽度输出) */
```

```
printf("%12f\n",111.11);            /* □□111.110000(输出右对齐,左边填空格) */
printf("%g\n",111.11);              /* 111.11(%g 格式比采用%f 格式输出宽度小) */
printf("%8g\n",111.11);             /* □□111.11(输出右对齐,左边填空格) */
```

4）精度

精度格式符以"."开头,后跟十进制整数。如果输出数字,则表示小数的位数;如果输出的是字符,则表示输出字符的个数;若实际位数大于所定义的精度数,则截去超过的部分。如 m.n,在指定宽度的同时指定其精度。m 指定输出数据所占总宽度,n 表示精度,实数表示输出 n 位小数,字符串表示截取的字符个数。例如:

```
printf("%.5d\n",888);               /* 00888(数字前补 0) */
printf("%.0d\n",888);               /* 888 */
printf("%8.3f\n",888.88);           /* □888.880 */
printf("%8.1f\n",888.88);           /* □□□888.9 */
printf("%8.0f\n",888.88);           /* □□□□□889 */
printf("%.5s\n","abcdefg");         /* abcde(截去超过的部分) */
printf("%5s\n","abcdefg");          /* abcdef(宽度不够,按实际宽度输出) */
```

5）长度

长度格式符为 h、l 两种,h 表示按短整型输出,l 表示按长整型输出。

【例 2-6】 输出形式举例。

程序代码如下:

```
/* e2_6.c */
#include<stdio.h>
void main(){
    int a=123;
    long b=1234567;
    float c=123.4567f;
    printf("%d,%6d,%-6d,%2d\n",a,a,a,a);
    printf("%ld,%8ld,%4ld\n",b,b,b);
    printf("%f,%10f,%10.2f,%-10.2f\n",c,c,c,c);
    printf("%s,%10.5s,%-10.5s\n","student","student","student");
}
```

程序运行结果:

```
123,□□□123,123□□□,123
1234567,□1234567,1234567
123.456700,123.456700,□□□123.46,123.46□□□□
student,□□□□□stude,stude□□□□□
```

程序说明:

如果输出数据项所需实际位数等于或多于指定宽度,按实际需要宽度输出,如%d、%2d、%ld、%4ld、%s,对应输出 123、123、1234567、1234567、student。

如果实际位数少于指定的宽度则用空格填补,如%6d、%8ld、%10.2f、%10.5s,输出右对齐,左边填空格,对应输出为□□123、□1234567、□□□□123.46、□□□□□stude;而%-6d、%-10.2f、%-10.5s,输出左对齐,右边填空格,对应输出为123□□□、123.46□□□□、stude□□□□□。

3. 输出表列中的求值顺序

不同的编译系统,输出表列中的求值顺序可以从左到右,也可以从右到左。Visual C++ 6.0 是按从右到左进行的。

【例 2-7】 在一个 printf()里输出。

程序代码如下:

```
/* e2_7.c */
#include<stdio.h>
int main(void){
    int i=8;
    printf("The raw value: i=%d\n", i);
    printf("++i=%d \n++i=%d \n--i=%d \n--i=%d\n",++i,++i,--i,--i);
    return 0;
}
```

程序运行结果:

```
The raw value: i=8
++i=8
++i=7
--i=6
--i=7
```

【例 2-8】 在多个 printf()里输出。

程序代码如下:

```
/* e2_8.c */
#include<stdio.h>
int main(void){
    int i=8;
    printf("The raw value: i=%d\n", i);
    printf("++i=%d\n", ++i);
    printf("++i=%d\n", ++i);
    printf("--i=%d\n", --i);
    printf("--i=%d\n", --i);
    return 0;
}
```

程序运行结果:

```
The raw value: i=8
++i=9
++i=10
--i=9
--i=8
```

这两个程序的区别是用一个 printf 语句和多个 printf 语句输出。但从结果可以看出是不同的。为什么结果不同呢？是因为 printf() 对输出表中各量求值的顺序是自右至左进行的。

但是必须注意,求值顺序虽是自右至左,但是输出顺序还是从左至右,因此得到上述输出结果。

2.6.2 格式输入函数 scanf()

格式输入函数 scanf() 的功能是从键盘上输入数据,该输入数据按指定的输入格式赋给相应的输入项。

1. 一般形式

scanf("格式控制字符串",地址表列);

其中,格式控制字符串的作用与 printf() 相同,但不能显示非格式字符串,也就是不能显示提示字符串。地址表列中给出各变量的地址。地址是由地址运算符 & 后跟变量名组成的。例如,&a、&b 分别表示变量 a 和变量 b 的地址。这个地址就是编译系统在内存中给 a、b 变量分配的地址。在 C 语言中,使用了地址这个概念,这是与其他语言不同的。应该把变量的值和变量的地址这两个不同的概念区别开来。变量的地址是在变量定义的时候由 C 语言编译系统自动分配的,用户不必关心具体的地址是多少。在赋值表达式中给变量赋值,如 a=123,其中 a 为变量名,123 是变量的值,&a 是变量 a 的地址。& 是一个取地址运算符,&a 是一个表达式,其功能是求变量的地址。

2. 格式字符串

格式字符串的一般形式如下:

%[*][输入数据宽度][长度]类型   /* 方括号[]中的项为可选项 */

1) 类型
表示输入数据的类型,其格式符和意义如表 2.7 所示。

表 2.7 类型字符和意义

格式字符	意　　义
d	输入有符号的十进制整数
o	输入无符号的八进制整数

格式字符	意　　义
x,X	输入无符号的十六进制整数
u	输入无符号的十进制整数
f 或 e	输入实型数(用小数形式或指数形式)
c	输入单个字符
s	输入字符串

2) 抑制字符 *

表示该输入项读入后不赋予相应的变量,即跳过该输入值。例如:

```
scanf("%d % * d %d",&x,&y);
```

当输入 1 2 3 时,把 1 赋予 x,2 被跳过,3 赋予 y。

3) 宽度指示符

用十进制整数指定输入数据的宽度(即字符数)。例如:

```
scanf("%5d",&x);
```

输入数据 12345678,只把 12345 赋予 x,其余部分被截去。又如:

```
scanf("%4d%4d",&x,&y);
```

输入数据 12345678,把 1234 赋予 x,而把 5678 赋予 y。

4) 长度格式符

长度格式符为 l 和 h,l 表示输入长整型数据(如%ld)和双精度浮点数(如%lf),h 表示输入短整型数据。

3. 使用 scanf()注意事项

(1) scanf()中要求给出变量地址,如给出变量名则会出错。如 scanf("%d",a);是非法的,应改为 scanf("%d",&a);才是合法的。

(2) scanf()函数没有计算功能,因此输入的数据只能是常量,而不能是表达式。

(3) 在输入多个数值数据时,若格式控制串中没有非格式字符作为输入数据之间的间隔,则可用空格、Tab 或回车作间隔。但在输入多个字符型数据时,数据之间分隔符和"转义字符"都认为是有效字符。例如:

```
scanf("%c%c%c",&c1,&c2,&c3);
```

输入 a□b□c,则把'a'赋予 c1,'□'赋予 c2,'b'赋予 c3。只有当输入 abc 时,才能把'a'赋予 c1,'b'赋予 c2,'c'赋予 c3。

如果在格式控制中加入空格作为间隔,如:

```
scanf("%c %c %c",&c1,&c2,&c3);
```

则输入时各数据之间可加空格。

（4）输入格式中，除格式说明符之外的普通字符应原样输入。

例如：

```
scanf("x=%d,y=%d,z=%d",&x,&y,&z);
```

应使用以下形式输入：

```
x=12,y=34,z=56
```

（5）输入实型数据时，不能规定精度，即没有%m.n的输入格式。

例如：

```
scanf("%7.2f",&f);
```

这种输入格式是不合法的，不能试图用此语句输入小数为2位的实数。

（6）在输入数据时，如果遇到以下情况，则认为是该数据输入结束。

① 遇到空格符、换行符或制表符（Tab）。例如：

```
scanf("%d%d%d%d",&i,&j,&k,&m);
```

如果输入：

```
1□2<Tab>3<Enter>4<Enter>
```

则 i、j、k、m 变量的值分别为 1、2、3、4。

② 遇到给定的宽度结束。例如：

```
scanf("%2d",&i);
```

如果输入：

```
1234567 <Enter>
```

则 i 变量的值为 12。

③ 遇到非法字符输入，例如：

```
scanf("%d%c%f",&i,&c1,&f1);
```

如果输入：

```
123x45y.6789
```

系统自左向右扫描输入的信息。由于 x 字符不是十进制中的合法字符，因而第一个数 i
到此结束，即 i=123；第二个数 c1＝'x'；系统继续扫描后面的 y，它不是实数中的有效字
符，因而第三个数到此结束，即 f1＝45.0。

（7）若输入的数据与输出的类型不一致，虽然编译能够通过，但结果不正确。

【例 2-9】 输入数据与输出数据类型不一致的情况。

程序代码如下：

```
/* e2_9.c */
```

```
#include<stdio.h>
void main(){
    int a;
    printf("input a number\n");
    scanf("%d",&a);
    printf("%ld",a);
}
```

程序运行结果：

```
3
196611
```

程序说明：

a 为整型，而输出语句的格式串中说明为长整型，因此输出结果和输入数据不符。当输入数据改为长整型后，输入输出数据相等。如改动程序如下：

```
void main(){
    long a;
    printf("input a long integer\n");
    scanf("%ld",&a);
    printf("%ld",a);
}
```

程序运行结果：

```
input a long integer
1234567890 <Enter>
1234567890
```

2.6.3 单字符输入输出函数

C 语言提供了两个无格式控制，专门用于输入输出单个字符的函数 getchar() 和 putchar()。

1. 单字符输入函数 getchar()

getchar() 的功能是从键盘输入一个字符。该函数没有参数。
getchar() 的一般形式如下：

```
c=getchar();
```

执行这个函数调用语句时，变量 c 将得到用户从键盘输入的一个字符值，这里的 c 可以是字符型或整型变量。

【例 2-10】 getchar() 应用举例。
程序代码如下：

```
/* e2_10.c */
#include "stdio.h"
void main(){
    char c;
    c=getchar();                      /*接收用户从键盘上输入的一个字符*/
    putchar(c);                       /*输出字符型变量c的值*/
}
```

程序运行结果：（从键盘输入 d）

d

程序说明：

(1) getchar()只能用于单个字符的输入，且一次只能输入一个字符；

(2) getchar()在使用时，必须在程序的开头加上编译预处理命令♯include "stdio.h"；

(3) getchar()没有参数，但有返回值，返回的就是输入的字符；

(4) getchar()同样将空格和回车键等字符作为有效字符输入；

(5) 程序最后两行可用下面两行中的任意一行代替：

```
putchar(getchar());
printf("%c",getchar());
```

2. 单字符输出函数 putchar()

putchar()的功能是将一个字符向终端输出。

putchar()的一般调用形式如下：

```
putchar(c)
```

即把变量 c 的值输出到显示器上，这里的 c 可以是字符型或整型变量，也可以是一个转义字符。

【例 2-11】 putchar()应用举例。

程序代码如下：

```
/* e2_11.c */
#include "stdio.h"
void main(){
    char a,b,c,d;
    a='g';
    b='o';
    c=111;
    d='d';
    putchar(a);
    putchar(b);
    putchar(c);
    putchar(d);
```

```
        }
```
程序运行结果：

good

说明：

（1）putchar()只能用于单个字符的输出，并且一次只能输出一个字符。

（2）putchar()在使用时，必须在程序的开头加上编译预处理命令 ♯include "stdio.h"。

（3）putchar()有参数，无返回值。参数就是要输出的那个字符，可以是字符变量或字符常量。

2.7 运算符和表达式

运算符是用于描述对数据进行运算的特殊符号。C语言中把除了控制语句和输入输出以外的几乎所有的基本操作都作为运算符处理，如将赋值符＝作为赋值运算符，方括号作为下标运算符等。由众多的运算符构成了各种表达式，这为编写程序带来了很大的方便性和灵活性，使程序简洁而高效。

2.7.1 运算符、表达式、优先级和结合性

1. 运算符

用来表示各种运算的符号称为运算符，也叫操作符。运算符必须有运算对象，只有一个运算对象的称为单目运算符，有两个运算对象的称为双目运算符，有三个运算对象的称为三目运算符。单目运算符若放在运算对象前面称为前缀单目运算符，放在运算对象后面称为后缀单目运算符；双目运算符均放在两个运算对象之间；三目运算符只有一个：条件运算符，夹在3个运算对象之间。按运算符在表达式中所起的作用分类，如表2.8所示。

表 2.8 C 语言的运算符

运算符种类	运　算　符
算术运算符	＋、－、＊、/、％
自增、自减运算符	＋＋、－－
关系运算符	＞、＜、＝＝、＞＝、＜＝、!＝
逻辑运算符	!、&&、||
位运算符	＜＜、＞＞、－、|、^、&
赋值运算符	＝及其扩展赋值运算符

运算符种类	运 算 符
条件运算符	? :
逗号运算符	,
指针运算符	*、&
求字节数运算符	sizeof
强制类型转换运算符	(类型)
分量运算符	.、->
下标运算符	[]
其他	如函数调用运算符()

注意：同一个运算符用在不同的地方其含义是不同的。如 * 运算符,当作为乘运算时是双目操作符,而作为指针运算符就是单目操作符。

2. 表达式

表达式是用运算符将运算对象连接而成的符合 C 语言规则的算式。表达式中的运算对象可为常量、变量、函数等。表达式是程序和语句中最为活跃的成分,C 语言的多数执行语句中都包含表达式。有些表达式在程序中可以作为一个独立的语句,如赋值表达式、复合赋值表达式、自增自减表达式等,将这些可作为独立语句使用的表达式称为表达式语句。

对 C 语言表达式的理解和掌握,除了严格遵循表达式构成规则,更重要的有两方面:一是对表达式含义的理解,也就是理解各种运算符运算规则;二是掌握运算符的优先级和结合规则。在此基础上才能灵活地用表达式有效描述实际问题。

3. 优先级和结合性

C 语言中的运算具有一般数学运算的概念,即优先级和结合性(也称为结合方向)。

优先级是指同一个表达式中不同运算符进行计算时的先后次序。

结合性是指同一个表达式中相同优先级的多个运算应遵循的运算顺序。

运算符的运算优先级共分为 15 级,1 级最高,15 级最低。在表达式中,优先级较高的先于较低的进行运算。当一个运算量两侧的运算符优先级相同时,按运算符结合性规定的结合方向处理。在书写包含多种运算符的表达式时,应注意各个运算符的优先级,从而确保表达式中的运算符能以正确的顺序执行。如果对复杂表达式中运算符的计算顺序没有把握,可用圆括号强制实现计算顺序。

运算符的结合性分为两种:左结合性(自左至右)和右结合性(自右至左)。如算术运算符的结合性是自左至右,即先左后右。如表达式 x－y＋z,则 y 应先与"－"号结合,执行 x－y 运算,然后再执行＋z 的运算,这种自左至右的结合方向称为"左结合性"。自右至左的结合方向称为"右结合性",最典型的右结合性运算符是赋值运算符。如 x＝y＝z,由于＝

的右结合性,应先执行 y=z 再执行 x=(y=z)运算。运算符的优先级和结合性如表 2.9 所示。

表 2.9　运算符的优先级和结合性

优先级	运 　算 　符	结 合 性	运算对象个数
1	() [] -> .	从左至右	
2	! ～ ++ -- (类型) sizeof　+ - * &	从右至左	单目运算符
3	* / %	从左至右	双目运算符
4	+ -	从左至右	双目运算符
5	<< >>	从左至右	双目运算符
6	< <= > >=	从左至右	双目运算符
7	== !=	从左至右	双目运算符
8	&	从左至右	双目运算符
9	^	从左至右	双目运算符
10	|	从左至右	双目运算符
11	&&	从左至右	双目运算符
12	||	从左至右	双目运算符
13	?:	从右至左	三目运算符
14	= += -= *= /= %= &= ^= 　|= <<= >>=	从右至左	双目运算符
15	,	从左至右	

从表中可以看出一个规律,通常单目运算的优先级高于双目运算,单目运算符都是"右结合"性,双目运算符(除赋值运算符)都是"左结合"性。其中的三目运算符"?:"是"右结合"性。

2.7.2　算术运算符与算术表达式

1. 算术运算符

算术运算符用于各类数值运算。除了取正、取负运算符外都是双目运算符,取正、取负运算符是单目运算符。算术运算符如表 2.10 所示。

表 2.10　算术运算符

运 　算 　符	名 　称	例 　子	运 算 功 能
+、-	取正、取负	-x	取 x 的负值
+	加	x+y	求 x 与 y 的和

续表

运　算　符	名　　称	例　　子	运　算　功　能
－	减	x－y	求 x 与 y 的差
＊	乘	x＊y	求 x 与 y 的积
/	除	x/y	求 x 与 y 的商
％	求余（或模）	x％y	求 x 除以 y 的余数

使用算术运算符应注意以下几点。

（1）＋、－既可以是单目运算符，又可以是双目运算符。作为单目运算符使用时优先级别高于双目运算符。

（2）在使用除法运算符"/"时要特别注意数据类型。两个整数（或字符）相除，结果是整型。如果不能整除时，只取结果的整数部分，小数部分全部舍去。例如，1/3＝0，13/4＝3。若两个实数相除，所得的商也为实数。例如，1.0/3.0＝0.333333，13.0/4.0＝3.250000。

（3）模运算"％"也称求余运算。运算符"％"要求两个运算对象都为整型，其结果是整数除法的余数。如 5％10＝5，10％3＝1，－10％3＝－1。

2. 算术运算符的优先级、结合性

算术运算符的优先级和结合性如表 2.11 所示。

表 2.11　算术运算符的优先级和结合性

运　算　种　类	结　合　性	优　先　级
＊　/　％	从左向右	高
＋　－	从左向右	↓ 低

在算术表达式中，若包含不同优先级的运算符，按运算符的优先级别由高到低进行；若优先级别相同，按结合方向（结合性）进行。

3. 算术表达式

算术表达式由算术运算符、常量、变量、函数和圆括号组成，其基本形式与数学上的算术表达式类似。例如：

```
3+5   12.34-23.65＊2   -5＊(18％4+6)   x/(67-(12+y)＊a)
```

都是合法的算术表达式。使用算术表达式时应注意如下几点。

（1）双目运算符两侧运算对象的类型不一定一致。如果类型不一致，系统将自动按转换规律先对操作对象进行转换，然后再进行相应的运算。

（2）表达式中的乘号不能省略。例如，数学式 b^2-4ac，相应的 C 语言表达式应写成 $b＊b－4＊a＊c$。

（3）表达式中只能使用系统允许的标识符。例如，数学式 πr^2 相应的表达式应写成

3.1415926 * r * r。

（4）表达式中的内容必须书写在同一行，不允许有分子分母形式，必要时要利用圆括号保证运算的顺序。例如：数学式 $=\dfrac{a+b}{c+d}$ 相应的 C 语言表达式应写为(a+b)/(c+d)。

（5）表达式不允许使用方括号和花括号，只能使用圆括号帮助限定运算顺序。可以使用多层圆括号，但左右括号必须配对，运算时从内层圆括号开始，由内向外依次计算表达式的值。

视频

2.7.3 赋值运算符与赋值表达式

赋值运算符用于赋值运算，分为简单赋值（＝）、复合算术赋值（＋＝，－＝，＊＝，/＝，％＝）和复合位运算赋值（&＝，|＝，^＝，>>＝，<<＝）3 类，共 11 种。

1. 简单赋值运算符和表达式

1）赋值运算符

赋值运算符用＝表示，功能是计算＝右边表达式的值，并将计算结果赋给＝左边的变量。例如：

```
n=12.3;                    /* 直接将实型数 12.3 赋给变量 n */
c=a * b;                   /* 将 a 和 b 进行乘法运算，所得到的结果赋给变量 c */
```

注意：赋值运算符＝与数学中的＝（等号）完全不同，数学中的等号表示该等号两边的值是相等的，而赋值运算符＝是指要完成＝右边表达式的运算，并将运算结果存放到＝左边指定的内存变量中。可见，赋值运算符完成两类操作：一是计算；二是赋值。

2）赋值表达式

由赋值运算符将一个变量和一个表达式连接起来的式子称为赋值表达式。一般形式如下：

变量=表达式

对赋值表达式的求解过程：计算赋值运算符右边表达式的值，并将计算结果赋值给赋值运算符左边的变量。注意，整个赋值表达式"变量＝表达式"的值就是赋值运算符左边"变量"的值。

说明：

（1）赋值运算符的左边必须是变量，右边的表达式可以是单一的常量、变量、表达式和函数调用语句。例如，下面均为合法赋值表达式：

```
x=10;      y=x+10;      y=func()
```

（2）赋值运算符＝不同于数学中使用的等号，不具有相等的含义。例如，x＝x＋1，其含义是取出变量 x 中的值加 1 后，再存入变量 x 中去。

（3）一个赋值表达式中可以出现多个赋值运算符，其运算顺序是从右向左结合。例如，下面是合法的赋值表达式：

```
a=b=3+5                              /* 相当于 a=(b=3+5) */
```

先计算表达式 b＝3＋5 的值，再把该表达式的值 8 赋予 a，得到整个表达式的值为 8。

3）类型转换

如果赋值运算符两边的数据类型不一致，赋值时要进行类型转换。转换工作由 C 语言编译系统自动实现，转换原则是以＝左边的变量类型为准，即将＝右边的值转换为与＝左边的变量类型一致。

【例 2-12】 类型转换示例。

程序代码如下：

```
/* e2_12.c */
#include<stdio.h>
void main(){
    int i=5;                          /* 说明整型变量 i 并初始化为 5 */
    float a=3.5,a1;                   /* 说明实型变量 a 和 a1 并初始化 a */
    double b=123456789.123456789;     /* 说明双精度型变量 b 并初始化 b */
    char c='A';                       /* 说明字符变量 c 并初始化为 'A' */
    printf("i=%d,a=%f,b=%f,c=%c\n",i,a,b,c);      /* 输出 i,a,b,c 的初始值 */
    a1=i;i=a;a=b;c=i;                 /* 整型变量 i 的值赋值给实型变量 a1 */
                                      /* 实型变量 a 的值赋值给整型变量 i */
                                      /* 双精度型变量 b 的值赋值给实型变量 a */
                                      /* 整型变量 i 的值赋值给字符变量 c */
    printf("i=%d,a=%f,a1=%f,c=%c\n",i,a,a1,c);
                                      /* 输出 i,a,a1,c 赋值后的值 */
}
```

程序运行结果：

```
i=5,a=3.500000,b=123456789.123457,c=A
i=3,a=123456792.000000,a1=5.000000,c=♥
```

程序说明：

（1）将 float 型数据赋值给 int 型变量时，先将 float 型数据舍去其小数部分，然后再赋值给 int 型变量。例如"i=a;"的结果是 int 型变量 i 只取实型数据 3.5 的整数 3。

（2）int 型数据赋值给 float 型变量时，先将 int 型数据转换为 float 型数据，并以浮点数的形式存储到变量中，其值不变。例如"a1＝i;"的结果是整型数 5 先转换为 5.000000 再赋值给实型变量 a1。如果赋值的是双精度实数，则按其规则取有效数位。

（3）double 型实数赋值给 float 型变量时，先截取 double 型实数的前 7 位有效数字，然后再赋值给 float 型变量。例如"a＝b;"的结果是截取 double 型实数 123456789.123457 的前 7 位有效数字 1234567 赋值给 float 型变量。上述输出结果中 a＝123456792.000000 的第 8 位以后就是不可信的数据了。所以一般不使用这种把有效数字多的数据赋值给有效数字少的变量。

（4）int 型数据赋值给 char 型变量时，由于 char 型数据只用 1 字节表示，所以先截取 int 型数据低 8 位，然后赋值给 char 型变量。例如执行"c＝i；"（当前 i＝3），截取 i 低 8 位（二进制数 00000011）赋值给 char 型变量 c，输出的 c 是其对应的 ASCII 码字符♥。

2. 复合赋值运算符和表达式

1）复合赋值运算符

共有 10 种复合赋值运算符，即＋＝、－＝、＊＝、/＝、％＝、＜＜＝、＞＞＝、＆＝、^＝、|＝。

其中后 5 种是有关位运算的，位运算将在以后的章节中介绍。复合赋值运算符的优先级与赋值运算符的优先级相同，且结合方向也一致。

2）复合赋值表达式

由复合赋值运算符将一个变量和一个表达式连接起来的式子称为复合赋值表达式。它的一般形式为：

变量 运算符＝表达式；

等价于

变量＝变量 运算符（表达式）；

例如：

```
a+=3 等价于 a=a+3
a*=b+5 等价于 a=a*(b+5)              /* 与 a=a*b+5 不等价 */
a%=7 等价于 a=a%7
```

【例 2-13】 复合赋值运算符示例。

程序代码如下：

```
/* e2_13.c */
#include <stdio.h>
void main(){
    int a=3,b=4,c=5,d=6,x;
    a+=b*c;
    b-=c/b;
    printf("%d,%d,%d,%d\n",a,b,c*=2*(a-c),d%=a);
    printf("x=%d\n",x=a+b+c+d);
}
```

程序运行结果：

```
23,3,180,6
x=212
```

程序说明：

在一个 printf 语句中完成了赋值和输出的双重功能。

2.7.4　自增、自减运算符与表达式

视频

自增＋＋、自减－－是单目运算符,作用是使变量的值增 1 或减 1。其优先级高于所有双目运算。表 2.12 列出了自增、自减运算符的种类和功能。

表 2.12　自增、自减运算符

运　算　符	名　　称	例　　　子	等价于
＋＋	加 1	i＋＋(后增 1)或＋＋i(前增 1)	i＝i+1
－－	减 1	i－－(后减 1)或－－i(前减 1)	i＝i－1

自增、自减运算的应用形式如下。

＋＋i;－－i;前缀形式,表示变量在使用前加 1 或减 1。

i＋＋;i－－;后缀形式,表示变量在使用后自动加 1 或减 1。

使用自增自减运算时应注意如下几点。

(1) ＋＋、－－运算只能作用于变量,不能用于表达式或常量。因为自增、自减运算是将变量值加 1 或减 1 处理后再赋给变量,而表达式或常量都不能进行赋值操作。下列语句是错误的。

x＝(a+b)++;　8++;　(2 * 3)++;

(2) ＋＋、－－运算符的前缀形式和后缀形式的意义不同。前缀形式是先增 1 或减 1,然后使用;后缀形式是先使用,然后再增 1 或减 1。如＋＋i 是先执行 i＝i+1 后,再使用 i 的值;i＋＋是先使用 i 的值后,再执行 i＝i+1。

(3) 用于＋＋、－－运算的变量只能是整型、字符型和指针型变量。

(4) ＋＋、－－的结合性是自右向左的。例如,－i++,因为－运算符和＋＋运算符优先级相同,而结合方向为自右至左,即相当于－(i++)。

(5) ＋＋、－－运算符常用于循环语句中,使循环变量自动加减 1,也常用于指针变量。

2.7.5　关系运算符与关系表达式

1. 关系运算符

关系运算是逻辑运算中比较简单的一种。所谓"关系运算",实际上是"比较运算"。将两个值进行比较,判断其比较的结果是否符合给定的条件。C 语言规定的 6 种关系运算符及其有关的说明如表 2.13 所示。

表 2.13　关系运算符

运　算　符	含　　义	例　　子
＞	大于	x＞y,5＞8

运 算 符	含 义	例 子
>=	大于或等于	x>=y,3>=2
<	小于	x<y,3<8
<=	小于或等于	x<=y,3<=y
!=	不等于	x!=y,3!=5%7
==	等于	x==y,3==5*x

关系运算符都是双目运算符,结合性从左到右。关系运算符的优先次序如下。

(1) 前 4 种关系运算符(<,<=,>,>=)的优先级别相同,后两种也相同。前 4 种高于后两种。例如,>优先于==,而>与<优先级相同。

(2) 关系运算符的优先级低于算术运算符,高于赋值运算符。

2. 关系表达式

用关系运算符将两个表达式(可以是算术表达式、关系表达式、逻辑表达式、赋值表达式、字符表达式)连接起来的式子,称为关系表达式。

例如,下面都是合法的关系表达式:

```
x+y>3*z                    /*两个算术表达式的值作比较*/
(x=y)<(y=10%z)             /*两个赋值表达式的值作比较*/
(x<=y)==(y>z)              /*两个关系表达式的值作比较*/
'X'!='x'                   /*两个字符表达式的值作比较*/
```

进行关系运算时,先计算表达式的值,然后再进行关系比较运算。

关系表达式的值只有两种可能,即"真"或"假"。以 1 代表"真",以 0 代表"假"。一个关系表达式描述的是一种逻辑判断,运算结果一定是逻辑值。

注意:

(1) 关系运算符的优先级。如表达式 x+y>3*z,因为算术运算的优先级高于关系运算,所以先计算 x+y 和 3*z 的值,如果 x=3,y=4,z=5,则结果分别为 7 和 15,再将 7 和 15 进行关系比较,其运算结果为 0。

(2) 在表达式中连续使用关系运算符时,要注意表达含义正确。例如,变量 x 的取值范围为 0≤x≤20 时,不能写成 0<=x<=20。因为关系表达式 0<=x<=20 的运算过程是按照优先级,先求出 0<=x 的结果,再将结果 1 或 0 作<=20 的判断,这样无论 x 取何值,最后表达式一定成立,结果一定为 1。这样显然违背了原来的含义。此时,就要运用下面介绍的逻辑运算符进行连接,即应写为 0<=x && x<=20。

2.7.6 逻辑运算符与逻辑表达式

1. 逻辑运算符

C 语言规定的 3 种逻辑运算符及有关说明如表 2.14 所示。

表 2.14　逻辑运算符

运算符	含　义	运算对象个数	结合方向	例　　子
&&	逻辑与	双目运算符	自左向右	x&&y,3>8&&x==y
||	逻辑或	双目运算符	自左向右	x||y,3<=8||x==y
!	逻辑非	单目运算符	自右向左	!x,!x==y

逻辑运算要求运算对象为"真"(非0)或"假"(0)。根据 a 和 b 的值得到各种逻辑运算的值,如表 2.15 所示。

表 2.15　逻辑运算真值表

a	b	!a	!b	a&&b	a||b
真	真	假	假	真	真
真	假	假	真	假	真
假	真	真	假	假	真
假	假	真	真	假	假

2. 逻辑运算符的优先次序

一个逻辑表达式中如果包含多个逻辑运算符,如:

!a&&b||x>y&&c

逻辑运算符的优先次序如下。

(1) !(非)→&&(与)→||(或),即! 为三者中最高的。

(2) 逻辑运算符中的 && 和|| 低于关系运算符,! 高于算术运算符。

例如:

(a>b)&&(x>y)	/*可写成 a>b&&x>y*/
(a==b)||(x==y)	/*可写成 a==b||x==y*/
(!a)||(a>b)	/*可写成 !a||a>b*/

3. 逻辑表达式

逻辑表达式的值是一个逻辑量"真"或"假"。

编译系统给出逻辑运算结果时,以数值1代表"真",以0代表"假",但在判断一个量是否为"真"时,以0代表"假",以非0代表"真"。因此,逻辑表达式中作为参加逻辑运算的运算对象(操作数)可以是0("假")或任何非0的数值(按"真"对待)。如果在一个表达式中不同位置上出现数值,应区分哪些是作为数值运算或关系运算的对象,哪些作为逻辑运算的对象。

例如,6>2&&9<3-!0 的值为0。

视频

先进行!0的运算,结果为1;然后进行3-1的运算,结果为2;再进行9<2的运算,结果为0;最后进行1&&0的运算,结果为0。

注意:

(1) 逻辑运算符两侧的运算对象不但可以是0和1,或者是0和非0的整数,也可以是任何类型的数据,可以是字符型、实型或指针型等。系统最终以0和非0来判定它们属于"真"或"假"。

例如,'c'&&'d'的值为1(因为'c'和'd'的 ASCII 值都不为0,按"真"处理)。

可以将表2.15改写成如表2.16所示的形式。

表 2.16 逻辑运算的真值表

a	b	!a	!b	a&&b	a‖b
非0	非0	0	0	1	1
非0	0	0	1	0	1
0	非0	1	0	0	1
0	0	1	1	0	0

(2) 在逻辑表达式的求解中,并不是所有的逻辑运算符都被执行,只是在必须执行下一个逻辑运算符才能求出表达式的解时,才执行该运算符。

例如:

① x&&y&&z,只有x为真(非0)时,才需要判别y的值,只有x和y都为真的情况下才需要判别z的值。只要x为假,就不必判别y和z(此时整个表达式已确定为假)。如果x为真,y为假,则不判别z。

② x‖y‖z,只要x为真(非0),就不必判断y和z;只有x为假,才判别y;x和y都为假才判别z。

也就是说,对&&运算符来说,只有x≠0,才继续进行右面的运算。对运算符‖来说,只有x=0,才继续进行右面的运算。因此,如果有下面的逻辑表达式:

(m=a>b) && (n=c>d)

当a=1,b=2,c=3,d=4,m和n的原值为1时,由于a>b的值为0,因此m=0,而n=c>d不被执行,因此n的值不是0而仍保持原值1。

【例 2-14】 判断输入的年份是否是闰年。

解决该问题首先要了解闰年的条件,闰年年份必须满足以下条件之一:

(1) 能被4整除,但不能被100整除;

(2) 能被400整除。

程序代码如下:

```
/* e2_14.c */
#include <stdio.h>
void main(){
```

```
    int year;
    printf("请输入年份：");
    scanf("%d",&year);
    if(year%400==0||(year%4==0&&year%100!=0))
        printf("%d年是闰年\n",year);
    else
        printf("%d年不是闰年\n",year);
}
```

程序运行结果：

请输入年份：2022
2022 年不是闰年

程序说明：

为了表示符合闰年的两个条件,使用表达式：year%400==0||（year%4==0&&year%100!=0),该表达式中包含算术运算符和逻辑运算符。year%400==0 表示能被 400 整除；year%4==0&&year%100!=0 表示年份对 4 求余为 0,且对 100 求余不为 0。符号 && 表示其两侧表达式是"且"的关系,符号||表示其两侧表达式是"或"的关系。

2.7.7 逗号运算符及逗号表达式

用逗号运算符","将若干个表达式连接起来构成一个逗号表达式。一般形式如下：

表达式 1,表达式 2,…,表达式 n

求解过程：自左至右,先求解表达式 1,再求解表达式 2,…,最后求解表达式 n。表达式 n 的值即为整个逗号表达式的值。例如：

3+4,5*6

该逗号表达式的值为第 2 个表达式 5*6 的值,即为 30。

逗号运算符在所有运算符中的优先级别最低,且具有从左至右的结合性。它起到了把若干个表达式串联起来的作用。例如：

a=3*4,a*5,a+10

求解过程：先计算 3*4,将值 12 赋给 a,然后计算 a*5 的值为 60,最后计算 a+10 的值为 22。变量 a 的值为 12,整个逗号表达式的值为 22。

注意：

(1) 逗号运算符是所有运算符中级别最低的。因此,下面两个表达式的作用是不同的：

x=(a=3,6*3)   /* 赋值表达式,将一个逗号表达式的值赋给 x,x 的值等于 18 */

```
x=a=3,6*a            /*逗号表达式,它包括一个赋值表达式和一个算术表达式,x 的值为 3*/
```

（2）一个逗号表达式可以与另一个表达式组成一个新的逗号表达式。例如：

```
(a=3*4,a*5),a+10
```

逗号表达式 a=3*4,a*5 与表达式 a+10 构成了新的逗号表达式。

（3）不是任何地方出现逗号都作为逗号运算符。例如,在变量说明中的逗号只起间隔符的使用,不构成逗号表达式。

2.7.8　条件运算符与条件表达式

1. 条件运算符

条件运算符有 3 个运算对象,称三目(元)运算符,它是 C 语言中唯一的一个三目运算符。条件运算符的形式是"?:"。

2. 条件表达式

由条件运算符构成的表达式称为条件表达式。

一般形式：

表达式 1?表达式 2:表达式 3

求解过程：先计算表达式 1 的值,若值为非 0,则计算表达式 2 的值,并将表达式 2 的值作为整个条件表达式的结果;若表达式 1 的值为 0,则计算表达式 3 的值,并将表达式 3 的值作为整个条件表达式的结果。例如：

```
(a>b)?a+b:++a
```

当 a＝8,b＝4 时,求解过程：先计算关系式 a＞b,结果为真,计算 a＋b 的结果为 12,则整个条件表达式的结果是 12。请特别注意,此时不再计算表达式＋＋a,因此 a 的值仍然是 8 而不是 9。这一点在应用中很重要。

3. 条件表达式的优先级和结合性

条件表达式的优先级高于赋值运算,但低于所有关系运算、逻辑运算和算术运算。条件表达式的结合性是自右向左结合。

例如,在条件表达式"a＞0? a/b:a＜0? a＋b:a－b"中,出现两个条件表达式的嵌套,求解这个表达式时先计算后面一个条件表达式"a＜0? a＋b:a－b"的值,然后将其值作为条件表达式"a＞0? a/b:"的表达式 3。

使用条件表达式可以简化程序。例如,赋值语句"max=(a＞b)? a:b"中使用了条件表达式,简洁地表示了判断变量 a 与 b 的较大值并赋给变量 max 的功能。

2.7.9　sizeof 运算符

sizeof 是单目运算符,作用是求出运算对象在计算机内存中占用的字节数量。
一般形式:

```
sizeof(opr)
```

其中,opr 是操作对象,可以是表达式或数据类型,当 opr 是表达式时括号可省略。
例如:

```
sizeof(char)              /* 求字符型在内存中所占用的字节数,结果为 1 */
sizeof(int)(a * b)        /* 求整型数据在内存中所占用的字节数,结果为 4 */
```

注意:虽然 sizeof 的使用像是一个函数调用,但它只是个运算符,不是函数。

本 章 小 结

数据类型分为基本数据类型、构造数据类型、指针类型和空类型四大类。

基本数据类型包括整型、浮点型、字符型和枚举型。程序执行过程中,其值不能发生改变的量称为常量,可以改变的量称为变量。与数据类型结合起来可分为整型常量、整型变量、浮点常量、浮点变量、字符常量、字符变量、枚举常量、枚举变量等。

不同进制的整型常量根据前缀进行区分。实数只采用十进制,可以是十进制数表示形式和指数表示形式。字符常量使用单引号,字符串常量使用双引号。字符常量只能是1 个字符,字符串常量可以是 0 个或多个字符。转义字符具有特定的含义,不同于字符原有的意义。

变量名应遵循标识符的命名规则,即变量名只能由字母、数字和下画线组成,并且第一个字符必须是字母或下画线。变量必须先定义后使用。

变量的数据类型转换方式有两种:自动转换和强制转换。

自动转换发生在不同数据类型的量运算时,由编译系统自动完成。强制转换是通过强制类型转换运算符来实现的。无论是自动运算还是强制运算,都是本次运算的临时值,不会改变变量原本的数据类型。

C 语言中,所有的输入输出操作都是通过调用标准 I/O 库函数实现。

标准库函数有很多,常用的有数学函数、字符函数、字符串函数、输入输出函数、动态分配函数和随机函数等。它们分别存放在不同的头文件中。常用的输入输出函数有scanf()、printf()、getchar()、putchar()、gets()和 puts()等。格式控制字符串由格式字符串和非格式字符串组成。

优先级是指同一个表达式中不同运算符进行计算时的先后次序,共分为 15 级,1 级最高,15 级最低。单目运算的优先级高于双目运算。

结合性是指同一个表达式中相同优先级的多个运算应遵循的运算顺序,分为左结合性(自左至右)和右结合性(自右至左)。单目运算符都是右结合,双目运算符(除了赋值运算符)都是左结合,三目运算符"?:"是右结合。

如果赋值运算符两边的数据类型不一致,赋值时要进行类型转换。

++、--运算只能作用于变量,不能用于表达式或常量。

用逗号运算符将若干个表达式连接起来构成一个逗号表达式。

使用条件表达式可以简化程序。

sizeof 是单目运算符,作用是求出运算对象在计算机内存中占用的字节数量。

习　题　2

一、单项选择题

1. 下列四组选项中,均不是 C 语言关键字的是_____。

    A. define   IF   type

    B. getc   char   printf

    C. include   case   scanf

    D. while   go   pow

2. 下列四组选项中,均是合法转义字符的是_____。

    A. '\"'   '\\'   '\n'

    B. '\'   '\017'   '\"'

    C. '\018'   '\f'   'xab'

    D. '\\0'   '\101'   'xlf'

3. 设有以下定义:

```
int a=0;
double b=1.25;
char c='A';
#define d 2
```

则下面语句中错误的是_____。

    A. a++;   B. b++   C. c++;   D. d++;

4. 以下选项中合法的字符常量是_____。

    A. "B"   B. '\010'   C. -268   D. D

5. 已知字母 A 的 ASCII 码为十进制 65,下面程序段的运行结果为_____。

```
char ch1,ch2;
ch1='A'+5-3; ch2='A'+6-3;
printf("%d, %c\n",ch1,ch2);
```

    A. 67,D   B. B,C   C. C,D   D. 不确定值

6. 表达式 3.6-5/2+1.2+5%2 的值是_____。

A. 4.3   B. 4.8   C. 3.3   D. 3.8

7. 有以下定义语句：

```
double a,b; int w; long c;
```

若各变量已正确赋值,则下列选项中正确的表达式是_____。

    A. a＝a＋b＝b＋＋   B. w％((int)a＋b)

    C. (c＋w)％(int)a   D. w＝a＝＝b;

8. 有以下程序：

```
void main(){
    char a='a',b;
    printf("%c,",++a);
    printf("%c\n",b=a++);
}
```

程序运行后的输出结果是_____。

    A. b,b   B. b,c   C. a,b   D. a,c

9. 能正确表示 a 和 b 同时为正或同时为负的逻辑表达式是_____。

    A. (a＞＝0||b＞＝0)＆＆(a＜0||b＜0)

    B. (a＞＝0＆＆b＞＝0)＆＆(a＜0＆＆b＜0)

    C. (a＋b＞0)＆＆(a＋b＜＝0)

    D. a＊b＞0

10. 设 int x＝1,y＝1；表达式(!x||y－－)的值是_____。

    A. 0   B. 1   C. 2   D. －1

11. 若变量 c 为 char 类型,能正确判断出 c 为小写字母的表达式是_____。

    A. 'a'＜＝c＜＝'z'   B. (c＞＝'a')||(c＜＝'z')

    C. ('a'＜＝c)and('z'＞＝c)   D. (c＞＝'a')＆＆(c＜＝'z')

12. 若要求从键盘读入含有空格字符的字符串,应使用函数_____。

    A. getc()   B. gets()   C. getchar()   D. scanf()

二、填空题

1. 表示"整数 x 的绝对值大于 5"时值为"真"的 C 语言表达式是_____。

2. 以下程序的输出结果是_____。

```
#include <stdio.h>
void main(){
    int a=5,b=4,c=3,d;
    d=(a>b>c);
    printf("%d\n",d);
}
```

3. 若有以下定义,则计算表达式 y＋＝y－＝m＊＝y 后的 y 值是_____。

```
int m=5,y=2;
```

4. 已知字母 a 的 ASCII 码为十进制数 97，且设 ch 为字符型变量，则表达式 ch＝'a'＋'8'－'3'的值为_____。

5. 已知字符 A 的 ACSII 码值为 65，以下语句的输出结果是_____。

```
char ch='B';
printf("%c %d\n",ch,ch);
```

6. 下面程序运行时输入 12 后，执行结果是_____。

```
#include<stdio.h>
void main(){
    char ch1,ch2; int n1,n2;
    ch1=getchar(); ch2=getchar();
    n1=ch1-'0'; n2=n1*10+(ch2-'0');
    printf("%d\n",n2);
}
```

7. 下列程序执行后的输出结果是_____。

```
#include<stdio.h>
void main(){
    int x='f';
    printf("%c \n",'A'+(x-'a'+1));
}
```

8. 阅读以下程序，当输入数据的形式为：25,13,10,则输出结果是_____。

```
#include<stdio.h>
void main(){
    int x,y,z;
    scanf("%d%d%d",&x,&y,&z);
    printf("x+y+z=%d\n",x+y+z);
}
```

9. x、y、z 被定义为 int 型变量，若用键盘给 x、y、z 输入数据，正确的输入语句是_____。

10. 若要求从键盘读入含有空格字符的字符串，应使用函数_____。

第3章

程序流程控制

学习目标：

(1) 理解程序设计的流程控制概念。

(2) 掌握分支和多分支语句的语法格式及用法。

(3) 理解循环的概念，掌握 while、do-while、for 3 种循环语句的语法格式、用法及区别。

(4) 掌握选择结构和循环结构嵌套的含义及用法。

编写程序的目的是使用计算机帮助我们完成相关任务，而任务的执行都是有顺序的，这个顺序体现在程序中就是程序的流程。程序流程控制是指在程序设计中控制完成某种功能的次序。无论多复杂的算法，均可通过顺序、选择、循环 3 种基本控制结构构造出来。每种结构仅有一个入口和出口。由这 3 种基本结构组成的多层嵌套程序称为结构化程序。

3.1 顺序结构程序设计

视频

顺序结构是一种线性、有序的结构。顺序结构的程序设计是最简单的，只要按照解决问题的顺序写出相应的语句，执行顺序是自上而下，依次执行。顺序结构可以独立使用构成一个简单的完整程序，但大多数情况下顺序结构都是作为程序的一部分，与其他结构一起构成一个复杂的程序，如分支结构中的复合语句、循环结构中的循环体等。

【例 3-1】 交换两个整型变量的值。

程序代码如下：

```
/* e3_1.c */
#include<stdio.h>
void main(){
    int x=3,y=5,temp;
    temp=x;
    x=y;
    y=temp;
    printf("x=%d,y=%d\n ",x,y);
}
```

程序运行结果：

x=5,y=3

程序说明：

(1) 本程序是一个顺序结构的程序,程序中的语句按排列次序顺序执行。

(2) 程序通过一个中间变量 temp 对 x 和 y 的值进行交换。首先将 x 的值存储在临时变量 temp 中,将 y 的值赋给 x,再将 temp 的值赋给 y,从而实现 x 和 y 值的互换。

(3) 将中间的 3 条语句修改为:

```
x=x+y;      y=x-y;      x=x-y;
```

也可以实现 x 和 y 值的互换功能,这样可以不需要定义中间变量 temp。

3.2　选择结构程序设计

选择结构是根据条件成立与否选择程序执行的路径,控制程序的流程。选择结构的程序设计方法关键在于构造合适的分支条件和分析程序流程,根据不同的程序流程选择适当的执行语句。选择结构适合于带有逻辑或关系比较等条件判断的计算,设计这类程序时往往要先绘制流程图,然后根据程序流程写出源程序,这样做把程序设计分析与语言分开,使得问题简单化,易于理解。选择结构也称为分支结构,C 语言的选择结构通过 if 语句和 switch 语句实现。

3.2.1　if 语句

1. 单分支 if 语句

基本格式:

```
if(表达式)
    语句
```

执行这一结构时,首先对表达式的值进行判断。如果表达式的值为"真",则执行其后的语句,否则不执行该语句。其执行流程如图 3.1 所示。

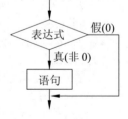

图 3.1　if 结构的流程

【例 3-2】　在两个数中输出较大数。

为了在两个数中找出较大的数,显然需要对两个数进行比较,根据比较结果决定输出哪个数。也就是说,需要根据指定条件来决定输出结果。

程序代码如下:

```
/* e3_2.c */
```

```
#include <stdio.h>
void main(){
    int num1,num2;
    printf("\n input 2 numbers: ");          /*提示用户输入两个数*/
    scanf("%d%d",&num1,&num2);                /*从键盘输入数据*/
    if(num1>=num2)
        printf("max=%d\n",num1);              /*若num1>=num2,输出num1*/
    if(num1<num2)
        printf("max=%d\n",num2);;             /*若num1<num2,输出num2*/
}
```

程序运行结果：

```
nput 2 numbers: 5 3
max=5
```

程序说明：

显然，程序中的两条 printf 语句只有一条会被执行。

使用 if 语句应注意下列几个问题：

(1) if 语句中，若条件满足需要执行多条语句，则必须用花括号把多条语句括起来组成一条复合语句；若条件满足只执行一条语句，则花括号可以省略。

(2) 条件表达式通常是逻辑表达式或关系表达式。例如：

```
if(x==y&&a==b) printf("x=y,a=b\n");
```

表达式也可以是其他表达式，如赋值表达式等，甚至也可以是一个变量。例如：

```
if(x=3) 语句;
if(a) 语句;
```

都是合法的，只要表达式的值为“真”，则执行其后的语句。

(3) 空语句是允许的，表示什么也不做。例如：

```
if(b>0);
```

(4) 正确使用缩进格式，有助于更好地理解程序，尤其是在使用 if 语句嵌套时。

2. 双分支 if-else 语句

基本格式如下：

```
if(表达式)
    语句1
else
    语句2
```

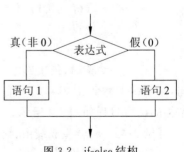

图 3.2   if-else 结构

执行该结构时，首先对表达式的值进行判断。如果表达式的值为“真”，则执行语句 1；否则执行语句 2。其执行流程如图 3.2 所示。

因此例 3-2 的程序也可以改写为例 3-3 的程序。

【例 3-3】　在两个数中输出较大数。

程序代码如下：

```c
/* e3_3.c */
#include<stdio.h>
void main(){
int num1,num2;
    printf("\n input 2 numbers: ");
    scanf("%d%d",&num1,&num2);
    if(num1>num2)
        printf("max=%d\n",num1);
    else
        printf("max=%d\n",num2);
}
```

程序运行结果：

```
input 2 numbers:
5 3
max=5
```

程序说明：

用 if-else 语句实现，只进行一次比较就可以完成处理，比单分支的 if 语句易于理解且格式清晰。

对于条件较少的问题，使用单分支 if 或双分支的 if-else 语句通常都可以解决，但是如果问题中涉及的条件较多，使用单分支 if 或双分支的 if-else 语句处理起来就比较麻烦，这时可以采用多分支的 if-else-if 语句来完成。

3. 多分支 if-else-if 结构

基本格式：

```
if(表达式 1)
    语句 1
else if(表达式 2)
        语句 2
        else if(表达式 n)
                语句 n
            else 语句 n+1
```

执行这一结构时，依次判断表达式的值，当某个表达式值为"真"时，则执行对应的语句，然后跳出整个 if-else-if 语句。如果所有的表达式均为假，则执行语句 n+1。if-else-if 结构的执行过程如图 3.3 所示。

【例 3-4】　将学生成绩由百分制转化为等级制。规则如下：

(1) 85 分(含)以上为 A 级；

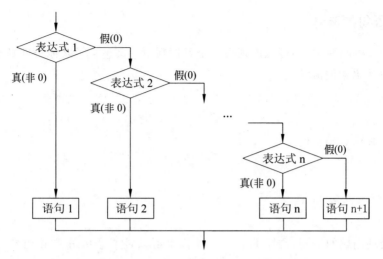

图 3.3 if-else-if 结构的执行过程

(2) 70 分(含)以上且 85 分以下为 B 级；

(3) 60 分(含)以上且 70 分以下为 C 级；

(4) 60 分以下为 D 级。

程序代码如下：

```
/* e3_4.c */
#include <stdio.h>
void main(){
    float score;
    printf("\n please input a score: ");
    scanf("%f",&score);
    if(score>=85)
        printf("the score %f is A \n",score);
    else if(score>=75)
            printf(" the score %f is B \n",score);
        else if(score>=60)
                printf("the score %f is C \n",score);
            else
                printf("the score %f is D \n",score);
}
```

程序运行结果：

```
please input a score: 89
the score 89.000000 is A
```

程序说明：

这是一个多分支选择的问题,需要对学生的成绩按区间分别判断,由于等级区间较多,因此使用多分支的 if-else-if 语句比较方便。

4. if 语句的嵌套

在解决一些问题时,还可能出现在一个条件判断中又包含了其他条件判断的情况,这种情况称为 if 语句的嵌套。

基本格式:

```
if(表达式 1)
    if(表达式 2) 语句 1
    else 语句 2;
else
    if(表达式 3) 语句 3
    else 语句 4
```

根据处理问题的不同,内层的 if-else 结构也可以是一个单分支 if 语句,或在内层的 if-else 结构中包含更多的分支。

【例 3-5】 求一元二次方程 $ax^2+bx+c=0(a\neq0)$ 的根。

求解一元二次方程的根 x 时有 3 种情况,分别为(记 $\Delta=b^2-4ac$):

(1) $\Delta>0$,有两个不等的实根;

(2) $\Delta=0$,有两个相等的实根;

(3) $\Delta<0$,无实根。

程序代码如下:

```c
/* e3_5.c */
#include<stdio.h>
#include<math.h>
void main(){
    float a,b,c,x1,x2,delta;
    printf("输入 a,b,c 的值: ");
    scanf("%f %f %f", &a, &b, &c);
    delta=b*b-4*a*c;
    if(delta>=0){
        if(delta>0){
            x1=(-b+sqrt(delta))/(2*a);
            x2=(-b-sqrt(delta))/(2*a);
            printf("两个不等的实根: x1=%.2f x2=%.2f\n", x1, x2);
        }
        else{
            x1=-b/(2*a);
            printf("两个相等的实根,x1=x2=%.2f\n", x1);
        }
    }
    else{
        printf("方程无实根!\n");
```

```
       }
   }
```

程序运行结果：

```
输入 a,b,c 的值：2 6 3
两个不等的实根：x1=-0.63 x2=-2.37
```

程序说明：

(1) 外层 if-else 语句处理 delta>=0 和 delta<0 的情况，内层 if-else 语句处理 delta>0 和 delta=0 的情况。这就是典型的 if 语句的嵌套结构。

(2) 在嵌套的 if 语句中，由于有多个 if 和多个 else，此时应注意 else 和 if 如何匹配。匹配的规则是在嵌套 if 语句中，if 和 else 按照"就近配对"的原则配对，即 else 总是与它上面距它最近的且还没有配对的 if 相匹配。

(3) 在嵌套的 if-else 语句中，如果内嵌的是单分支 if 语句，可能在语义上产生二义性。如：

```
if(表达式 1)
    if(表达式 2) 语句 1
else
    if(表达式 3) 语句 2
    else 语句 3
```

以上程序段中，虽然第一个 else 与第一个 if 在书写格式上对齐，但按照匹配规则，与它匹配的应是第二个 if。如果希望第一个 else 与第一个 if 匹配，可以采用两种方法：

① 加花括号。程序段改写为：

```
if(表达式 1)
    {if(表达式 2) 语句 1}
else
    if(表达式 3) 语句 2
    else 语句 3
```

加上花括号后，括号内的 if 语句是一个整体，不再与外部 else 匹配，这样第一个 else 只能与第一个 if 匹配。

② 加空的 else 语句。程序段改写为：

```
if(表达式 1)
    if(表达式 2) 语句 1
    else;
else
        if (表达式 3) 语句 2
        else 语句 3
```

加上空的 else 后，执行结果不变，但由于该 else 与内层 if 匹配，这样原来的第一个 else 就可以与第一个 if 匹配。

3.2.2 switch 语句

多分支选择结构也可以使用 switch 语句,switch 语句也称为标号分支结构。
基本格式:

```
switch(表达式){
    case 常量表达式 1: 语句序列 1
    case 常量表达式 2: 语句序列 2
    ......
    case 常量表达式 n: 语句序列 n
    default: 语句序列 n+1
}
```

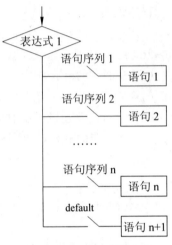

图 3.4   switch 结构的流程

switch 结构在执行时,首先计算 switch 判断表达式
的值,并按照计算结果依次寻找 case 子结构中与之相等
的常量表达式,若找到,则执行该 case 子结构对应的语
句序列;若找不到与之相等的常量表达式,则执行
default 后的语句序列。default 子句不是必需的。若结
构中无 default 子结构且没有相符的 case 子结构时,则
什么也不做。执行流程如图 3.4 所示。

在使用 switch 结构时,应注意以下几个问题。

(1) case 后的各常量表达式值不能相同。

(2) case 后允许有多个语句,可以不用花括号括起来。

(3) 若 switch 表达式与常量表达式 m 匹配,执行该 case 子结构对应的语句序列 m
后,不是立即退出 switch 结构,而是继续执行语句序列 m+1,直至语句序列 n+1。若需
要在执行语句序列 m 后,立即退出 switch 结构,则在每个语句序列后加一条 break 语句,
break 语句用于跳出 switch 结构。

(4) switch 结构也可以嵌套。

【例 3-6】 输入 1~7 中的数字,将其转换成相应的星期英文单词。

程序代码如下:

```
/* e3_6.c */
#include<stdio.h>
void main(){
    int num;
    scanf("%d",&num);
    switch(num) {
        case 1: printf("Monday\n"); break;
        case 2: printf("Tuesday\n"); break;
        case 3 : printf("Wednesday\n"); break;
        case 4: printf("Tursday\n"); break;
```

```
        case 5: printf("Friday\n"); break;
        case 6: printf("Saturday\n");break;
        case 7: printf("Sunday\n");break;
        default: printf("Error\n");
    }
}
```

程序运行结果：（输入数字 5）

```
Friday
```

若输入 1~7 之外的数字，则显示 error。

程序说明：

每一个 case 子结构最后都有一条 break 语句，用于跳出 switch 流程。程序中如果每一个 case 子结构无 break 语句，运行时，输入数字 5，则运行结果为：

```
Friday
Saturday
Sunday
Error
```

【例 3-7】 编写程序测试是数字、空白，还是其他字符。

程序代码如下：

```
/* e3_7.c */
#include<stdio.h>
void main(){
    char c;
    scanf("%c",&c);
    switch(c) {
        case '0':
        case '1':
        case '2':
        case '3':
        case '4':
        case '5':
        case '6':
        case '7':
        case '8':
        case '9':printf("this is a digit\n"); break;
        case ' ':
        case '\n':
        case '\t':printf("this is a blank\n"); break;
        default :printf("this is a character\n"); break;
    }
}
```

程序运行结果：

3
this is a digit

程序说明：

输入数字 3，应该执行 case '3'后面的语句，但 case '3'后面没有语句，因此会继续执行 case '4'后面的语句，以此类推。执行 case '9'后面的语句，遇到 break 退出 switch 结构。

【例 3-8】 输入某年某月某日，判断这一天是这一年的第几天。

程序代码如下：

```c
/* e3_8.c */
#include<stdio.h>
void main(){
    int day,month,year,sum,leap;
    printf("please input year,month,day\n");
    scanf("%d,%d,%d",&year,&month,&day);
    switch(month) {                              /* 先计算某月以前月份的总天数 */
        case 1:sum=0;break;
        case 2:sum=31;break;
        case 3:sum=59;break;
        case 4:sum=90;break;
        case 5:sum=120;break;
        case 6:sum=151;break;
        case 7:sum=181;break;
        case 8:sum=212;break;
        case 9:sum=243;break;
        case 10:sum=273;break;
        case 11:sum=304;break;
        case 12:sum=334;break;
        default: printf("data error");break;
    }
    sum=sum+day;                                 /* 再加上某天的天数 */
    if(year%400==0||(year%4==0&&year%100!=0))    /* 判断是不是闰年 */
        leap=1;
    else
        leap=0;
    if(leap==1&&month>2)                         /* 如果是闰年且月份大于 2,总天数应该加一天 */
        sum++;
    printf("It is the %dth day.",sum);
}
```

程序运行结果：

please input year,month,day:
2021,9,10

```
It is the 253th day.
```

程序说明：

先把前 8 个月的天数加起来，然后再加上 10 天即为本年的第几天。正常 2 月份 28 天，若是闰年且输入月份大于 2 时多加一天。

3.3　循环结构程序设计

循环结构是重复执行一个或几个模块，直到满足某一条件为止。循环结构可以减少源程序重复书写的工作量，是程序设计中最能发挥计算机特长的程序结构。使用循环结构前需要确定以下两个问题，一是重复执行哪些语句？二是重复执行这些语句的条件是什么？这两个问题决定了循环的内容和循环的条件。C 语言提供 4 种循环方式，即 while 循环、do-while 循环、for 循环和 goto 循环。一般情况下 4 种循环可以互相代替，但不提倡用 goto 循环，因为强制改变程序的顺序经常会给程序的运行带来不可预料的错误。特别要注意在循环体内应包含趋于循环结束的语句（即循环变量值的改变），否则可能成为死循环。本书不介绍 goto 循环。

3.3.1　while 语句

while 用来实现"当型"循环结构。

基本格式：

```
while(表达式)
    语句
```

执行 while 语句时，先对表达式进行计算，若值为"真"（非 0），执行循环体语句，否则结束循环。每执行完一次循环体，都要对表达式进行一次计算和是否再次执行循环体的判断。流程如图 3.5 所示。

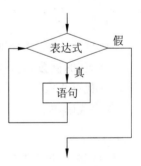

图 3.5　while 结构的流程

【例 3-9】　计算 sum＝1＋2＋3＋4＋…＋100。

本例的算法在 1.4.1 节已经介绍，由于重复加 1～100 的每个数，因此需要使用循环结构。这里使用 while 语句实现循环。

程序代码如下：

```
/* e3_9.c */
#include<stdio.h>
void main(){
    int sum=0,i;
    i=1;
    while(i<=100){
        sum=sum+i;
```

```
        i++;
    }
    printf("sum=%d\n",sum);
}
```

程序运行结果：

sum=5050

程序说明：

循环变量 i 初值为 1,循环体每执行一次,i 值增 1。当 i=101 时,结束循环体。也就是说,程序执行后,i 最终值是 101,即循环条件共判断了 101 次。

视频

【例 3-10】 猴子吃桃问题。

猴子第一天摘下若干个桃子,当即吃了一半,不过瘾,又多吃了一个。第二天又将剩下的吃了一半,又多吃了一个,以后每天都吃剩下的一半多一个,到第 10 天时,只剩下一个桃子。求第一天共摘了多少个桃子。

算法分析：

设第 n 天的桃子数为 p_n,则算法可描述为:

$$p_{10} = 1 \tag{3-1}$$
$$p_n = p_{n-1}/2 - 1 \tag{3-2}$$

要计算第一天的桃子数,采用逆推法。即从第 10 天开始推算,式(3-1)为赋初值,式(3-2)用 C 语言描述为:

```
p1=2 * (p2+1);
p2=p1;
```

这里的 p1 和 p2 分别代表每个"昨天"和每个"今天"桃子数。不断用"昨天"的桃数替代"今天"的桃数,这种不断地旧值递推得到新值的过程叫作迭代。迭代要有初值、迭代公式、迭代终止次数。

程序代码如下：

```
/* e3_10.c */
#include<stdio.h>
void main(){
    int p1,p2=1;
    int n=9;
    while(n>0) {
        p1=2 * (p2+1);
        p2=p1;
        n--;
    }
    printf("the total is %d\n",p1);
}
```

程序运行结果：

the total is 1534

程序说明：

迭代初值为1(p2＝1)，即第10天剩下的桃子数；迭代公式为 p1＝2 * (p2＋1)，p2＝p1。

使用 while 循环要注意以下几点。

(1) while 循环在语法上整体是一条单独语句。

(2) 若循环体有多条语句，应用花括号将这些语句括起构成一条复合语句；若循环体只有一条语句，花括号可以省略。

(3) while 是一个入口条件循环，如果开始条件不成立，则循环体一次也不执行。

(4) 循环体可以是空语句。

如程序片段：

```
int n=0;
while(n++<3);
    printf("n is %d\n",n);
printf("it's over.\n");
```

其执行结果为：

```
n is 4
it's over.
```

循环体只有一条空语句（;）。循环体虽然什么功能也没有实现，但循环体被执行了3遍；由于循环条件被判断了4次，n＋＋被执行4次。

【例3-11】 输入两个正整数 m 和 n，求其最大公约数和最小公倍数。

算法分析：

求最大公约数通常采用"辗转相除法"，又称欧几里得算法。具体算法如下。

(1) 用 m 和 n 中的大数 m 除以 n，得余数 r(0<=r<=n)。

(2) 判断余数 r 是否为 0。若 r=0，当前的除数值则为最大公约数，算法结束；否则进行下一步。

(3) 若 r!=0，用当前除数更新被除数，用当前余数更新除数，再返回第(1)步。

程序代码如下：

```
/* e3_11.c */
#include<stdio.h>
void main(){
    int a,b,m,n,t,r;
    printf("please input 2 numbers:\n");
    scanf("%d,%d",&m,&n);
    if(m<n){
        t=m;
        m=n;
        n=t;
```

```
    }
    a=m; b=n;
    while(b!=0){                              /* 利用辗转相除法,直到 b 为 0 为止 */
        r=a%b;
        a=b;
        b=r;
    }
    printf("greatest common divisor:%d\n",a);
    printf("least common multiple:%d\n",m*n/a);
}
```

程序运行结果:

```
please input 2 numbers:
35,42
greatest common divisor:7
least common multiple:210
```

程序说明:

(1) 在辗转相除之前用 if 语句比较 m、n 的大小,并将较大数存放在 m 中,较小数存在 n 中。然后通过大数对小数的辗转相除得出结果。需要注意最后输出的是变量 a 的值而不是变量 b 的值,这是因为在循环体中辗转相除的除数 b 总是赋值给变量 a,随后 b 被赋值给余数。

(2) 使用变量 a 和 b,是为了对 m 和 n 两个变量进行保护。

3.3.2　do-while 语句

do-while 也是一种循环结构,称为当型循环。
基本格式:

```
do
    循环体语句
while(表达式);
```

当程序流程到达关键字 do 后,立即执行一次循环体,然后对表达式进行判断。若表达式值为"真",则重复执行循环体;否则结束循环。do-while 结构至少执行一次循环体。执行过程如图 3.6 所示。

【例 3-12】　使用 do-while 语句改写例 3-9 的程序。
程序代码如下:

```
/* e3_12.c */
#include <stdio.h>
void main(){
    int sum=0,i;
```

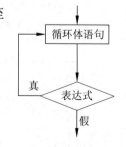

图 3.6　do-while 结构的流程

```
        i=1;
        do{
              sum=sum+i;
              i++;
        }while(i<=100);
        printf("sum=%d\n",sum);
}
```

while 循环根据表达式的成立与否来决定是否执行循环语句,所以其循环语句可能一次也不执行;而 do-while 循环是先执行循环体,而后再判断表达式的值,因此 do-while 循环至少执行一次。

3.3.3　for 循环

for 循环是 C 语言中最具特色的循环结构,使用最为灵活方便。
基本格式:

for(表达式 1;表达式 2;表达式 3)循环体

说明:

表达式 1:初值表达式,循环开始前为循环变量赋初值。

表达式 2:循环控制逻辑表达式,控制循环执行的条件,决定循环的次数。

表达式 3:循环控制变量修改表达式,使循环趋向结束。

先执行表达式 1,表达式 1 在整个循环中只执行一次。接着重复下面的过程:判断表达式 2 的值,若为"真",执行循环体,然后执行表达式 3,再判断表达式 2,……;如果表达式 2 为"假",则结束循环。循环体在循环控制条件(表达式 2)成立的情况下被反复执行。执行过程如图 3.7 所示。

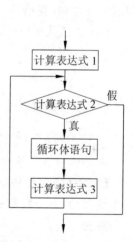

图 3.7　for 循环结构的流程

【例 3-13】　使用 for 循环改写例 3-9 的程序。

程序代码:

```
/* e3_13.c */
#include <stdio.h>
void main(){
int sum=0,i;
    for(i=1;i<=100;i++)
        sum=sum+i;
    printf("sum=%d\n",sum);
}
```

程序说明:

(1) 表达式 1 可以省略,但其后的分号不能省略。如:

```
sum=0;i=1;
for (; i<=100; i++)
    sum=sum+i;
```

（2）表达式 2 可以省略，但其后的分号不能省略。当表达式 2 省略时，循环条件将始终为"真"，此时必须在循环体内加入使程序终止执行的语句，否则循环体将永远反复执行，形成死循环。

（3）表达式 3 是步长表达式，用来设置循环变量的变化。随着循环变量不断变化，其值趋于使循环条件不成立。表达式 3 也可以省略，此时需要通过其他方式实现循环变量的变化。如：

```
for( i=1; i<=100; ) {
    sum=sum+i;
    i++;
}
```

使用 for 循环要注意以下几点。

（1）整个 for 循环语句在语法上是一条语句。

（2）若循环体有多条语句，应用花括号将这些语句括起构成一条复合语句；若循环体只有一条语句，花括号可以省略。

（3）表达式 1 中可以包含多个表达式，此时需用逗号分隔。如：

```
for (sum=0, i=1; i<=100; i++)
    sum=sum+i;
```

（4）循环体可以是空语句。如：

```
for(i=1;i<=100;i++);
```

循环体只有一条空语句";"，被循环执行 100 次。

【例 3-14】 求 Fibonacci 数列的第 40 项。Fibonacci 数列规律：前两个数为 1，从第三个数开始，每个数都是其前面两个相邻数的和。

算法分析：

Fibonacci 数列用算法可表示为：

视频

$$f1 = 1 \quad (n = 1) \tag{3-3}$$
$$f2 = 1 \quad (n = 2) \tag{3-4}$$
$$f_n = f_{n-1} + f_{n-2} \quad (n >= 3) \tag{3-5}$$

其中式(3-5)为迭代公式。用 C 语言来描述为：

$$f = f1 + f2;$$
$$f1 = f2;$$
$$f2 = f;$$

程序代码如下：

```
/* e3_14.c */
```

```
#include <stdio.h>
void main(){
    long f,f1,f2;
    int i;
    f1=f2=1;                            /* 初始化前两项的值 */
    for(i=3;i<=40;i++){
        f=f1+f2;                        /* 当前第 i 项的值等于前两项值之和 */
        f1=f2;                          /* 将当前 f2 的值赋给 f1 */
        f2=f;                           /* 将当前第 i 项的值赋给 f2 */
    }
    printf("the 40th is %ld\n",f);
}
```

程序运行结果：

the 40th is 102334155

程序说明：

由于数列前两项的值已确定,因此从第三项开始计算,所以循环变量 i 的初值为 3,
i 值通过表达式 3 发生变化。循环体为一条复合语句{f＝f1＋f2;f1＝f2;f2＝f;},该语句
先计算当前第 i 项的值(等于前两项 f1、f2 之和),然后将当前 f2 的值赋给 f1,再将当前第
i 项的值赋给 f2,通过执行这条复合语句就为计算第 i＋1 项准备好了 f1 和 f2。此处 f、f1、
f2 应定义为长整型。

【例 3-15】 打印出所有的"水仙花数"。所谓"水仙花数"是指一个三位数,其各位数
字立方和等于该数。

在 100～999 依次取数 m,然后分离出百位数 i、十位数 j、个位数 k,并将三者立方和
与 m 相比较,如相等,则 m 为水仙花数。

程序代码如下：

```
/* e3_15.c */
#include<stdio.h>
void main(){
    int i,j,k,m;
    for(m=100;m<1000;m++){
        i=m/100;                        /* m 的百位数 */
        j=m/10%10;                      /* m 的十位数 */
        k=m%10;                         /* m 的个位数 */
        if(m==i*i*i+j*j*j+k*k*k)
            printf("%5d",m);
    }
}
```

程序运行结果：

    153   370   371   407

程序说明：

本例采用的是穷举法,对问题中所有可能的值或状态逐一测试。

3.3.4　循环的嵌套

在一个循环体内包含另一个完整循环的结构,称为循环的嵌套。对于一些较为复杂的问题,必须使用循环的嵌套,while、do-while、for 循环都可以相互嵌套。需要注意,执行嵌套的循环时,外层循环每执行一次,内层循环执行一个周期。

【例 3-16】　打印如下图形:

```
      *
     ***
    *****
   *******
    *****
     ***
      *
```

打印此类图形,先找出规律性。可以把图形分上下两部分来看,前 4 行规律相同:第 i 行由 2 * i−1 个星号和 6−2 * i 个空格组成;后 3 行规律相同:第 i 行由 7−2 * i 个星号和 2 * i 个空格组成。每行结尾要换行。本例也应使用嵌套的循环实现,外层循环控制行,内层循环控制列。

程序代码如下:

```c
/* e3_16.c */
#include<stdio.h>
void main(){
    int i,j,k;
    for(i=1;i<=4;i++){              /*打印上半部分,共 4 行*/
        for(k=1;k<=8-2*i;k++)
            printf(" ");           /*输出每行前面的空格*/
        for(j=1;j<=2*i-1;j++)
            printf("*");           /*输出每行的星号*/
        printf("\n");              /*输出每行后换行*/
    }
    for(i=1;i<=3;i++){             /*打印下半部分,共 3 行*/
        for(k=1;k<=2*i;k++)
            printf(" ");           /*输出每行前面的空格*/
        for(j=1;j<=7-2*i;j++)
            printf("*");           /*输出每行的星号*/
        printf("\n");              /*输出每行后换行*/
    }
}
```

程序说明：

内层循环中的 printf("\n")语句是必不可少的,它的作用是在每行结尾换行,否则所有的内容将全部显示在一行上。

【例 3-17】 使用嵌套循环实现打印九九乘法表。

程序代码如下：

```
/* e3_17.c */
#include <stdio.h>
void main(){
    int m,n;
    for(m=1;m<=9;m++){              /* 控制行,共 9 行 */
        for(n=1;n<=m;n++)          /* 在行一定的情况下,循环输出该行的 1～m 列 */
            printf("%d * %d=%d\t",m,n,m*n);
        printf("\n");
    }
}
```

程序运行结果：

```
1 * 1=1
2 * 1=2   2 * 2=4
3 * 1=3   3 * 2=6   3 * 3=9
4 * 1=4   4 * 2=8   4 * 3=12   4 * 4=16
5 * 1=5   5 * 2=10   5 * 3=15   5 * 4=20   5 * 5=25
6 * 1=6   6 * 2=12   6 * 3=18   6 * 4=24   6 * 5=30   6 * 6=36
7 * 1=7   7 * 2=14   7 * 3=21   7 * 4=28   7 * 5=35   7 * 6=42   7 * 7=49
8 * 1=8   8 * 2=16   8 * 3=24   8 * 4=32   8 * 5=40   8 * 6=48   8 * 7=56   8 * 8=64
9 * 1=9   9 * 2=18   9 * 3=27   9 * 4=36   9 * 5=45   9 * 6=54   9 * 7=63   9 * 8=72   9 * 9=81
```

程序说明：

外层循环控制行。内层循环是在行一定的情况下,循环输出该行的 1～m 列。用变量 m 控制行数,同时控制每行的列数。第 m 行输出 m 个表达式,因此内层循环总是通过 n 的变化执行 m 次。如第 3 行输出 3 个,第 4 行输出 4 个,……。

【例 3-18】 百马百担问题。有 100 匹马,驮 100 担货,大马驮 3 担,中马驮 2 担,两匹小马驮 1 担,问大、中、小马各多少匹?

算法分析：这是一个不定方程求解问题。

$$a+b+c=100$$
$$3*a+2*b+c/2=100$$

式中,a、b、c 分别表示大、中、小马。

由题目给出的条件可得到 3 个变量的取值范围：

a：0～33 的整数

b：0～50 的整数

c：0～200 的偶数(两只小马组合才能驮 1 担)

采用穷举法,用 3 层 for 循环来实现。

程序代码如下:

```
/* e3_18.c */
#include <stdio.h>
void main(){
    int a,b,c;
    for(a=0;a<=33;a++)              /* 取所有可能的大马数 */
        for(b=0;b<=50;b++)          /* 取所有可能的中马数 */
            for(c=0;c<=200;c+=2)    /* 取所有可能的小马数 */
                if((a+b+c==100)&&(3*a+2*b+c/2==100))
                    printf("a=%d,b=%d,c=%d\n",a,b,c);
}
```

程序运行结果:

```
a=2,b=30,c=68
a=5,b=25,c=70
a=8,b=20,c=72
a=11,b=15,c=74
a=14,b=10,c=76
a=17,b=5,c=78
a=20,b=0,c=80
```

程序说明:

(1) 第 3 层循环若改为 for(c=0;c<=200;c++)也是可以的。因两匹小马驮 1 担,使用 c+=2 来修订其值使程序更优化。

(2) 若 a 和 b 已知,则 c 的值可以根据 a 和 b 的值求出,因此本例也可以使用两层循环实现,这样程序执行效率更高。循环语句部分可以改写如下:

```
for(a=0;a<=33;a++)                  /* 取所有可能的大马数 */
    for(b=0;b<=50;b++){             /* 取所有可能的中马数 */
        c=100-a-b;                  /* 小马数根据大马和中马数求出 */
        if((c%2==0)&&(3*a+2*b+c/2==100))
            printf("a=%d,b=%d,c=%d\n",a,b,c);
}
```

3.3.5 几种循环的比较

(1) 3 种循环都可以用来处理同一个问题,一般可以互相代替。

(2) for 循环和 while 循环一样,循环体可能一遍都不执行;do-while 循环的循环体至少执行一遍。

(3) 用 while 和 do-while 循环时,循环变量初始化的操作应在 while 和 do-while 语句之前完成,而 for 语句可以在表达式 1 中实现循环变量的初始化。

3.4 跳转控制语句

跳转控制语句可以中断当前程序的执行流程,并从另一个不同的点继续执行程序。

3.4.1 break 语句

视频

break 语句通常用在 switch 结构和循环结构中。用在 switch 结构中,使程序跳出 switch 结构,执行 switch 结构后面的语句;用在循环结构中,使程序立即结束整个循环,执行循环体后面的语句。

【例 3-19】 输入一个大于 3 的正整数 m,判断是否为素数。

算法分析:

判定一个数 m 是否为素数的方法是,穷举 2 到 m/2 之间是否存在可以被 m 整除的数。若存在,则 m 不是素数;若不存在,则 m 为素数。

程序代码如下:

```c
/* e3_19.c */
#include<stdio.h>
void main(){
    int m,n;
    printf("please input the number m:\n");
    scanf("%d",&m);
    for(n=2;n<=m/2;n++)
        if(m%n==0)
            break;
    if(n>m/2)
        printf("%d is a prime number \n",m);
    else
        printf("%d is not a prime number\n",m);
}
```

程序运行结果:

```
please input the number m:
67
67 is a prime number
```

若输入 25,结果为:

```
please enter the number m:
25
25 is not a prime number.
```

程序说明：

(1) 通过循环结构，从 2 开始到 m/2 逐个数判断是否存在满足 m％n＝＝0 的 n，若存在则 m 一定不是素数。这时通过使用 break 语句立即结束整个循环结构，不需要再继续判断 n＋1 及后面的数。

(2) 通常 break 语句总是与 if 语句一起使用，即满足条件立即结束整个循环结构。

(3) break 语句如果处在嵌套的循环中，则 break 结束的仅是其所在的那层循环，对其他层循环无效。

视频

3.4.2 continue 语句

continue 语句的作用是立即结束本次循环，转到是否执行下一次循环的判定。continue 语句只用在循环结构中，常与 if 条件语句一起使用。

【例 3-20】 打印 3～100 内的所有素数。

程序代码如下：

```
/* e3_20.c */
#include<stdio.h>
int main(){
    int m,n;
    printf("the prime number is:\n");
    for(m=3;m<100;m+=2){
        for(n=2;n<=m/2;n++)
            if(m%n==0) break;
        if(n<m/2) continue;
        printf("%5d",m);
    }
    return 0;
}
```

程序运行结果：

```
the prime number is:
 3   5   7  11  13  17  19  23  29  31  37  41  43  47  53
59  61  67  71  73  79  83  83  97
```

程序说明：

(1) 素数首先应该是奇数。因为从 m＝3 开始，因此 m 的步长为 2(即 m＋＝2)。

(2) 内循环中，对于当前的 m，穷举 2 到 m/2 之间是否存在可以被 m 整除的数。当内循环结束后，如果 n＜m/2 成立，说明穷举过程中 m％n＝＝0 成立过(否则 n＝m/2)，说明当前判断的 m 必然不是素数，因此不需要输出，通过 continue 语句实现结束本次循环，转到外循环下一个 m 的判定。

(3) 注意 continue 和 break 的区别，continue 语句仅结束本次循环，跳过 continue 语

句后的其他语句,转到是否执行下一次循环的判定;而 break 语句则结束整个循环,循环将完全终止。

3.4.3 return 语句

return 语句表示从被调函数返回到主调函数时,可附带一个返回值,由 return 后面的参数指定(与函数定义时函数返回值类型一致)。return 语句通常是必要的。

例如:

```
int max(int a ,int b) {
    int max;
    if(a>b)
        max=a;
    else
        max=b;
    return max;                          /* 返回一个 int 值 */
}
```

被调用函数执行过程中遇到 return 语句,则结束被调用函数的执行,返回主调函数,执行调用点后面的语句。如果在主函数中遇到 return 语句,则整个程序终止执行。

本 章 小 结

程序一般有 3 种控制结构,即顺序结构、选择结构和循环结构。

顺序结构比较简单,只要按照解决问题的顺序写出相应的语句即可,它的执行顺序是自上而下,依次执行。

选择结构也叫分支结构,if 语句用于单分支选择;if-else 语句用于双分支选择;if-else-if 和 switch 语句用于多分支选择的情况。

if 语句根据条件表达式值的真假来决定程序的转向。其中条件表达式通常是关系或逻辑表达式,表达式的结果应为一个逻辑值,也可以是赋值表达式或单个的变量。3 种 if 语句中,若要执行多条语句,必须用花括号将多条语句括起来组成复合语句;若执行语句就一条,花括号可以省略。3 种形式的 if 语句可以相互嵌套,此时 else 总与其前最近的尚未与 if 配对的 if 配对。

switch 语句是一种多分支选择结构,根据判断表达式的值去寻找与之匹配的 case 子结构。各 case 子句后面的常量表达式值不能相同。switch 结构中最先匹配的 case 是 switch 的入口,所以匹配的 case 前的语句不会被执行。可以通过设置 break 语句使流程提前结束 switch 结构。

循环结构有 4 种,分别是 while、do-while、for 和 goto,4 种循环可以互相替代。while 和 for 的循环体有可能一次也不执行,do-while 的循环体至少执行一次。循环可以嵌套组成多重循环。循环结构在使用时应避免出现判断表达式值永远为真的情况（即死循环）。同时注意循环体为多条语句时，须用{}构成复合语句。

可通过跳转语句 break、continue 和 return 语句控制程序流程转向。break 语句用于终止整个循环，而 continue 只是提前结束本次循环，跳转到是否执行下一次循环的判定。

程序书写应注意养成缩进的习惯，正确的缩进可增加程序的可读性。

习 题 3

一、单项选择题

1. if 语句中，用作判断的表达式为_____。

    A. 算术表达式   B. 逻辑表达式   C. 关系表达式   D. 任意表达式

2. 下列 if 语句中不正确的是_____。

    A. if(x>y)   B. if(x==y) x=+2;

    C. if(x!=y) x=0;else x=1;   D. if(x<y) {x++;x++;}

3. 下面的程序_____。

```c
#include <stdio.h>
void main(){
    int x=3,y=0,z=0;
    if(x=y+z) printf("****");
    else printf("####");
}
```

    A. 有语法错误不能通过编译

    B. 输出 * * * *

    C. 可以通过编译，但是不能通过连接，因而不能运行

    D. 输出 # # # #

4. 下面程序的输出结果是_____。

```c
#include<stdio.h>
void main(){
    int x=1,a=0,b=0;
    switch(x){
        case 0:b++;
        case 1:a++;
        case 2:a++;b++;
    }
    printf("a=%d,b=%d,\n",a,b);
}
```

    A. a=2,b=1   B. a=1,b=1   C. a=1,b=0   D. a=2,b=2

5. 如下程序的输出结果是_____。

```c
#include<stdio.h>
void main(){
    float x=2.0,y;
    if(x<0.0) y=0.0;
        else if(x<10.0) y=1.0/x;
            else y=1.0;
    printf("%f\n",y);
}
```

    A. 0.000000   B. 0.250000   C. 0.500000   D. 1.000000

6. 执行以下程序段的结果是_____。

```c
int x=23;
do{
    printf("%d",x--);
}while(!x);
```

    A. 打印出 321   B. 打印出 23

    C. 不打印任何内容   D. 陷入死循环

7. 下面不是无限循环的是_____。

    A. for(y=0;x=1;++y)   B. for(;;x=0);

    C. while(x=1){x=1;}   D. for(y=0,x=1;x>++y;x+=1)

8. 语句 while(!E);中的条件!E 等价于_____。

    A. E==0   B. E!=1   C. E!=0   D. ~E

9. 以下程序中,while 的循环次数为_____。

```c
#include<stdio.h>
void main(){
    int i=0;
    while(i<10){
        if(i<1) continue;
        if(i==5) break;
        i++;
    }
    ...
}
```

    A. 1   B. 10

    C. 6   D. 死循环,不能执行

10. 若 i,j 已定义为 int 型,则以下程序段中循环体的总的执行次数是_____。

```c
for(i=5;i;i--)
    for(j=0;j<4;j++){ }
```

A. 20   B. 24   C. 25   D. 30

二、填空题

1. do-while 循环语句的执行过程是先_____后_____,while 循环的执行过程是先_____后_____。

2. break 语句可在_____或_____使用,而 continue 语句只能在_____中使用。

3. 下面程序的功能是输出 100 以内能被 3 整除且个位数为 6 的所有数,请将程序填写完整。

```c
#include<stdio.h>
void main(){
    int i,j;
    for(i=0; _____;i++){
        j=i*10+6;
        if(_____) continue;
        printf("%d\n",j);
    }
}
```

4. 下面程序段中循环体的执行次数是_____。

```c
a=10; b=0;
do{
    b+=2;
    a-=2+b;
}while(a>=0);
```

5. 下面程序的输出结果是_____。

```c
#include<stdio.h>
void main(){
    int i=10,j=0;
    do{
        j=j+i;
        i--;
    }while(i>2);
    printf("j=%d",j);
}
```

6. 下面程序段的运行结果是_____。

```c
i=1; s=3;
do{
    s+=i++;
    if(s%7==0) continue;
        else ++i;
```

```
}while(s<15);
printf("%d",i);
```

7. 若 int i＝10;则执行下列程序后,变量 i 的正确结果是_____。

```
switch(i){
    case 9: i+=1;
    case 10: i+=1;
    case 11: i+=1;
    default: i+=1;
}
```

8. 下面程序的输出结果是_____。

```
#include<stdio.h>
void main(){
    int x=10,y=20,t=0;
    if(x==y) t=x; x=y;y=t;
    printf("%d,%d\n",x,y);
}
```

三、阅读程序,写出结果

1. 下面程序运行后输入 1234,运行结果是_____。

```
#include<stdio.h>
void main(){
    int c;
    while((c=getchar())!='\n')
    switch(c-'2'){
        case 0:
        case 1:putchar(c+4);
        case 2:putchar(c+4);break;
        case 3:putchar(c+3);
        default:putchar(c+2);break;
    }
    printf("\n");
}
```

2. 下面程序的运行结果是_____。

```
#include<stdio.h>
void main(){
    int a,b;
    for(a=1,b=1;a<=100;a++){
        if(b>=20) break;
        if(b%3==1){
            b+=3;
```

```
        continue;
    }
        b-=5;
    }
    printf("a=%d\n",a);
}
```

四、编程题

1. 编写程序,打印出三角形的九九乘法表。

2. 有一分数序列:2/1,3/2,5/3,8/5,13/8,21/13…求出这个数列的前 20 项之和。

3. 将一个正整数分解质因数。例如:输入 90,打印出 90＝2＊3＊3＊5。

4. 输入一行字符,分别统计出其中英文字母、空格、数字和其他字符的个数。

5. 百钱买百鸡问题。

一只公鸡值钱 5 元,一只母鸡值钱 3 元,三只雏鸡值钱 1 元。欲用 100 元钱买 100 只鸡,问公鸡、母鸡、雏鸡的只数如何搭配?

6. 编程得到车牌号码。

一辆卡车违反交通规则后逃跑。现场有 3 人目击事件,但都没记住车号,只记下车号的一些特征。甲说:"牌照的前两位数字是相同的",乙说:"牌照的后两位数字是相同的,但与前两位不同",丙说:"四位车号刚好是一个整数的平方"。请根据以上线索求出车号。

第2篇

核 心 技 术

第4章

函　　数

学习目标：

(1) 掌握函数的定义、函数的调用和函数的声明。

(2) 掌握函数调用时参数的传递方式。

(3) 掌握嵌套调用和递归调用的方法。

(4) 理解变量的作用域和存储方式。

函数(function)除了有"函数"的意思，还有"功能"的意思。从本质上看，将 function 理解为"功能"或许更恰当，C 语言中的函数往往是独立地实现了某项功能。一个程序由多个函数组成，可以理解为一个程序由多个小的功能叠加而成。

C 语言在发布时已经封装好了很多函数，被分门别类地放到不同的头文件中，使用函数时引入对应的头文件即可。C 语言自带的函数称为库函数(library function)。库(library)是编程中的一个基本概念，可以简单地认为它是一系列函数的集合。C 语言自带的库称为标准库(standard library)，其他公司或个人开发的库称为第三方库(third-party library)。除了库函数，我们还可以编写自己的函数，拓展程序的功能。自己编写的函数称为自定义函数。

4.1　函数的定义与调用

函数是一段可以重复使用的代码，用来独立地完成某个功能，它可以接收用户传递的数据，也可以不接收。接收用户数据的函数在定义时要指明参数，不接收用户数据的不需要指明，根据这一点可以将函数分为有参函数和无参函数。

1. 函数的定义

将代码段封装成函数的过程叫作函数定义。

1）无参函数的定义

一般形式：

视频

```
类型标识符  函数名(){
    声明部分
    语句
}
```

其中,类型标识符和函数名称为函数头。类型标识符指明了函数的类型,函数的类型实际上是函数返回值的类型。函数名是由用户定义的标识符,函数名后有一个空括号,其中无参数,但括号不可少。{}中的内容称为函数体。声明部分是对函数体内部所用到的变量的类型说明。

2)有参函数的定义

一般形式:

```
类型标识符  函数名(形参表列){
    声明部分
    语句
}
```

有参函数比无参函数多了一个内容,即形参表列。在形参表中给出的参数称为形式参数,它们可以是各种类型的变量,各参数之间用逗号间隔。在进行函数调用时,主调函数将赋予这些形参实际的值。形参既然是变量,必须在形参表中给出形参的类型说明。

例如,定义一个函数,求两个整数的和,可写为:

```
int sum(int a,int b) {
    int s;
    s=a+b;
    return s;
}
```

第一行说明 sum 函数是一个整型函数,其返回的函数值是一个整数。形参 a、b 均为整型量。a、b 的具体值是由主调函数在调用时传送过来的。在{}中的函数体内,使用到 s 变量,是声明部分。return 语句把 s 的值作为函数的值返回给主调函数。有返回值的函数至少应有一个 return 语句。

2. 函数的调用

函数定义后,在程序中需要通过对函数的调用来执行该函数,完成函数的功能。函数调用时通常把要调用其他函数的函数称为"主调函数",而被调用的函数称为"被调函数"。在 C 语言中,非主函数的任何函数都可以是被调函数,也可以是主调函数。而主函数 main()只能是主调函数,不允许其他函数调用主函数。

1)函数调用的一般形式

函数名(实参表列)

对无参函数调用时则无实参表。实参表中的参数可以是常数、变量或其他构造类型数据及表达式。各实参之间用逗号分隔。发生函数调用时,实参和形参在数量、类型和顺序上应严格一致,否则会发生类型不匹配的错误。

2）函数的调用方式

（1）作为表达式的一部分。

函数作为表达式中的一项出现在表达式中,以函数返回值参与表达式的运算。这种方式要求函数是有返回值的。例如,z＝sum(x,y)是一个赋值表达式,把 sum()的返回值赋予变量 z。

（2）构成函数调用语句。

函数调用的一般形式加上分号即构成函数语句。例如:

```
printf("%d",a);
scanf("%d",&b);
```

都是以函数语句的方式调用函数。

（3）作为另一函数的实参。

函数作为另一个函数调用的实参出现。这种情况是把该函数的返回值作为实参进行传送,因此要求该函数必须是有返回值的。例如,"printf("％d",sum(x,y));"即是把 sum 调用的返回值又作为 printf()的实参来使用。在函数调用中还应该注意的一个问题是求值顺序的问题。所谓求值顺序,是指对实参表中各量是自左至右使用呢,还是自右至左使用。对此,各系统的规定不一定相同。介绍 printf()时已提到过,这里从函数调用的角度再强调一下。

【例 4-1】 求两个数的最大值。

程序代码:

```
/* e4_1.c */
#include <stdio.h>
float max(float a,float b){              /* 被调用函数 max 的定义 */
    float m;                             /* 声明部分 */
    if(a>b)                              /* 判断两个数的最大值 */
        m=a;
    else
        m=b;
    return (m);                          /* 返回两个数的最大值 */
}
void main(){
    float x,y,z;
    printf("请输入两个数:");
    scanf("%f,%f",&x,&y);                /* 从键盘输入两个数,以逗号间隔 */
    z=max(x,y);                          /* 函数调用,求两个数的最大值 */
    printf("最大值为:%.2f\n",z);         /* 输出两个数的最大值 */
}
```

程序运行结果:

请输入两个数:3.4,7.8

最大值为：7.80

程序说明：

(1) 定义了两个函数：主函数 main() 和被调函数 max()，求最大值是由函数 max() 实现的，其中 a、b 为函数定义时的形参，x、y 为函数调用时的实参。函数调用时，会将实参 x、y 的值分别传递给形参 a 和 b。

(2) C 程序的执行总是从 main() 开始，完成对其他函数的调用后再返回到 main() 函数，最后由 main() 结束整个程序。一个 C 语言源程序有且仅有一个 main()。

(3) 函数的返回值是指函数被调用之后返回给主调函数的值。如调用 max() 后返回的值。

① 函数的返回值只能通过 return 语句返回主调函数。

return 语句的一般形式为：

return 表达式;

或者为：

return (表达式);

该语句的功能是计算表达式的值，并返回给主调函数。

② 在函数中允许有多个 return 语句，但每次调用只能有一个 return 语句被执行，因此函数只能返回一个函数值。

③ 函数返回值的类型和函数定义中函数的类型通常情况下保持一致。如果两者不一致，则以函数类型为准，系统自动进行类型转换。如 max 函数首部修改为 int max (float a, float b)，输入 3.4、7.8 时，返回值则为 7。

④ 无返回值的函数，可以明确定义为"空类型"，类型说明符为 void。一旦函数被定义为空类型后，就不能在主调函数中使用被调函数的返回值了。

3. 函数的声明

C 语言代码由上到下依次执行，原则上函数定义要出现在函数调用之前，否则就会报错。但在实际开发中，经常会在函数定义之前使用它们，这个时候就需要提前声明。

在程序中，函数的位置可以任意，如主函数 main 可以放置在程序的开头、程序的末尾或程序的中间。但是一般情况下，被调函数都放置在主调函数之前，如果被调函数位置在后，则需在主调函数中调用某函数之前对该被调函数进行声明，这与使用变量之前要先进行变量说明是一样的。在主调函数中对被调函数作声明的目的是使编译系统知道被调函数返回值的类型，以便在主调函数中按此种类型对返回值作相应的处理。

函数声明的格式非常简单，相当于去掉函数定义中的函数体，并在最后加上分号";"。

函数声明给出了返回值类型、函数名、参数列表(重点是参数类型)等与该函数有关的信息，称为函数原型(function prototype)。函数原型的作用是告诉编译器与该函数有关的信息，让编译器知道函数的存在，以及存在的形式，即使函数暂时没有定义，编译器也知道如何使用它。有了函数声明，函数定义就可以出现在任何地方了，甚至是其他文件、静态链接库、动态链接库等。

如果被调用函数的定义出现在主调函数之前，则对被调用函数的声明可以省略；如果被调函数的返回值是整型时，可以不对被调函数作声明而直接调用；如果函数声明放在函数的外部且在所有函数定义之前，则在各个主调函数中不必对所调用的函数作再次声明；对库函数的调用不需要再作说明，但必须把该函数的头文件用 include 命令包含在源文件前部。

【例 4-2】 定义两个函数，计算 1!＋2!＋3!＋…＋(n−1)!＋n!的和。

程序代码如下：

```c
/* e4_2.c */
#include <stdio.h>
long factorial(int n);              /* 函数声明,也可以写作 long factorial(int); */
long sum(long n);                   /* 函数声明,也可以写作 long sum(long); */
int main(){
    printf("1!+2!+…+9!+10! =%ld\n", sum(10));
    return 0;
}
long factorial(int n){              /* 函数定义,求阶乘 */
    int i;
    long result=1;
    for(i=1; i<=n; i++){
        result *=i;
    }
    return result;
}
long sum(long n){                   /* 函数定义,求累加的和 */
    int i;
    long result =0;
    for(i=1; i<=n; i++){
        result +=factorial(i);
    }
    return result;
}
```

程序运行结果：

```
1!+2!+…+9!+10! =4037913
```

程序说明：

(1) 对于单个源文件的程序，通常将函数定义放到 main()的后面，将函数声明放到 main()的前面，这样可以使代码结构清晰明了，主次分明。

(2) 将函数声明放到 main()的前面，则函数定义的顺序和调用的顺序没有要求。

以上例题的代码量都很少，因此将所有代码都放在一个源文件中。但在实际开发应用中，往往代码量很大，如将这些代码都放在一个源文件中不但检索麻烦，而且打开文件也很慢,所以必须将这些代码分散到多个文件中。对于多个文件的程序,通常将函数定义放在源文件(.c 文件)中,将函数的声明放在头文件(.h 文件)中,使用函数时引入对应的头文件就可以,编译器会在链接阶段找到函数体。前面在使用 printf()、puts()、scanf()等函数时引入了 stdio.h 头文件,很多初学者认为 stdio.h 中包含了函数定义(也就是函数体),只要有了头文件就能运行,其实不然,头文件中包含的都是函数声明,而不是函数定义,函数定义都放在了其他的源文件中,这些源文件已经提前编译好了,并以动态链接库或者静态链接库的形式存在,如果只有头文件没有系统库,在链接阶段就会报错,程序不能运行。

4.2 函数参数传递

函数参数主要用于在主调函数和被调函数之间进行数据传递。实参出现在主调函数当中,当函数调用时,主调函数把实参的值传送给被调函数的形参,从而实现函数间的数据传递。形参出现在被调函数当中,在整个函数体内都可以使用。形参只有函数被调用时才会临时分配存储单元,调用结束时内存单元被释放,故形参只有在函数调用时有效,调用结束时不能再使用。形参只能是变量,实参可以是常量、变量或表达式。在被定义的函数中,必须指定形参的类型。实参与形参的个数应一样,类型应一致(或相容)。传递方式有两种:值传递和地址传递方式。按值传递参数时,是将实参变量的值复制一个到临时存储单元中,如果在调用过程中改变了形参的值,不会影响实参变量本身,即实参变量保持调用前的值不变。按地址传递参数时,把实参变量的地址传送给被调用过程,形参和实参共用内存的同一地址。在被调用过程中,形参的值一旦改变,相应实参的值也跟着改变。

4.2.1 值传递方式

值传递的特点是单向传递,即主调函数调用时给形参分配存储单元,把实参的值传递给形参,在调用结束后,形参的存储单元被释放,而形参值的任何变化都不会影响到实参的值,实参的存储单元仍保留并维持数值不变。

【例 4-3】 交换两个变量的值。

程序代码如下:

```c
/* e4_3.c */
#include<stdio.h>
void change(int a,int b) {           /* 被调用函数 change 的定义 */
    int t;
    printf("a=%d b=%d\n",a,b);       /* 输出变量值 */
    t=a;                             /* 交换变量的值 */
    a=b;
```

```
        b=t;
        printf("a=%d b=%d\n",a,b);      /*输出变量值*/
    }
    void main(){
        int x,y;
        printf("请输入两个数:");
        scanf("%d,%d",&x,&y);           /*从键盘输入两个数,以逗号间隔*/
        printf("x=%d y=%d\n",x,y);      /*函数调用前,输出变量值*/
        change(x,y);                    /*发生函数调用*/
        printf("x=%d y=%d\n",x,y);      /*函数调用后,输出变量值*/
    }
```

程序运行结果:

```
请输入两个数:20,15
x=20 y=15
a=20 b=15
a=15 b=20
x=20 y=15
```

程序说明:

函数调用时,实参 x、y 将值分别传递给形参 a、b。在被调用时,函数执行过程中形参 a、b 值的变化对实参 x、y 没有任何影响。

4.2.2 地址传递方式

值传递方式是单向的传递方式,对实参没有任何影响,被调用函数对主调函数的影响只能通过 return 语句来实现,即只返回一个值。但很多情况下,程序仅返回一个值是远远不够的,而是需要被调函数影响一批数据。显然通过 return 语句是无法实现的,必须通过地址作为函数参数。

地址传递方式是实参向形参传递内存地址的一种方式。调用函数时,将实参的地址赋予对应的形参作为其地址。由于形参和实参地址相同,即它们占用相同的内存空间。所以发生调用时,形参值的改变将会影响实参的值。

【例 4-4】 交换两个变量的值。

程序代码如下:

```
/* e4_4.c */
#include<stdio.h>
void exchange(int *a,int *b){
    int t;
    printf("a=%d b=%d\n",*a,*b);    /*输出形参值*/
    t=*a;                           /*交换形参值*/
    *a=*b;
    *b=t;
```

```
        printf("a=%d b=%d\n", * a, * b); /* 输出交换后的形参值 */
}
void main(){
    int x,y;
    printf("请输入两个数:");
    scanf("%d,%d",&x,&y);
    printf("x=%d y=%d\n",x,y);
    exchange(&x,&y);                    /* 函数调用 */
    printf("x=%d y=%d\n",x,y);          /* 函数调用后,输出变量值 */
}
```

程序运行结果:

```
请输入两个数: 20,15
x=20 y=15
a=20 b=15
a=15 b=20
x=15 y=20
```

程序说明:

(1) 函数调用时,采用的是地址传递方式。由于函数调用 exchange(&x,&y)中的实参为地址,因此在定义 exchange()时,形参应该为能够接收地址数据的类型(指针类型)。实参是整型数据的地址,因此,形参为整型指针类型(int * ,int *),a、b 为指针变量,用于接收实参(&x,&y)。t= * a 中的 * a 是获得指针变量 a 所指向的变量的值。关于指针变量,第 5 章将详细介绍。

(2) 可以看出,采用地址传递时,形参值的改变将会影响实参的值。

(3) 可以看出,采用地址传递时,被调函数可以返回多个值到主调函数中。因为 exchange()的调用,执行的结果是导致主调函数中两个变量发生了变化,也可以说是返回两个值到主调函数中。

4.3 函数的嵌套调用与递归调用

4.3.1 函数的嵌套调用

定义函数时,一个函数内不能再定义另一个函数,即函数不能嵌套定义。但函数可以嵌套调用,即在调用一个函数的过程中,又调用另一个函数。

【例 4-5】 计算 $s=n^2! + m^2!$。
程序代码如下:

```
/* e4_5.c */
#include<stdio.h>
long f1(int a){                        /* 被调用函数 f1 的定义 */
```

```
    int k;
    long r;
    long f2(int);                  /* 被调用函数 f2 的声明 */
    k=a * a;                       /* 计算 a 的平方值 */
    r=f2(k);                       /* 调用函数 f2,计算 a 的平方的阶乘 */
    return r;                      /* 返回函数值 */
}
long f2(int b){                    /* 被调用函数 f2 的定义 */
    long c=1;
    int i;
    for(i=1;i<=b;i++)              /* 计算 b 的阶乘 */
        c=c * i;
    return c;                      /* 返回函数值 */
}
void main(){
    int n,m;
    long s;
    printf("请输入两个整数:");
    scanf("%d,%d",&n,&m);
    s=f1(n)+f1(m);
    printf("s=%ld\n",s);
}
```

程序运行结果:

请输入两个整数:1,2
s=25

程序说明:

(1) 程序中定义了 3 个函数 main()、f1()和 f2(),函数 f1()和 f2()均为长整型,都在主函数之前定义,故不必再在主函数中对 f1()和 f2()加以说明,而函数 f2()的位置在调用它的函数 f1()之后,因此需在函数 f1()中对函数 f2()进行声明。

(2) 函数 f2()用于计算阶乘值,函数 f1()用于计算平方值,然后以该平方值为实参调用 f2()求解平方的阶乘。在主程序中,首先依次把 n 和 m 的值作为实参调用函数 f1()求 n^2 的值和 m^2 的值。然后在函数 f1()中又分别以 n^2 的值和 m^2 的值作为实参去调用函数 f2(),在函数 f2()中完成求 n^2! 和 m^2! 的值计算。函数 f2()执行完毕把 c 值返回给函数 f1(),再由函数 f1()返回主函数实现累加。至此,由函数的嵌套调用实现了题目的要求。

(3) 由于计算结果值可能较大,需要考虑溢出错误,可以将函数和部分变量的类型定义为长整型。

4.3.2 函数的递归调用

在调用一个函数的过程中出现直接或间接地调用该函数本身,称为函数的递归调用。

在递归调用中,主调函数又是被调函数。如函数 f()定义如下:

```
int f(int x){
    int y;
    y=f(x);
    return y;
}
```

在 f()的调用过程中,又调用 f()本身,这是一个递归函数。运行该函数时将无休止地调用其自身,程序将无法正常结束,这当然是不正确的。为了防止递归调用时无终止地进行,必须在函数内有终止递归调用的手段。常用的办法是加上条件判断语句,函数满足某种条件后就不再继续递归调用,转而逐层返回。

【例 4-6】 用递归法计算 n!。

计算 n! 可用下述公式表示:

$$\begin{cases} n!=1 & (n=0,1) \\ n!=n*(n-1)! & (n>1) \end{cases}$$

程序代码如下:

```
/* e4_6.c */
#include <stdio.h>
int fac(int n){                       /* 函数 fac 的定义 */
    if((n==1)||(n==0))
        return 1;                     /* n 值为 0 或 1 时的返回值 */
    else
        return n*fac(n-1);            /* n 值大于 1 时的返回值 */
}
void main(){
    int m,y;
    printf("请输入一个整数:");
    scanf("%d",&m);
    if(m<0)
        printf("输入错误!\n");
    else
        y=fac(m);                     /* 调用函数 fac */
    printf("%d!=%d \n",m,y);
}
```

程序运行结果:

请输入一个整数: 4
4!=24

程序说明:

(1) fac()是一个递归函数。如果 n==1 或 0 就结束函数的执行,否则就递归调用 fac()。

（2）求 4!，在主函数中的调用语句是 y＝fac(4)。执行 fac(4)应返回 4 * fac(4－1)；执行 fac(3)应返回 3 * fac(3－1)；执行 fac(2)应返回 2 * fac(2－1)；执行 fac(1)应返回 1，此时递归调用终止。值 1 作为 fac(1)的返回值返回到 fac(2)中，2 * 1＝2 作为 fac(2)的返回值返回到 fac(3)中，3 * 2＝6 作为 fac(3)的返回值返回到 fac(4)中，4 * 6＝24 作为 fac(4)的返回值返回到 main()中。

【例 4-7】 用递归法计算 x 的 n(n＞＝0)次方。

计算 x^n 可用下述公式表示：

$$\begin{cases} x^n = 1 & (n = 0) \\ x^n = x * x^{n-1} & (n > 0) \end{cases}$$

程序代码如下：

```
/* e4_7.c */
#include<stdio.h>
long power(int x,int n) {        /* 函数 power 的定义 */
    if(n==0)
        return 1;                /* n 值为 0 时返回值 1 */
    else
        return x * power(x,n-1);  /* n 值大于 0 时返回值 x * x^(n-1) */
}
void main(){
    int x,n;
    long y;
    printf("请输入两个整数 x、n(n>=0):");
    scanf("%d%d",&x,&n);
    y=power(x,n);                /* 调用函数 power */
    printf("%d的%d次方=%ld\n",x,n,y);
}
```

程序运行结果：

```
请输入两个整数 x、n(n>=0):2 4
2 的 4 次方=16
```

程序说明：

（1）power()是一个递归函数。如果 n＝＝0 时就结束函数的执行，否则就递归调用 power()。

（2）思考当 n 的值小于 0 时，如何实现 x 的 n 次方的计算？

4.4 变量的作用域与存储类别

变量的作用域是指变量有效性的范围，与变量定义的位置密切相关，作用域是从空间这个角度来描述变量的，按照作用域的不同，变量可分为局部变量和全局变量。

内存中供用户使用的存储空间分为代码区与数据区两部分。变量存储在数据区,数据区又可分为静态存储区与动态存储区。静态存储是指在程序运行期间给变量分配固定存储空间(静态存储区)的方式。程序运行时分配空间,程序运行完释放。动态存储是指在程序运行时根据实际需要动态分配存储空间(动态存储区)的方式。

4.4.1 变量的作用域

按作用域范围分,有局部变量和全局变量。采用的存储类别如下:

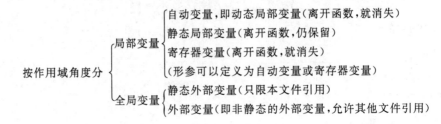

1. 局部变量

在函数(或代码块)内部定义的变量,也称为内部变量。局部变量只能在定义它的函数(或代码块)内使用,其他函数均不能使用,局部变量的作用域,限于说明它的代码块内:从说明的地方开始至所在的代码块结束。

关于局部变量的作用域还要说明以下几点。

(1) 允许在不同的函数中使用相同的变量名,它们代表不同的对象,分配不同的单元,互不干扰,也不会发生混淆。

(2) 形参变量属于被调函数的局部变量,实参变量是属于主调函数的局部变量。形参和实参是不同函数中的变量,分别在不同函数中有效。

(3) 在复合语句中也可定义变量,其作用域只在复合语句范围内。

例如:

```
void main(){
    float s,a;
    ......
    {
        int b;
        s=a+b;
        ......
    }                            /*b作用域结束*/
    ......
}                                /*s,a作用域结束*/
```

【例 4-8】 局部变量示例。

程序代码如下:

```
/* e4_8.c */
```

```
#include<stdio.h>
void main(){
    int i,j,k;                      /*定义局部变量 i、j、k*/
    i=6;j=5;
    k=i+j;                          /*计算 k 值,结果为 11*/
    {                               /*复合语句*/
        int k=20;                   /*局部变量 k*/
        printf("%d\n",k);
    }
    printf("%d,%d,%d\n",i,j,k);
}
```

程序运行结果:

```
20
6,5,11
```

程序说明:

(1) 在 main()中定义了 3 个变量 i、j 和 k,又在复合语句内定义了一个同名的变量 k,注意这两个 k 不是同一个变量,它们的作用范围是不同的。在复合语句内定义的变量 k 只在复合语句内有效,而在复合语句外使用变量 k,则为 main()中定义的变量 k。

(2) 程序中,复合语句中的"printf("%d\n",k);"语句输出 k 的值时,是由复合语句内的 k 决定的,输出值为 20。而复合语句外的输出语句"printf("%d,%d,%d\n",i,j,k);"中 k 的值是由 main()中定义的 k 决定的,输出值为 11。

2. 全局变量

在所有函数外部定义的变量是外部变量,又称为全局变量。它的有效范围是从定义变量的位置开始至文件结束,全局变量可以被该有效范围内的所有函数使用。

全局变量在程序运行期间,始终占用存储区,所以空间利用率比较低;由于每个函数都可以使用全局变量,如果修改了全局变量,可能影响到其他函数,不利于调试。全局变量可加强函数之间的数据联系,但是使函数的执行要依赖这些变量,因而使函数的独立性降低。因此应尽可能减少或者不使用全局变量。

【例 4-9】 输入长方体的长宽高 l、w、h。求体积及 3 个面 x*y、x*z、y*z 的面积。
程序代码如下:

```
/* e4_9.c */
#include<stdio.h>
int s1,s2,s3;                       /*定义全局变量 s1、s2、s3*/
int vs( int a,int b,int c){
    int v;                          /*定义局部变量 v*/
    v=a*b*c;
    s1=a*b;
    s2=b*c;
```

```
        s3=a * c;
        return v;
}
void main(){
        int v,l,w,h;                          /* 定义局部变量 v、l、w、h */
        printf("请输入长方体的长宽高：");
        scanf("%d%d%d",&l,&w,&h);
        v=vs(l,w,h);
        printf("v=%d s1=%d s2=%d s3=%d\n",v,s1,s2,s3);
}
```

程序运行结果：

```
请输入长方体的长宽高：6 4 5
v=120 s1=24 s2=20 s3=30
```

程序说明：

(1) 程序中需要求解 4 个值：体积和 3 个面的面积，而函数调用结果只能返回 1 个值，因此使用 3 个全局变量 s1、s2、s3 用来存放 3 个面积，其作用域为整个程序，它起到了在函数间传递数据的作用。如在 vs() 中计算 s1、s2、s3 的值，在 main() 中也可以使用。

(2) vs() 和 main() 中均定义局部变量 v，两者的有效范围是不同的，是不同的两个变量。

【例 4-10】 全局变量示例。

程序代码如下：

```
/* e4_10.c */
#include<stdio.h>
int a,b;                          /* 定义全局变量 a、b */
int f1(){
        a=a+10;
        b=b+15;
        return a+b;
}
int f2(){
        int a=1;                      /* 定义局部变量 a */
        a=a+5;
        b=b+8;
        return a+b;
}
void main(){
        int x,y;                      /* 定义局部变量 x、y */
        x=f1();
        printf("x=%d a=%d b=%d\n",x,a,b);
        y=f2();
```

```
    printf("y=%d a=%d b=%d\n",y,a,b);
}
```

程序运行结果：

```
x=25 a=10 b=15
y=29 a=10 b=23
```

程序说明：

（1）在同一源文件中，允许全局变量和局部变量同名。在局部变量的作用域内，全局变量不起作用。程序中定义了全局变量 a、b，在整个程序中都有效，而在 f2() 中定义的同名局部变量 a，仅在 f2() 的内部有效。

（2）全局变量定义时，若未初始化，系统默认为 0。

（3）程序执行时，全局变量 a、b 的初值为 0，调用 f1()，将全局变量 a、b 的值分别修改为 10、15，返回值为 25，输出 x 的值为 25，a 值为 10，b 值为 15。调用 f2()，函数内定义了同名的局部变量 a 初值为 1，f2() 中全局变量 a 不起作用，局部变量 a 的值 1+5＝6，全局变量 b 的值为 15+8＝23，返回值为 6+23＝29，输出 y 的值为 29，此时全局变量 a 值不变仍为 10，b 的值为 23。

4.4.2　变量的存储类别

所谓存储类别是指变量占用内存空间的方式，也称为存储方式。按变量存在的时间（生存期）来区分，有动态存储和静态存储两种方式。

动态存储方式是指在程序运行期间根据需要进行动态分配存储空间的方式。如函数形参、自动变量（未加 static 声明的局部变量）采用的就是动态存储方式，在函数调用时分配动态临时存储空间，函数结束时释放这些空间。

静态存储方式是指在程序运行期间分配固定存储空间的方式。如全局变量采用的就是静态存储方式。在程序开始执行时给全局变量分配存储空间，程序执行完毕后才能释放，在程序执行过程中它们始终占据固定的存储单元。

在 C 语言中，每个变量和函数有两个属性：数据类型和存储类别。一个变量究竟属于哪一种存储方式，并不能仅从其作用域来判断，还应有明确的存储类型类别说明。存储类型有 4 种：auto（自动变量）、static（静态变量）、register（寄存器变量）和 extern（外部变量）。

自动变量和寄存器变量属于动态存储方式，外部变量和静态变量属于静态存储方式。

在介绍了变量的存储类型之后，对一个变量的说明不仅应说明其数据类型，还应说明

其存储类型。因此变量说明的完整形式应为:

存储类型说明符 数据类型说明符 变量名,变量名,…;

例如:

```
static int a,b;                    /*定义 a,b 为静态整型变量*/
auto char c1,c2;                   /*定义 c1,c2 为自动字符变量*/
```

1. 自动变量

在函数内定义或在函数的语句块内定义的变量,若存储类别省略或写为 auto,都是自动变量。auto(自动的)变量在程序运行过程中实时分配和释放,存放在动态存储区(栈区)。

注意:自动变量在初始化前,或没有赋值前,它的值是不确定的。

【例 4-11】 自动变量应用示例。

程序代码如下:

```
/* e4_11.c */
#include<stdio.h>
void main(){
    auto int a,s,p;                /*定义 a、s、p 为自动整型变量*/
    s=10;p=10;
    printf("请输入一个整数: ");
    scanf("%d",&a);
    if(a>0){
        int s,p;                   /*在复合语句内定义 s、p 为自动整型变量*/
        s=a*a;
        p=a+a;
        printf("s=%d p=%d\n",s,p); /*输出变量值*/
    }
    printf("s=%d p=%d\n",s,p);     /*输出变量值*/
}
```

程序运行结果:

```
请输入一个整数: 8
s=64 p=16
s=10 p=10
```

程序说明:

(1) 自动变量定义时说明符 auto 可省略,因此变量定义语句"auto int a,s,p;"等价于"int a,s,p;"。

(2) 在 main()和复合语句内两次定义了变量 s、p 为自动变量。按照 C 语言的规定,在复合语句内,应由复合语句中定义的 s、p 起作用。复合语句外使用的 s、p 应为 main()中定义的 s、p。可以看出,自动变量的作用域仅限于定义该变量的函数内。在函数中定义的自动变量，只在该函数内有效。复合语句中定义的自动变量只在该复合语句中有效。

（3）自动变量属于动态存储方式，只有所在函数被调用时系统才进行存储单位的分配，函数调用结束，释放存储单元，生存期结束。因此函数调用结束之后，自动变量的值不再保留。

2. 静态变量

自动变量属于动态存储方式，函数调用结束之后，其值不能保留，如果需要保存变量的值，则应定义为静态变量。静态变量的存储类型说明符是 static。静态变量属于静态存储方式，但是属于静态存储方式的量不一定就是静态变量，如全局变量虽属于静态存储方式，但不一定是静态变量，必须用 static 标注后才能成为静态全局变量。在函数内使用static 定义的变量称静态局部变量，其存储方式为静态存储方式。因此，一个变量可由static 进行再说明，并改变其原有的存储方式。

1）静态局部变量

静态局部变量在静态存储区为其分配存储空间，在整个程序运行期间都不释放，跟全局变量一样长期占用内存。但是静态局部变量和全局变量还是不一样的，静态局部变量只能在所定义的函数内引用，静态局部变量在函数调用结束后是仍然存在的，但不能被其他函数引用。静态局部变量是在编译时赋初值的，即只赋初值一次，在程序运行时它已经有了初值，以后每次调用函数时不再对其重新赋值，而只是保留上次函数调用结束时的值。在定义静态局部变量时，如不赋初值，则编译时自动赋初值为 0。在局部变量的说明前再加上 static 说明符就构成静态局部变量。

例如：

```
static int a,b;
```

说明：

（1）静态局部变量属于静态存储方式，在函数内定义，但不像自动变量那样，调用时产生，退出函数时立刻消失。静态局部变量始终存在，也就是说它的生存期为源程序的运行期间。

（2）静态局部变量的生存期虽然为整个源程序，但是其作用域仍与自动变量相同，即只能在定义该变量的函数内使用该变量。退出该函数后，尽管该变量仍然继续存在，但无法继续使用。

（3）对基本类型的局部静态变量若在定义时未赋以初值，则系统自动赋予 0 值。而在自动变量不赋初值的情况下，则其值是不定的（系统为之分配内存中原有的残留值）。

【例 4-12】 静态局部变量应用示例。

程序代码如下：

```
/* e4_12.c */
#include<stdio.h>
void f(){
```

```
    static int j=0;                /* 定义静态局部变量 j */
    int i=0;                       /* 定义自动变量 i */
    i=i+1;
    j=j+1;
    printf("%d %d\n",i,j);
}
void main(){
    int i;                         /* 定义自动变量 i */
    for(i=1;i<=4;i++)
        f();                       /* 函数调用 */
}
```

程序运行结果：

```
1 1
1 2
1 3
1 4
```

程序说明：

f()中定义静态局部变量 j 和自动变量 i，自动变量 i 在每次函数调用时均重新分配存储空间，因此当 main()中多次调用 f()时，i 均赋初值为 0，故每次输出 i 值均为 1。而 j 为静态局部变量，它的生存期为整个源程序。虽然离开定义它的函数后不能使用，但是再次调用定义它的函数 f()时，j 又可以继续使用，j 中保存的是上一次调用后的结果，所以多次调用 f()输出 j 的值为 1、2、3、4。

2）静态全局变量

在定义全局变量前面加 static，即静态全局变量。全局变量本身就是静态存储方式，静态全局变量当然还是静态存储方式。这两者在存储方式上并无不同。两者的区别在于非静态的全局变量的作用域是整个源程序，当一个源程序由多个源文件组成时，非静态的全局变量在各个源文件中都是有效的。而静态全局变量则限制了其作用域，即只在定义该变量的源文件内有效，在同一源程序的其他源文件中则无法使用。由于静态全局变量的作用域局限于一个源文件内，只能为该源文件内的函数公用，因此可以避免在其他源文件中随意引用的情况发生。从以上分析可以看出，把局部变量改变为静态变量后是改变了它的存储方式即改变了它的生存期。把全局变量改变为静态变量后是改变了它的作用域，限制了它的使用范围。因此 static 这个说明符在不同的地方所起的作用是不同的，应予以注意。

3. 寄存器变量

对于一些频繁使用的变量，程序在执行的过程中，每次用到这些变量的时候，都要从内存取出来，运算完之后还要写到内存中去，循环执行的次数越多，花费的时间就越多。为了提高效率，C 语言提供了另一种变量，即寄存器变量。这种变量存放在 CPU 的寄存器中，使用时不需要访问内存，而直接从寄存器中读写，这样可以提高效率。寄存器变量的说明符是 register。对于循环次数较多的循环控制变量及循环体内反复使用的变量均可定义为寄存器变量。

【例 4-13】 分析下面的程序。

程序代码如下：

```
/* e4_13.c */
#include<stdio.h>
void main(){
    register int i,s=0;
    for(i=1;i<=200;i++)
        s=s+i;
    printf("s=%d\n",s);
}
```

程序运行结果：

```
s=20100
```

程序说明：

（1）因为循环 200 次，i 和 s 都频繁使用，可以定义为寄存器变量。

（2）只有局部自动变量和形参才可以定义为寄存器变量。因为寄存器变量属于动态存储方式，凡需要采用静态存储方式的变量不能定义为寄存器变量。

（3）即使能真正使用寄存器变量的机器，由于 CPU 中寄存器的个数是有限的，因此使用寄存器变量的个数也是有限的。

（4）现在的优化编译系统能够自动识别使用频繁的变量，将其存放在寄存器中，因此在实际应用中可以不必使用 register 声明变量。

4. 外部变量

要理解外部变量（extern）的作用，前提是要对全局变量有所了解。

全局变量是在函数外部定义的变量，作用域是从定义点往后到文件最后一行，只限于所在源文件中。若一个源程序由多个源文件组成时，则在同一源程序的其他源文件中不能使用。如果需要在同一源程序的多个文件中使用全局变量，则可以在一个源文件中定义全局变量，其他的源程序文件中使用 extern 关键字（来自外部的，其他源文件的）声明对全局变量的作用域进行扩展。同时 extern 关键字也可以用于在同一个文件中扩展全局变量的作用域。

使用 extern 关键字声明变量的一般形式：

extern 类型说明符 变量名,变量名,…;

【例 4-14】 外部变量应用示例。

程序代码如下：

```
/* e4_14.c */
#include<stdio.h>
```

```
int fun(int x,int y) {
    extern int h;                     /* 外部变量声明 */
    int v;                            /* 定义局部变量 v */
    v=x*y*h;
    return v;
}
int x=3,y=4,h=5;                      /* 定义外部变量 x、y、h */
void main(){
    int x=5;                          /* 定义局部变量 x */
    printf("v=%d",fun(x,y));
}
```

程序运行结果：

v=100

程序说明：

（1）定义了 3 个外部变量，外部变量的作用域为从定义处开始到程序结束。若在前面的 fun() 中使用外部变量，必须使用 extern 关键字对要用到的外部变量进行声明。

（2）在同一源文件中，允许外部变量（全局变量）和局部变量同名。在局部变量的作用域内，外部变量不起作用。

（3）外部变量定义必须在所有的函数之外，且只能定义一次。而外部变量的声明可以出现多次。外部变量声明的作用是扩展外部变量的作用域，使其可以在外部变量定义点之前的函数中引用该外部变量，或在一个文件中引用另一个文件已定义的外部变量。

（4）外部变量在定义时就已分配了内存单元，外部变量定义可作初始赋值，外部变量声明时不能再赋初值，只是表明在函数或文件内要使用该外部变量。

（5）外部变量可加强函数之间的数据联系，但是使函数的执行要依赖这些变量，从而使函数的独立性降低，因此在不必要时尽量少用或不用外部变量。

本 章 小 结

函数是 C 语言中完成某一独立功能的子程序，是 C 语言源程序的基本模块。一个 C 语言程序可由一个主函数和若干个其他函数构成，其中主函数是不可缺少的。每个 C 语言程序由主函数调用其他函数，其他函数也可以相互调用。在程序设计中，可以将一些常用的功能模块编写成函数，放在函数库中供用户选用。

函数包括库函数和用户自定义函数，可定义为无参函数和有参函数。发生函数调用时，实参和形参在数量、类型和顺序上应严格一致，否则会发生类型不匹配的错误。函数调用时，需要在实参和形参间进行数据传递。实参向形参的数据传递分为值传递方式和地址传递方式两种。值传递方式是单向传递，形参值变化不会影响到实参值；地址传递方式形参和实参地址相同，占用相同的内存空间，形参值改变会影响实参值。函数声明的目的是使编译系统提前知道被调函数返回值的类型,以便在主调函数中按此种类型对返回值作相应的处理。

C语言中所有函数都是平行关系。函数不能嵌套定义,但可以嵌套调用。函数还可以自己调用自己,称为递归调用。为了防止递归调用时无终止地进行,必须在函数内有终止递归调用的手段。

按变量的作用域可分为局部变量和全局变量,按变量的存储方式可分为静态存储和动态存储。

静态全局变量和静态局部变量分配在静态数据区,生存期是程序运行期。但静态全局变量与静态局部变量的作用域方面是不相同的。静态全局变量和全局变量在同一文件内的作用域是一样的,但静态全局变量在被定义的源程序文件以外是不可见的。也就是说,静态全局变量只限于它所在的源程序文件中的函数引用,而不能被其他的源程序文件中的函数引用。而全局变量的作用域可通过 extern 延伸到其他程序文件。静态局部变量与(动态)局部变量在作用域上是相同的,但前者分配在静态数据区,后者分配在动态数据区,因而,它们的生存期是不同的。

变量的存储类型有 4 种:auto(自动变量)、static(静态变量)、register(寄存器变量)和 extern(外部变量)。自动变量和寄存器变量属于动态存储方式,外部变量和静态变量属于静态存储方式。

习　题　4

一、单项选择题

1. 下列叙述中正确的是_____。

    A. 在 C 程序中所有函数之间都可以相互调用

    B. 在 C 程序中 main()函数的位置是固定的

    C. 在 C 程序的函数中不能定义另一个函数

    D. 每个 C 程序的执行均是从第一个函数开始

2. 以下正确的函数头定义形式是_____。

    A. float ff(int x,int y)

    B. float ff(int x;int y)

    C. float ff(int x,int y);

    D. float ff(int x,y);

3. 函数调用 abc((x,y,z),a,(b,c))的实参个数是_____。

    A. 1 个   B. 5 个   C. 3 个   D. 6 个

4. 函数调用不允许出现在_____。

    A. 实参中   B. 表达式中   C. 独立语句中   D. 形参中

5. 声明静态局部变量用关键字_____。

    A. register   B. static   C. auto   D. extern

6. 声明外部变量的关键字是_____。

    A. auto   B. extern   C. register   D. static

7. 在调用函数时,如果实参是简单的变量,它与对应形参之间的数据传递方式是_____。

    A. 单向值传递   B. 地址传递

    C. 由实参传形参,再由形参传实参   D. 传递方式由用户指定

8. 以下关于函数的叙述中,错误的是_____。

    A. 函数未被调用时,系统将不为形参分配内存单元

    B. 实参与形参的个数应相等,且实参与形参的类型必须对应一致

    C. 当形参是变量时,实参可以是常量、变量或表达式

    D. 形参可以是常量、变量或表达式

9. 以下叙述中错误的是_____。

    A. 局部变量具有内部连续性

    B. 程序中对外部变量的定义只能有一次

    C. 程序中对外部变量的声明可以有多次

    D. 内部函数不允许被其他源文件中的函数调用

10. 以下叙述正确的是_____。

    A. 函数既可以嵌套调用也可以嵌套定义

    B. 函数可以嵌套调用但不可以嵌套定义

    C. 函数可以嵌套定义但不能嵌套调用

    D. 函数既不可以嵌套定义也不可以嵌套调用

11. 以下叙述中错误的是_____。

    A. 用关键字 extern 定义外部变量

    B. 用关键字 int 定义整型变量

    C. 用关键字 extern 声明外部变量

    D. 作用域是标识符可被识别的区域

12. 如果在一个复合语句中定义了一个变量,则有关该变量正确的说法是_____。

    A. 只在该复合语句中有效   B. 只在该函数中有效

    C. 在本程序范围内均有效   D. 为非法变量

13. 以下程序的输出结果是_____。

```
#include<stdio.h>
int ss(){
    static int i=0;
    int s=1;
    s=s+i;
    i=i+2;
    return s;
}
void main(){
```

```
    int i,a=0;
    for(i=1;i<4;i++)
        a+=ss();
    printf("%d\n",a);
}
```

    A. 3   B. 4   C. 9   D. 16

14. 以下程序的输出结果是_____。

```
#include<stdio.h>
int f(int n){
    int t=0,a=4;
    if(n/2){
        int a=6;
        t+=a++;
    }
    else
        t+=a++;
    return t+a;
}
void main(){
    int s=0,i;
    for(i=0;i<=2;i++)
        s=s+f(i);
    printf("%d\n",s);
}
```

    A. 24   B. 28   C. 32   D. 36

15. 有如下程序,该程序的输出结果是_____。

```
#include<stdio.h>
long fib(int n){
    long x;
    if(n>2)
        x=fib(n-1)+fib(n-2);
    else
        x=2;
    return x;
}
void main(){
    printf("%d\n",fib(4));
}
```

    A. 2   B. 3   C. 6   D. 8

二、填空题

1. 定义函数时的参数称为_____参数;调用函数时的参数称为_____参数。

2. 函数_____嵌套定义；函数_____嵌套调用。

3. 默认的存储类别的关键字是_____。

4. 函数调用时，参数的两种传递方式是_____和_____。

5. 下面程序是选出能被4整除且至少有一位是6的两位数，打印出所有这样的数及其个数。请填空。

```
int sub(int k,int n){
    int a1,a2;
    a2=_____;
    a1=_____;
    if((k%4==0&&a2==6)||(k%4==0&&a1==6)){
        printf("%4d",k);
        n++;
        return n;
    }
    else
        return -1;
}
void main(){
    int n=0,k,m;
    for(k=10;k<100;k++){
        m=_____;
        if(m!=-1) n=m;
    }
    printf("\nn=%d\n",n);
}
```

6. 以下程序的功能是用递归方法计算学生的年龄。已知第1位学生的年龄最小为10岁，其余学生一个比一个大3岁，求第4位学生的年龄。请填空。

递归公式如下：

$$\begin{cases} 10 & n=1 \\ age(n)=age(n-1)+3 & n>1 \end{cases}$$

```
#include<stdio.h>
int age(int n){
    int c;
    if(n==1)
        c=10;
    else
        c=_____;
    return c;
}
void main(){
    int n=4;
```

```
        printf("age: %d\n",_____);
    }
```

7. 以下程序的运行结果是输出如下图形。请填空。

```
       *
     * * *
   * * * * *
 * * * * * * *
   * * * * *
     * * *
       *
#include<stdio.h>
void a(int i){
    int j, k;
    for(j=0; j<=7-i; j++)
        printf (" ");
    for(k=0; k<_____; k++)
        printf("* ");
    printf("\n");
}
void main(){
    int i;
    for(i=0; i<3; i++)
        _____;
    for(i=3; i>=0; i--)
        _____;
}
```

8. 函数 fun() 的功能是使字符串 str 按逆序存放。请填空。

```
void fun(char str[]){
    char m; int i, j;
    for(i=0, j=strlen(str); i<_____; i++, j--){
        m=str[i];
        str[i] =_____;
        str[j-1] =m;
    }
    printf("%s\n",str);
}
```

三、阅读程序说出运行结果

1. 输入 50 后下列程序执行的结果是_____。

```
#include<stdio.h>
int func(int n){
```

```
    int i;
    for(i=n-1;i>0;--i) n+=i;
    return n;
}
void main(){
    int a;
    printf("请输入一个整数：");
    scanf("%d",&a);
    printf("func(%d)=%d\n",a,func(a));
}
```

2. 下列程序执行的结果是_____。

```
#include<stdio.h>
int f(int m){
    static int k=0;
    int s=0;
    for(; k<=m; k++) s++;
    return s;
}
void main(){
    int s1, s2;
    s1=f(5);
    s2=f(3);
    printf("%d %d\n", s1, s2);
}
```

3. 下列程序执行的结果是_____。

```
int func(int a,int b){
    return(a+b);
}
void main(){
    int x=2,y=5,z=8,r;
    r=func(func(x,y),z);
    printf("%\d\n",r);
}
```

4. 下列程序执行的结果是_____。

```
int fun(int n){
    int f=1;
    f=f*n*2;
    return(f);
}
void main(){
    int i,j;
```

```
        for(i=1; i<=5; i++)
        printf("%d\t",fun(i));
}
```

5. 下列程序执行的结果是_____。

```
int x1=30, x2=40;
void sub(int x,int y){
    int x1=x;
    x=y;
    y=x1;
}
void main(){
    int x3=10,x4=20;
    sub(x3,x4);
    sub(x2,x1);
    printf("x1=%d,x2=%d,x3=%d,x4=%d",x1,x2,x3,x4);
}
```

6. 输入 10 后下列程序执行的结果是_____。

```
#include<stdio.h>
int ff(int n){
    if(n==1)
        return 1;
    else
        return(n+ff(n-1));
}
void main(){
    int x;
    scanf("%d",&x);
    x=ff(x);
    printf("%d\n",x);
}
```

四、编程题

1. 一球从 100 米高度自由落下,每次落地后反跳回原高度的一半。求它在第 10 次落地时,共经过多少米? 第 10 次反弹多高?

2. 编写函数,用选择法对数组中 10 个整数按由小到大排序,在主函数中调用此函数。

3. 编写一个函数,求 $1+2!+3!+\cdots+6!$ 的和,在主函数中调用此函数。

4. 编写函数打印 n 行以下图形,将图形中的行数作为函数的形参。如在 main()函数中输入行数 n=4,调用该函数打印行数为 4 的图形如下。

```
  *
 ***
```

```
*****
*******
```

5. 用递归的函数实现，将一个十进制数转换为十六进制数，并在主函数中调用此函数。

6. 基因检测。用一个字符串表示一段基因，两段基因的相似度定义为它们所包含的最大公共子串的长度。现给定两段基因，要求计算它们的相似度。例如：abcxyzabefx 和 ijkabxyzcda 的相似度为 3。

第 5 章

指　　针

学习目标：
(1) 掌握地址、指针、指针变量的概念。
(2) 掌握指针变量的定义，理解指针指向数据类型的意义。
(3) 掌握指针变量作为函数参数的用法。
(4) 掌握指针函数与函数指针的不同及用法。

在 C 语言中，指针的使用非常广泛。作为 C 语言区别于其他程序设计语言的主要特性之一，指针可以有效地表示和访问复杂的数据结构，动态分配内存，直接对内存地址进行操作，提高程序的执行效率。由于指针的使用比较复杂，较难掌握，而且指针的误用还会导致严重后果，甚至系统崩溃。因此，学习时要注意领会指针的本质和特点，只有谨慎地使用指针，才可以利用它写出简单、清晰、高效的程序。

5.1　指针、指针变量的概念

5.1.1　地址与指针

计算机内存中的各个存储单元都是有序的，按字节编码。字节(byte)是最小的存储单位。在计算机中，所有的数据都是存放在存储器中的。为了能够正确访问内存单元，内存都是有编址的，根据编址可以快速准确地找到需要的内存单元。内存单元的编址也叫地址，通常也把这个地址称为指针。内存单元的地址(指针)和内存单元的内容是两个不同的概念，如同银行账号和存款数额不是一个概念一样。对一个内存单元来说，单元的地址即为指针，其中存放的数据是该单元的内容。C 语言中，允许用一个变量来存放地址(指针)，这种变量称为指针变量。因此一个指针变量的值就是某个内存单元的地址，或称为某内存单元的指针。

严格地说，一个指针是一个地址，是一个常量，而一个指针变量是可以被赋予不同的指针值(地址)，是变量。但通常把指针变量简称为"指针"。为了避免混淆，约定"指针"是指地址，是常量；"指针变量"是指取值为地址的变量。定义指针变量的目的是为了通过指针变量去访问内存单元，从而获得内存单元里存放的数据。

5.1.2　指针变量

　　在 C 语言中,一种数据类型或数据结构往往都占有一组连续的内存单元。用"地址"这个概念并不能很好地描述一种数据类型或数据结构,只是所占用存储单元的起始地址在哪,而"指针"虽然实际上也是一个地址,但它是"指向"一个数据结构的,它不仅可以表达出起始地址在哪,而且还能反映出这种数据结构的存储空间。因而概念更为清楚,表示更为明确。这也是引入"指针"概念的一个重要原因。例如,数组或函数都是连续存放的,如果在一个指针变量中存放数组或一个函数的首地址,则通过这个指针变量不仅能够找到该数组或函数的入口,还能反映出这个入口地址是什么数据结构的地址。

　　CPU 访问内存时需要的是地址,而不是变量名和函数名。变量名和函数名只是地址的一种助记符,当源文件被编译和连接成可执行程序之后,它们都会被替换成地址。编译和连接过程的一项重要任务就是找到这些名称所对应的地址。变量名在声明时会有一个自己独特的地址,而程序在编译时也会把声明的变量名转换为指针,CPU 访问内存时需要的就是转换之后的地址指针。编译就是负责这个转换的过程。变量名和函数名为我们提供了方便,让我们在编写代码的过程中,可以使用易于阅读和理解的英文字符串,不用直接面对二进制地址。需要注意的是,虽然变量名、函数名、字符串名、数组名等在本质上是一样的,它们都是地址的助记符,但在编写代码的过程中,我们认为变量名表示的是数据本身,而函数名和数组名表示的是代码块或数据块的首地址。原因是因为变量名指向的是一个某种数据类型的内存空间地址,而函数名、字符串名、数组名,指向的是一块内存中连续的数据类型空间的第一个字节的地址。

5.2　指　针　变　量

5.2.1　指针变量的定义

　　指针变量首先是一个变量,在使用之前必须先定义。定义时不仅要标识出该变量是指针类型的变量,而且还要标识出是可以指向什么类型数据的指针变量。

　　一般形式:

　　类型说明符　＊指针变量名;

其中,＊表示定义的是一个指针变量,类型说明符指出该指针变量能够指向什么类型的数据,即该指针变量可以赋予什么类型数据的地址。定义指针变量时,类型标识符一旦确定就不能改变,如果定义了一个指向整型变量的指针变量,那么它就不能再指向其他类型的变量了。也就是说,一个指针变量只能指向同一种类型的变量。

　　例如:

```
int * p1;            /* 定义一个能够指向整型变量的指针变量 */
```

```
float * p2;              /* 定义一个能够指向单精度变量的指针变量 */
char * p3;               /* 定义一个能够指向字符变量的指针变量 */
```

int * 表示整型指针类型,char * 表示字符指针类型。数据类型和 * 不能分开,如果分开则不能表示是指针类型。

指针可以定义指向各种数据类型或结构的指针变量,包括基本数据类型、数组、函数等,甚至还可以指向指针类型(另一个指针变量)。

1) &:取地址运算符

例如:

```
int a;
int * p=&a;              /* 定义一个能够指向整型变量的指针变量,并将指向整型变量 a */
```

2) *:取内容运算符

单目运算符,其结合性为自右至左,用来表示指针变量所指向变量的值(内容)。

例如:

```
int a=3;
int * p;
p=&a;                    /* 整型指针变量 p 指向整型变量 a */
printf("%d,%d",a, * p);  /* * p 表示取得 p 所指向变量的值 */
* p=5;                   /* 将指针变量 p 指向的存储单元内容赋值为 5,即 a=5 */
```

【例 5-1】 使用交换指针的方式,将两个整数按由大到小的顺序输出。

程序代码如下:

```
/* e5_1.c */
#include<stdio.h>
void main(){
    int * p1, * p2, * p,a,b;
    scanf("%d,%d",&a,&b);
    p1=&a;p2=&b;              /* p1 指向 a,p2 指向 b */
    if(a<b){
        p=p1;
        p1=p2;               /* 通过指针变量 p,交换 p1 和 p2 的指向 */
        p2=p;
    }
    printf("a=%d,b=%d\n",a,b);
    printf("max=%d,min=%d\n", * p1, * p2);     /* 输出 * p1 和 * p2 的值 */
}
```

程序运行结果:(输入 5,9)

```
a=5,b=9
max=9,min=5
```

交换前后的情况如图 5.1 所示。

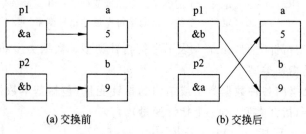

(a) 交换前　　　　　　　　(b) 交换后

图 5.1　例 5-1 交换前后的情况

程序说明：

（1）a 和 b 并未交换，它们的值保持不变，但是 p1 和 p2 的值改变了。＊p1 和＊p2 是取出指针 p1 和 p2 所指向的内存空间里的值。

（2）如要得到 a 和 b 的存储单元地址，可用语句"printf("％＃0X,％＃0X",&a,&b);"输出。

若例 5-1 改写成下列代码：

```
#include <stdio.h>
void main(){
    int * p1, * p2,t,a,b;
    scanf("%d,%d", &a, &b);
    p1=&a;p2=&b;
    if(a<b){
        t= * p1;
        * p1= * p2;                 /* 通过临时整型变量 t,交换 * p1 和 * p2 的值 */
        * p2=t;
    }
    printf("a=%d,b=%d\n",a,b);   /* 输出 a 和 b 的值 */
    printf("max=%d,min=%d\n", * p1, * p2);   /* 输出 * p1 和 * p2 的值 */
}
```

程序运行结果：（输入 5,9）

```
a=9,b=5
max=9,min=5
```

程序说明：

修改前的程序，通过 if 语句，确保 p1 指向 a、b 中的大者，如输入 5 和 9，p1 原指向 a，则改成指向 b，而 a、b 值没有变；修改后的程序，通过 if 语句，确保 p1 指向的单元（即 a）的数值大，如输入 5 和 9，则 p1 指向的单元值为 9，p2 指向的单元值为 5，p1、p2 的指向没有改变，但内部存储的值改变了（也就是通过指针变量 p1、p2 进行了变量 a、b 值的交换）。

不允许直接把一个数值赋予指针变量，下面的赋值是错误的：

```
int * p;
p=2000;                          /* 将一个十进制数赋予指针变量 p,类型不匹配 */
```

可以在定义一个指针变量的同时进行初始化。如：

```
int a=25;
int * p=&a;   /* 正确。定义整型指针变量 p 的同时,将 a 的地址赋给 p,即使 p 指向变量 a */
```

不能写成下列语句：

```
int a=25, * p;
* p=&a;                          /* 错误。左边是值,右边是地址,类型不一致。应改为 p=&a; */
```

未经赋值的指针变量不能使用,否则将造成未知的错误,给系统正常运行带来隐患。如下面的使用是错误的：

```
int * p;
* p=5;
```

由于指针变量 p 在定义后指向的位置不确定,因此直接对其赋值是危险的。

5.2.2　多级指针

如果在一个指针变量中存放一个目标变量的地址,是"单级间址";如果在一个指针变量中存放另一个指针变量,则为指向指针的指针,是"二级间址"。理论上说,间址方法可以延伸到更多的级,但实际上在程序中很少有超过二级间址的情况。级数越多,越难理解,程序产生混乱和错误的机会也会增多。

指向指针的指针即指向指针变量的指针变量。例如,指针变量 q 指向指针变量 p,而 p 又指向另一个数据变量 i,则变量 q 就是指向指针的指针,如图 5.2 所示。

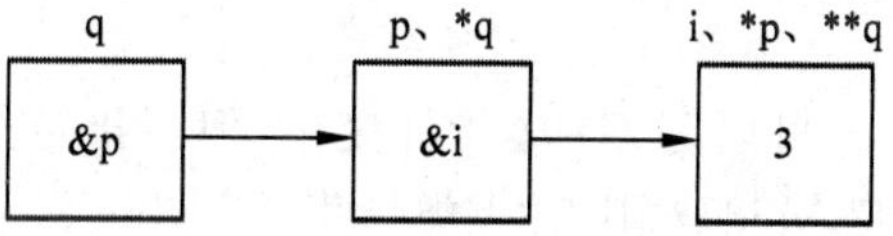

图 5.2　指向指针的指针

定义的一般形式：

类型说明符 **变量名

例如：

```
int **q;
```

定义了一个指针变量 q,它指向另一个整型指针变量。变量 q 前面的 * 表示 q 是一个指针变量,那 q 是一个能够存放什么类型的指针变量呢？是一个能够存放(int *)类型的,而(int *)类型是整型指针类型。因此,q 是一个能够指向整型指针变量的指针变量。

使用时,由于 * 是按自右至左结合,因此**q 相当于 * (* q)。如图 5.2 所示,q 是一个指向整型指针变量 p 的指针变量, * q 就找到了 p,**q 就找到了 i。

【例 5-2】 多级指针的应用。

程序代码如下：

```
/* e5_2.c */
```

```
#include<stdio.h>
void main(){
    int **p1, * p2,n;
    n=3;
    p1=&p2;
    p2=&n;
    printf("%d,%d,%d\n",n, * p2,**p1);
    *p2=5;
    printf("%d,%d,%d\n",n, * p2,**p1);
    **p1=7;
    printf("%d,%d,%d\n",n, * p2,**p1);
}
```

程序运行结果:

3,3,3
5,5,5
7,7,7

程序说明:
p2 是指向变量 n,p1 是指向指针变量 p2,因此 * p2 就是 p1,而**p1 就是 n。

5.2.3　指向 void 类型的指针

可以定义一个指针变量,但不指定指向哪一种类型数据。void 的字面意思是"无类型",void * 则为"无类型指针",void * 可以指向任何类型的数据。

假设有指针变量 p1 和 p2,如果指针 p1 和 p2 的类型相同,那么可以直接在 p1 和 p2 间互相赋值;如果 p1 和 p2 指向不同的数据类型,则必须使用强制类型转换运算符把赋值运算符右边的指针类型转换为左边指针的类型。例如:

```
float * p1;
int * p2;
p1=p2;                          /* 编译出错,应改成 p1=(float * )p2; * /
```

无类型指针不同,任何类型的指针都可以直接赋值给它,无须进行强制类型转换。如:

```
void * p1;
int * p2;
p1=p2;                          /* 正确 * /
```

但这并不意味着,void * 也可以无须强制类型转换地赋给其他类型的指针。因为"无类型"可以包容"有类型",而"有类型"则不能包容"无类型"。下面的语句编译错误:

```
void * p1;
int * p2;
```

```
p2=p1;
```

必须改为

```
p2=(int * )p1;
```

5.3 指针变量作为函数参数

函数参数可以是整型、实型、字符型等基本数据类型,也可以是指针类型。使用指针变量作为函数参数,实际上向函数传递的是变量的地址。可以将被调用函数外部的地址传递到函数内部,使得在函数内部可以操作函数外部的数据,并且这些数据不会随着函数的调用结束而被销毁。像数组、字符串、动态分配的内存等都是一系列数据的集合,没有办法通过一个参数全部传入函数内部,只能传递它们的指针,在函数内部通过指针来影响这些数据集合。

【例 5-3】 将两个整数按由大到小的顺序输出。用指针变量作为函数参数实现。

程序代码如下:

```
/* e5_3.c */
#include<stdio.h>
void swap(int * p1,int * p2){
    int * p;
    p=p1;                       /* 通过指针变量 p 交换形参 p1 和 p2 的指向 */
    p1=p2;
    p2=p;
}
void main(){
    int a,b;
    int * pointer1,* pointer2;
    printf("input a,b: ");
    scanf("%d,%d",&a,&b);
    pointer1=&a;
    pointer2=&b;
    if(a<b)
        swap(pointer1,pointer2);
    printf("%d,%d\n",a,b);
    }
```

程序运行结果:

```
input a,b: 5,9
5,9
```

程序说明:很显然,程序的目标未能实现。

(1) 程序运行时,将 a 和 b 的地址分别赋给指针变量

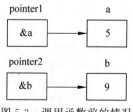

图 5.3 调用函数前的情况

pointer1 和 pointer2,使 pointer1 指向 a,pointer2 指向 b,如图 5.3 所示。

（2）由于 a＜b,因此调用 swap(),实参是两个指针变量,因此在定义 swap() 时形参为两个指针变量 p1 和 p2,用于接收实参。发生调用后,pointer1 的值传给 p1,pointer2 的值传给 p2。此时 p1 和 pointer1 都指向变量 a,p2 和 pointer2 都指向变量 b,如图 5.4 所示。

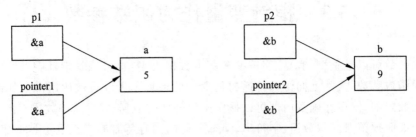

图 5.4　调用函数并进行参数传递

（3）执行 swap() 过程中,通过指针变量 p 使 p1 和 p2 的值互换（即指向互换）。此时,p2 指向变量 a,p1 指向变量 b,如图 5.5 所示。

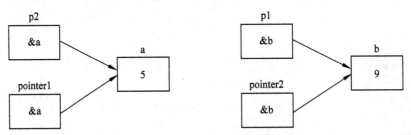

图 5.5　执行 swap() 过程中指针发生变化

（4）swap() 调用结束后,p1 和 p2 不复存在（已释放）。可以看出,程序运行过程中,仅交换 swap() 的形参 p1 和 p2 的值（即交换了指向）,而实参 pointer1、pointer2 的指向及所指对象（a、b）的值始终没有改变,因此,未能实现程序目标。

那么,如何才能实现程序目标呢？可以用下面的代码实现。

```
#include<stdio.h>
void swap(int * p1,int * p2){
    int p;
    p= * p1;
    * p1= * p2;                    /* 通过整型变量 p 交换形参 p1 和 p2 所指变量的值 */
    * p2=p;
}
void main(){
    int a,b;
    int * pointer1, * pointer2;
    printf("input a,b: ");
    scanf("%d,%d",&a, &b);
```

```
        pointer1=&a;pointer2=&b;
        if(a<b)
            swap(pointer1,pointer2);
        printf("%d,%d\n",a,b);
}
```

程序运行结果：

```
input a,b: 5,9
9,5
```

程序说明：很显然，程序的目标实现。

由于 a<b，因此调用 swap()。执行 swap()过程中，通过整型变量 p 使 p1 和 p2 所指变量的值互换。与 p1 和 p2 指向互换不同，* p1 和 * p2 互换意味着 p1 和 p2 指向的存储单元的值进行了互换，即 a=9，b=5，p1 和 p2 的指向并没有改变，还是 p1 指向 a，p2 指向 b，如图 5.6 所示。

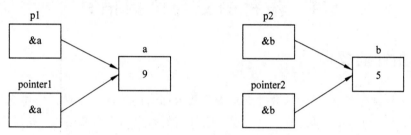

图 5.6　例 5-3 交换前后的情况

【例 5-4】　一个自然数是素数，且它的数字位置经过任意对换后仍为素数，则称为绝对素数，如 13 和 31 都是素数，所以 13 和 31 就是绝对素数。试求所有两位绝对素数。

程序代码如下：

```
/* e5_4.c */
#include<stdio.h>
void main(){
    int m,m1,flag1,flag2;
    void prime(int n,int * f);      /* 函数的声明 */
    for(m=10;m<100;m++){
        m1=(m%10)*10+m/10;          /* m1 为 m 数字位置对换后的数 */
        prime(m,&flag1);            /* 判断 m 是否为素数 */
        prime(m1,&flag2);           /* 判断 m1 是否为素数 */
        if(flag1&&flag2)            /* 只有 m 和 m1 同时为素数才输出 */
            printf("%5d",m);
    }
}
void prime(int n,int * f){
    int k;
```

```
    * f=1;                          /* 将 * f 预先初始化为 1 */
    for(k=2;k<=n/2;k++)
        if(!(n%k)) * f=0;           /* 如果 n 不是素数,则置 * f 为 0 */
}
```

程序运行结果:

11   13   17   31   37   71   73   79   97

程序说明:

(1) 函数 prime()用于判断 n 是否为素数,若 * f 最后取值为 1 则表示 n 是素数,* f
最后取值为 0 表示 n 不是素数。

(2) 形参 f 指向实参 flag1 和 flag2,在被调函数 prime()中改变 f 所指变量的值,也就
是改变主调函数中 flag1 和 flag2 的值。

5.4 指针函数与函数指针

5.4.1 指针函数

学习函数时介绍过,所谓函数类型是指函数返回值的类型。在 C 语言中允许一个函
数的返回值是一个指针(即地址),这种返回指针值的函数称为指针函数。指针函数,首先
是一个函数,指针是说明函数的返回值类型,即一个返回值为指针的函数。

一般定义形式:

```
类型说明符 * 函数名(形参表){
    函数体
}
```

其中,"类型说明符 *"是函数返回值的类型,很显然是一个指针类型。

函数返回值必须用同类型的指针变量来接收。也就是说,指针函数一定有函数返回
值,返回一个地址给主调函数,因此,在主调函数中,函数返回值必须赋给同类型的指针
变量。

【例 5-5】 指针函数的使用。

```
/* e5_5.c */
#include<stdio.h>
int * add(int a, int b, int * pc){          /定义一个指针函数 */
    * pc=a+b;
    return pc;
}
int main(){
    int a, b;
    a=1;
```

```
    b=2;
    int cc;
    int * p=add(a,b,&cc);        /*指针函数的返回值赋给同类型的指针变量*/
    printf("%p,%d",p, * p);      /*%p以十六进制输出内存地址*/
    return 0;
}
```

程序运行结果：

```
0014FF24,3
```

程序说明：

指针函数被调用后,返回的地址必须赋给同类型的指针变量。

5.4.2 函数指针

每个函数在内存中占有一片存储空间。函数名代表这片存储空间的起始地址。这个地址被称为函数的入口地址。可以定义一种指针变量,用以接收函数的入口地址,只要把函数的入口地址赋值给这个指针变量,以后就可以通过该指针变量找到函数。这种指向函数的指针变量称为函数指针。函数指针,首先是一个指针,函数是用来说明指针的,即指向函数的指针。函数指针也是一个指针变量,与普通的指针变量不同的是它指向的是一个函数的地址。

一般定义形式：

```
类型说明符 ( * 指针变量名 )();
```

其中,"类型说明符"表示被指函数的返回值类型。"(* 指针变量名)"表示 * 后面的变量是定义的指针变量。最后的空括号表示指针变量所指的是一个函数,指针的声明必须和它指向函数的声明保持一致。

例如：

```
int ( * p)();
```

表示 p 是一个指向返回值为整型的无参函数的指针变量。

特别注意："int (* p)()"和"int * p()"是完全不同的。

(1)"int (* p)()"是定义一个变量。说明 p 是一个指向函数入口地址的指针变量,int 和()都是为了说明 p 为什么样的指针变量。

(2)"int * p()"是定义一个函数。p 是函数名,int * 说明该函数的返回值是一个整型指针类型,()是函数的标志,可以是无参也可以是有参。

函数指针变量不能进行算术运算,而函数指针的移动毫无意义。

【例 5-6】 用函数指针实现对函数的调用。

程序代码如下：

```
/* e5_6.c */
```

```
#include<stdio.h>
int max(int a,int b){
    if(a>b) return a;
    else return b;
}
void main(){
    int (* pmax)(int,int);          /*定义一个函数指针*/
    int x,y,z;
    pmax=max;                        /*函数指针指向 max()*/
    printf("input two numbers:\n");
    scanf("%d%d",&x,&y);
    z=(* pmax)(x,y);                 /*函数调用*/
    printf("maxmum=%d",z);
}
```

程序运行结果:

```
input two numbers:
5 9
maxnum=9
```

程序说明:

函数指针 pmax 指向 max()的首地址,通过(* pmax)(x,y)调用函数,等同于 max(x,y)。

【例 5-7】 指针函数和函数指针综合运用。

程序代码如下:

```
/* e5_7.c */
#include<stdio.h>
int * square(int &a){              /*定义指针函数*/
    int b,* s=&b;
    * s=a * a;
    return s;
}
int square1(int &a){
    int s=a * a;
    return s;
}
int main(){
    int num=5;
    int * (* pSquare)(int &a);      /*定义一个函数指针 pSquare"*/
    int (* pSquare1)(int &a);       /*定义一个函数指针 pSquare1"*/
    pSquare =square;                /*函数指针 pSquare 指向 square 函数"*/
    pSquare1 =square1;              /*函数指针 pSquare 指向 square1 函数"*/
    printf("invoke square: ");
```

```
        printf("%d\n", * ( * pSquare)(num));    /* 调用 square() */
        printf("invoke square1: ");
        printf("%d\n", ( * pSquare1)(num));    /* 调用 square1() */
        return 0;
}
```

程序运行结果：

```
invoke square: 25
invoke square1: 25
```

程序说明：

（1）"int * (* pSquare)(int &a);"语句定义一个函数指针 pSquare，能够指向一个"返回值为整型指针，且具有一个整型地址参数的函数"；"int (* pSquare1)(int &a);"语句定义一个函数指针 pSquare1，能够指向一个"返回值为整型，且具有一个整型地址参数的函数"。

（2）(* pSquare)(num)是调用 square()，返回一个整型指针，* (* pSquare)(num)得到这个整型指针指向变量的值；(* pSquare1)(num)是调用 square1()，返回一个整型值。

本 章 小 结

指针是 C 语言的重要概念，是 C 语言的精华。使用指针可以表示和访问复杂的数据结构；可以动态分配内存，直接对内存地址进行操作；可以提高程序的执行效率。因此指针使得 C 语言具有很多其他高级语言不具备的优点。

指针虽然也是一个地址，但它是指向一个数据结构的，可以反映出这种数据结构的存储空间。可以通过指针变量间接访问内存单元，从而获得内存单元里存放的数据。

指针变量首先是一个变量，在使用之前必须先定义。定义时不仅要标识出该变量是指针类型的变量，而且还要标识出是可以指向什么类型数据的指针变量。一个指针变量只能指向同一种类型的变量。

使用指针变量作为函数参数，实际上向函数传递的是变量的地址。可以将被调用函数外部的地址传递到函数内部，使得在函数内部可以操作函数外部的数据，并且这些数据不会随着函数的调用结束而被销毁。

指针函数是一个返回值为指针的函数。也就是说，指针函数一定有函数返回值，返回一个地址给主调函数，因此，在主调函数中，函数返回值必须赋给同类型的指针变量。

函数指针是一个指向函数的指针变量。函数指针的声明必须和它指向的函数声明保持一致。函数指针有两个用途：调用函数和作函数的参数。

不同类型指针变量的定义：

```
int * p;          /* 定义一个指针变量 p。能够指向整型数据 */
```

```
int * p[n];        /* 定义一个指针数组 p。数组 p 中的元素类型是指向整型数据的指针 */
int (*p)[n];  /* 定义一个指针变量 p。能够一次性指向二维数组中一行数据(n 个整型元素)的
                     行指针 */
int * p();      /* 定义一个函数 p。该函数的返回值是整型指针类型 */
int (*p)();    /* 定义一个指针变量 p。能够指向一个函数,该函数返回值为整型,且无参 */
int ** p;       /* 定义一个二级指针变量 p。能够指向另一个指向整型数据的指针变量 */
```

习 题 5

一、单项选择题

1. 若有定义：int x, * pb; 则以下正确的赋值表达式是_____。

 A. pb=&x   B. pb=x   C. * pb=&x   D. * pb= * x

2. 以下程序的输出结果是_____。

```
#include "stdio.h"
void main(){
    printf("%d\n",NULL);
}
```

 A. 因变量无定义,输出不定值   B. 0

 C. −1   D. 1

3. 以下程序输出的结果是_____。

```
#include "stdio.h"
void main(){
    int a=5, * p1,**p2;
    p1=&a,p2=&p1;
    (*p1)++;
    printf("%d\n",**p2);
}
```

 A. 5   B. 4   C. 6   D. 不确定

4. 以下程序的输出结果是_____。

```
#include "stdio.h"
void sub(int x,int y,int * z){
    * z=y-x;
}
void main(){
    int a,b,c;
    sub(10,5,&a);sub(7,a,&b);sub(a,b,&c);
    printf("%d,%d,%d\n",a,b,c);
}
```

 A. 5,2,3   B. −5,−12,−7 C. −5,−12,−17 D. 5,−2,−7

5. 以下程序的输出结果是_____。

```c
#include "stdio.h"
void main(){
    int k=2,m=4,n=6;
    int * pk=&k, * pm=&m, * p;
    * (p=&n) = * pk * ( * pm);
    printf("%d\n",n);
}
```

A. 4   B. 6   C. 8   D. 10

6. 以下程序的输出结果是_____。

```c
#include "stdio.h"
void prtv(int * x){
    printf("%d\n",++ * x);
}
void main(){
    int a=25;
    prtv(&a);
}
```

A. 23   B. 24   C. 25   D. 26

7. 以下程序的输出结果是_____。

```c
#include "stdio.h"
void main(){
    int ** k, * a,b=100;
    a=&b;
    k=&a;
    printf("%d\n",** k);
}
```

A. 运行出错   B. 100   C. a 的地址   D. b 的地址

8. 以下程序的输出结果是_____。

```c
#include "stdio.h"
#include "conio.h"
void fun(float * a,float * b){
    float w;
    * a= * a+ * a;
    w= * a;
    * a= * b;
    * b=w;
}
void main(){
    float x=2.0,y=3.0;
```

```
float * px=&x,* py=&y;
fun(px,py);
printf("%2.0f,%2.0f\n",x,y);
}
```

A. 4,3   B. 2,3   C. 3,4   D. 3,2

9. 以下程序的输出结果是_____。

```
#include "stdio.h"
void sub(float x,float * y,float * z){
    * y= * y-1.0;
    * z= * z+x;
}
void main(){
    float a=2.5,b=9.0,* pa,* pb;
    pa=&a; pb=&b;
    sub(b-a,pa,pb);
    printf("%f\n",a);
}
```

A. 9.000000   B. 1.500000   C. 8.000000   D. 10.500000

10. 如下程序的执行结果是_____。

```
#include<stdio.h>
void main(){
    int i;
    char * s="a\\\\\n";
    for(i=0; s[i]!='\0';i++)
        printf("%c ", * (s+i));
}
```

A. a   B. a\   C. a\\   D. a\\\\

二、填空题

1. 指针变量是把内存中另一个数据的_____作为其值的变量。

2. * 称为_____运算符,& 称为_____运算符。

3. 如果程序中已有定义：int k;

(1) 定义一个指向变量 k 的指针变量 p 的语句是_____。

(2) 通过指针变量,将数值 6 赋值给 k 的语句是_____。

(3) 定义一个可以指向指针变量 p 的变量 pp 的语句是_____。

(4) 通过赋值语句将 pp 指向指针变量 p 的语句是_____。

(5) 通过指向指针的变量 pp,将 k 的值增加一倍的语句是_____。

4. 当定义某函数时,有一个形参被说明成 int * 类型,那么可以与之结合的实参类型可以是_____、_____等。

5. 以下函数用来求出两整数之和,并通过形参将结果传回,请填空。

```c
void func(int x,int y,____ ){
    * z=x+y;
}
```

6. 定义语句"int * f();"和"int(* f)();"的含义分别为_____和_____。

7. 下面程序是判断输入的字符串是不是"回文"(顺读和倒读都一样的字符串称为"回文",如 level)。请填空。

```c
#include<stdio.h>
#include<string.h>
void main(){
    char s[81], * p1, * p2;
    int n;
    gets(s);
    n=strlen(s);
    p1=s;
    p2=_____;
    while(_____){
        if( * p1!= * p2) break;
        else{
            p1++;
            _____;
        }
    }
    if(p1<p2) printf ("NO\n");
    else printf("YES\n");
}
```

8. 定义 compare(char * s1,char * s2)函数,以实现比较两个字符串大小的功能。

```c
#include<stdio.h>
void compare(char * s1, char * s2){
    while( * s1&& * s2&& _____ ){
        s1++;
        _____ ;
    }
    return _____;
}
void main(void){
    printf("%d\n", compare("abCd", "abc"));
}
```

三、阅读程序,写出结果

1. 下列程序的运行结果是_____。

```c
#include<stdio.h>
```

```
#include<string.h>
void main() {
    char * s1="AbDeG";
    char * s2="AbdEg";
    s1+=2;
    s2+=2;
    printf("%d\n",strcmp(s1,s2));
}
```

2. 下列程序的运行结果是_____。

```
#include<stdio.h>
#include<string.h>
fun(char * w,int n) {
    char t, * s1, * s2;
    s1=w;
    s2=w+n-1;
    while(s1<s2) {
        t= * s1++;
        * s1= * s2--;
        * s2=t;
    }
}
void main() {
    char p[8]="1234567";        /* 不能定义成：char * p="1234567",
                                   p指向的是个字符串常量,以后不能修改 */
    fun(p,strlen(p));
    puts(p);
}
```

3. 下列程序的执行结果是_____。

```
#include<stdio.h>
void main(void) {
    char * s, * s1="here is", * s2="key";
    s=s1;
    while( * s1!='\0') s1++;
    while( * s1++!= * s2++);
    s2=s;
    while( * s2!='\0') s2++;
    printf("%d\n", s2-s);
}
```

4. 下列程序的执行结果是_____。

```
#include<stdio.h>
int fun(int x,int y,int * cp,int * dp) {
```

```
        * cp=x+y;
        * dp=x-y;
        return 0;
    }
    void main(void){
        int a, b, c, d;
        a=30; b=50;
        fun(a,b,&c,&d);
        printf("%d,%d\n", c, d);
    }
```

四、编程题

1. 编程使用指针变量作形参,将输入的 3 个整数按由大到小的顺序输出。

2. 编写一个程序,计算一个字符串的长度。

3. 编写一个函数,输入 n 为偶数时,调用函数求 $1/2+1/4+\cdots+1/n$,输入 n 为奇数时,调用函数求 $1/1+1/3+\cdots+1/n$(利用指针函数)。

第 **6** 章

数　　组

学习目标：

(1) 理解数组的概念与作用。

(2) 掌握一维数组、二维数组的定义、初始化及引用方法。

(3) 熟练掌握使用内外循环结合访问二维数组元素。

(4) 理解数组名的作用，掌握数组名作函数参数实现地址传递。

(5) 掌握字符数组的定义、初始化及引用方法，掌握常用字符串处理函数的使用。

前面介绍了基本数据类型，而在稍微复杂的程序中，基本数据类型远远不能满足需要。C 语言支持数组数据结构，它可以存储一个固定大小的具有相同类型数据按序排列而成的集合。数组中的每一个数据称为数组元素，数组元素是组成数组的基本单元。对于同一个数组，其所有元素的数据类型都是相同的。数组元素的类型可以是基本数据类型，也可以是用户自定义类型。数组的类型实际上是指数组元素的取值类型，因此，根据数组元素的数据类型可分为数值数组、字符数组、指针数组、结构数组等。按数组的维数可分为一维数组、二维数组和多维数组。数组是 C 语言编程中的重要部分。

视频

6.1　一 维 数 组

1. 一维数组的定义

在 C 语言中使用数组必须先进行定义。一维数组定义的一般形式：

类型说明符 数组名[常量表达式];

其中，类型说明符是任一种基本数据类型或构造数据类型。数组名是用户定义的数组标识符。方括号中的常量表达式表示数据元素的个数，也称为数组的长度。例如：

```
int a[10];              /* 说明整型数组 a,有 10 个元素 */
float b[10], c[20];     /* 说明实型数组 b,有 10 个元素;实型数组 c,有 20 个元素 */
char ch[20];            /* 说明字符数组 ch,有 20 个元素 */
```

说明:

(1) 数组的类型实际上是指数组元素的取值类型。对于同一个数组,其所有元素的数据类型都是相同的。

(2) 数组名的命名规则和普通变量一样,要遵循标识符命名规则,并且不能与其他变量同名。

(3) 常量表达式表示数组元素的个数(也称为数组长度)。不能在方括号中用变量来表示元素的个数,但是可以是符号常量或常量表达式。因为在定义数组后,系统会在内存中开辟"常量表达式 * sizeof(类型)"字节的连续存储单元用来存放数组中各个元素。

下述说明方式是正确的。例如:

```
float a[3+2];    /* a 为实型数组,包含 5 个数组元素,系统为数组开辟 20 字节的存储空间 */
```

下述说明方式是错误的。例如:

```
int n=5;
int a[n];                        /* 错误定义,方括号内的常量表达式不能为不确定的变量 */
```

(4) 允许在同一个类型说明中,说明多个数组和多个变量。例如:

```
int a,b,c,d,x[10],y[20];
```

2. 一维数组元素的引用

数组元素是组成数组的基本单元。数组元素也是一种变量,其标识方法为数组名后跟一个下标。下标表示了元素在数组中的顺序号。引用数组元素的一般形式:

```
数组名[下标]
```

其中,下标只能为整型常量或整型表达式。例如:

a[5]、a[i+j]、a[i++]都是合法的数组元素。

数组元素通常也称为下标变量。在 C 语言中只能逐个地使用下标变量,而不能一次引用整个数组。数组元素的下标范围要在 0 到数组长度减 1 之间,超出此范围,则数组下标越界,而 C 语言编译系统不会检查数组下标是否越界。例如,输出有 10 个元素的数组必须使用循环语句逐个输出各下标变量(a[0],a[1],…,a[9]):

```
for(i=0; i<10; i++)       /* 不能是 i<=10,因为 a[10]下标越界 */
    printf("%d",a[i]);
```

而不能用一个语句输出整个数组。因此,下面的写法是错误的:

```
printf("%d",a);
```

3. 一维数组元素的初始化

给数组赋值的方法除了用赋值语句对数组元素逐个赋值外,还可采用初始化赋值方法。

数组初始化赋值是指在数组定义时给数组元素赋予初值。数组初始化是在编译阶段进行的。这样将减少运行时间,提高效率。初始化赋值的一般形式:

```
类型说明符 数组名[常量表达式]={ 值,值,…,值 };
```

其中,在{ }中的各数据值即为各元素的初值,各值之间用逗号间隔。例如:

```
int a[5]={1,2,3,4,5};
```

相当于

```
a[0]=1; a[1]=2; a[2]=3; a[3]=4; a[4]=5;
```

C语言对数组的初始化赋值还有以下几点规定。

(1) 对数组元素全部赋值。对数组元素全部赋值时,可以不指定数组的长度。例如:

```
int a[5]={1,2,3,4,5};
```

可以写成:

```
int a[]={1,2,3,4,5};
```

(2) 可以只给部分元素赋初值。当{ }中值的个数少于元素个数时,只给前面部分元素赋值。例如:

```
int a[5]={1,2,3};
```

表示给该数组中的前面3个元素a[0]、a[1]、a[2]分别赋值为1、2、3,后面的元素a[3]、a[4]系统会自动赋予0值。

注意:数组初始化时,若被定义的数组长度与要赋值的个数不相同时,数组长度不能省略,且只可以少赋值,不能多赋值,否则会出现编译错误。例如:

```
int a[5]={1,2,3,4,5,6,7}; /*错误,整型数组中数组长度为5,却赋了7个值*/
```

4. 一维数组程序举例

【例6-1】 使用数组输出Fibonacci数列的前20项的值。
程序代码如下:

```
/* e6_1.c */
#include<stdio.h>
void main(){
    int fib[20];
    int i;
    fib[0]=1;fib[1]=1;                /*指定前两项的数值*/
    for(i=2;i<20;i++)                 /*计算Fibonacci数列其他项的值*/
        fib[i]=fib[i-1]+fib[i-2];
    for(i=0;i<20;i++){                /*输出Fibonacci数列前20项的值*/
        if(i%10==0)                   /*每行输出10个数据*/
            printf("\n");
        printf("%5d",fib[i]);
    }
}
```

程序运行结果：

```
  1     1     2     3     5     8    13    21    34    55
 89   144   233   377   610   987  1597  2584  4181  6765
```

程序说明：

对数组元素的赋值还可以修改为如下方式：

```
for(i=0;i<20;i++){
    if(i==0||i==1)  fib[i]=1;
    else fib[i]=fib[i-1]+fib[i-2];
}
```

【例 6-2】 输入 10 个数据，用冒泡法对其按照从小到大的顺序排列，然后输出。

冒泡排序思想：对相邻的数据两两比较并调整，将其中小的调到前面，大的调到后面。例如：

```
int a[5]={4,7,3,9,1};
```

则对数组的排序过程如图 6.1 所示。

图 6.1　冒泡排序示意图

第一趟遍历(外循环)。内循环：首先是将 4 与 7 比较，小的在前面，不需要交换；第二次将 7 与 3 比较，需要交换位置；第三次将 7 与 9 比较，小的在前，不需要交换；第四次将 9 与 1 比较，需要交换位置。第一趟遍历的结果将最大的数据"9"沉到了最后，内循环共比较了四次。数据 9 不再参加下面的过程。

第二趟遍历(外循环)。内循环：在剩下的 4 个数据中，首先将 4 与 3 比较，需要交换位置；第二次将 4 与 7 比较，不需要交换；第三次将 7 与 1 比较，需要交换位置。第二趟遍历后将次大的数据 7"下沉"到倒数第二个位置，内循环共比较了三次。数据 7 不再参加下面的过程。

第三趟遍历(外循环)。内循环：在剩下的 3 个数据中，首先将 3 与 4 比较，不需要进行交换；第二次将 4 与 1 进行比较，需要交换。第三趟遍历结束，将第 3 大的数据 4"下沉"到倒数第三个位置，内循环共比较了两次。数据 4 不再参加下面的过程。

第四趟遍历(外循环)。内循环：在剩下的 2 个数据中，将 3 与 1 比较，需要调整位置。第四趟遍历结束，将数据 3"下沉"，内循环共比较一次。在四趟遍历后还剩下最后一个数据 1，此时，数组中的元素已经按照从小到大的顺序排列。

由以上分析可以看出，若有 n 个数据，则需要遍历 n−1 趟(外循环)。在每一趟遍历的过程中，数据比较的次数(内循环)是不同的。随着外循环的增加，内循环比较次数减少。如 n 个数,第一趟,内循环需比较 n−1 次;第二趟,内循环需比较 n−2 次;…;第 i 趟,内循环需比较 n−i 次。

程序代码如下:

```c
/* e6_2.c */
#include <stdio.h>
void main(){
    int a[10];
    int i,j,t;
    printf("请输入 10 个整数:");
    for(i=0;i<10;i++)
        scanf("%d",&a[i]);
    for(i=0;i<9;i++)                                      /* 外循环,控制趟数 */
        for(j=0;j<9-i;j++)                                /* 内循环,控制每趟比较次数 */
            if(a[j]>a[j+1])                               /* 比较相邻的两个数组元素 */
                {t=a[j];a[j]=a[j+1];a[j+1]=t;}           /* 交换相邻的两个元素值 */
    printf("排序后的 10 个数为: ");
    for(i=0;i<10;i++)
      printf("%3d",a[i]);
}
```

程序运行结果:

请输入 10 个整数: 30 5 15 8 3 9 1 45 20 4
排序后的 10 个数为: 1 3 4 5 8 9 15 20 30 45

程序说明:
外层循环控制排序的趟数,内层循环用于控制每趟排序下数组元素比较的次数。

【例 6-3】 用选择法将 10 个整数按从小到大排序并输出。

选择法排序思想:先从 n 个数据中找出值最小的元素,将其与第一个元素交换,然后从剩下的 n−1 个数据中找出值最小的元素,将其与第二个元素交换,以此类推,直到所有的数据均有序时为止。

程序代码:

```c
/* e6_3.c */
#include<stdio.h>
void main(){
    int a[10]={0,20,45,50,8,6,30,25,1,10};              /* 初始化数组 a */
    int i,j,t,k;
    printf("数组原数据为: ");
    for(i=0;i<10;i++)
        printf("%3d",a[i]);
    for(i=0;i<9;i++){                                     /* 外循环,控制排序的趟数 */
        k=i;                                             /* 初始化最小值的下标 */
        for(j=i+1;j<10;j++)                              /* 寻找最小值元素的下标 */
            if(a[j]<a[k]) k=j;                           /* 记录值小的元素下标 */
        if(k!=i){
```

```
            t=a[i];a[i]=a[k];a[k]=t;
        }
    }
    printf("\n 排序后的数据为: ");
    for(i=0;i<10;i++)
        printf("%3d",a[i]);
}
```

程序运行结果:

数组原数据为: 0 20 45 50 8 6 30 25 1 10
排序后的数据为: 0 1 6 8 10 20 25 30 45 50

程序说明:

选择法实现 10 个数据的排序过程中,外循环 9 趟。第一趟需要从 10 个元素中找出值最小的元素,将其与下标为 0 的第一个元素交换。求最小值所在下标时,先假设第 1 个元素 a[0] 是最小值(即 k=0),然后通过内循环与后面的元素依次比较,得到 k 是本趟中最小值元素的下标,并将 a[0] 与 a[k] 交换;第二趟从剩下的 9 个元素中找出值最小的元素,将其与 a[1] 交换;以此类推。

6.2 数组作函数参数

数组可以作为函数的参数,进行数据的传递。数组作为函数参数有两种形式:一种是把数组元素作为实参使用;另一种是把数组名作为函数的形参和实参使用。

6.2.1 数组元素作函数实参

数组元素可以看成一个普通变量,作为函数实参时与普通变量完全相同,在发生函数调用时,实现值传递方式。

【例 6-4】 输出一个整数数组中各元素的绝对值。

程序代码如下:

```
/* e6_4.c */
#include<stdio.h>
void fun(int n){
    if(n>=0)
        printf("%3d",n);
    else
        printf("%3d",-n);
}
void main(){
    int a[10],i;
    printf("请输入 10 个整数:\n");
    for(i=0;i<10;i++){
```

```
        scanf("%d",&a[i]);
        fun(a[i]);                                /* 函数调用,以数组元素 a[i]为实参 */
    }
}
```

程序运行结果：

请输入 10 个整数：
1 -78 5 12 -9 -23 40 -8 35 58
   1 78   5 12   9 23 40   8 35 58

程序说明：

用数组元素作实参时,采用的参数传递方式为值传递,应注意数组元素类型与函数形参的一致性。

6.2.2　数组名作函数参数

数组名作函数参数,实现的是地址传递方式。数组名代表数组首元素的地址,并不代表数组中的全部元素。因此用数组名作函数实参时,不是把实参数组的值传递给形参,而只是将实参数组首元素的地址传递给形参。形参可以是数组名,也可以是指针变量,它们用来接收实参传来的地址。如果形参是数组名,它代表的是形参数组首元素的地址。在调用函数时,将实参数组首元素的地址传递给形参数组名。这样,实参数组和形参数组就共同占有一段内存单元。

【例 6-5】　数组 a 中存放 10 个整数,用冒泡法从小到大排列,然后输出。

程序代码如下：

```
/* e6_5.c */
#include<stdio.h>
void sort(int a[],int n){          /* 形参：1 个是整型数组的数组名和 1 个是整型变量 */
    int i,j,t;
    for(i=0;i<n-1;i++)             /* 外循环,控制数组元素排序的趟数 */
      for(j=0;j<n-1-i;j++)         /* 内循环,控制每趟排序数组元素比较的次数 */
        if(a[j]>a[j+1]){           /* 比较相邻的两个数组元素 */
            t=a[j];
            a[j]=a[j+1];
            a[j+1]=t;
        }
}
void main(){
    int a[10];
    int i;
    printf("请输入 10 个数:\n");
    for(i=0;i<10;i++)
        scanf("%d",&a[i]);
```

```
    sort(a,10);                      /*实参：1个是整型数组的数组名和1个是整数*/
    printf("排序后的结果为:\n");
    for(i=0;i<10;i++)
        printf("%3d",a[i]);
}
```

程序运行结果：

请输入 10 个数：
1 9 5 3 17 20 8 4 30 6
排序后的结果为：
  1 3 4 5 6 8 9 17 20 30

程序说明：

以数组名作函数参数时，传递的是数组的首地址。形参和实参占用相同首地址的内存空间，形参数组发生变化，实参数组也随之变化。因此在函数 sort() 中对形参数组 a 进行排序，实参数组 a 也随之变化。形参数组和实参数组的类型必须一致，否则编译时，系统会提示类型不匹配。

6.3　二维数组与多维数组

可以使用二维或者多维数组来解决一些实际问题，如用二维数组存放一个矩阵，进行矩阵的相关运算，或者存放一个表格数据。一个三维数组可以用来存放一组空间的坐标 (x,y,z) 数据。

6.3.1　二维数组

视频

1. 二维数组的定义

一般形式：

类型说明符 数组名[常量表达式 1][常量表达式 2];

例如：

```
float a[2][3];                       /*定义 a 为 2 行 3 列的实型数组*/
int b[3][4];                         /*定义 b 为 3 行 4 列的整型数组*/
```

说明：

(1) 与一维数组一样，数组名的命名规则遵循标识符命名规则；方括号中的常量表达式，必须是常量或符号常量，不能为不确定的值。

(2) 常量表达式 1 表示第一维的长度，常量表达式 2 表示第二维的长度。二维数组元素的个数就是两者的乘积。如上面的 a 数组共有 6 个元素。

（3）数组定义后，系统要在内存中开辟"数组元素个数 * sizeof(类型)"个连续的存储单元来存放数组的各个元素。如 float a[2][3]，系统要开辟 24 字节的存储空间来存放数组 a。

（4）二维数组定义后，数组元素的下标范围就确定了。如上面定义的 a[2][3]，元素下标从[0][0]开始，这 6 个元素分别是 a[0][0]，a[0][1]，a[0][2]，a[1][0]，a[1][1]，a[1][2]。

2. 二维数组的存储

二维数组可以看作是一个特殊的一维数组。如 a 数组，就是一个特殊的一维数组，它共有两个元素，分别是 a[0]和 a[1]。每个元素又是一个一维数组，a[0]可以看成是一个一维数组的数组名，它有 3 个元素，分别为 a[0][0]、a[0][1]、a[0][2]；同理，a[1]也是一个有 3 个元素的一维数组的数组名，3 个元素分别是 a[1][0]、a[1][1]、a[1][2]。

a[0][0]
a[0][1]
a[0][2]
a[1][0]
a[1][1]
a[1][2]

二维数组在内存中默认采用行优先存储：先存放第一行元素，再存放第二行元素，以此类推，如图 6.2 所示。

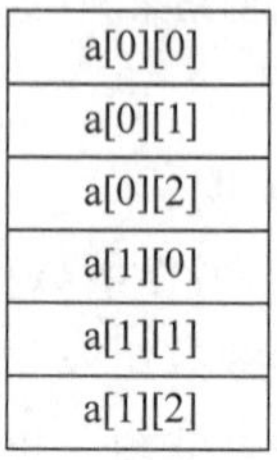

图 6.2 二维数组存储示意图

3. 二维数组元素的引用

二维数组元素的引用和一维数组元素的引用类似，每次只能引用一个元素，而不是整个数组。二维数组中的每个元素都有两个下标，标识其在二维数组中的位置。

二维数组元素的引用形式：

数组名[下标 1][下标 2]

其中，下标 1 和下标 2 可以是常量、变量或表达式，下标范围分别在 0 到行长度或列长度减 1 之间。

4. 二维数组的初始化

二维数组的初始化与一维数组类似，可以用下列方法实现。

（1）分行对二维数组赋初值。例如：

```
int a[2][3]={{1,2,3},{4,5,6}};
```

这种赋值的方法很直观，以行为单位，第 1 个{}里的值赋给第 1 行元素，第 2 个{}里的值赋给第 2 行元素。

（2）对所有元素一起赋值，放在一个{}中。例如：

```
int a[2][3]={1,2,3,4,5,6};
```

按照数组元素在内存中的排列顺序依次对各元素赋值。

（3）对部分元素赋值。像一维数组一样，可以对数组中的部分元素赋值，其余元素值自动赋予默认值。例如：

```
int a[2][3]={{1,2},{4}};
```

数组 a 的第 1 行各元素的值分别为 1、2、0；第 2 行元素的值分别为 4、0、0。

（4）对数组元素全部赋值时，可以省略数组的第一维长度，但是第二维长度不能省略。例如：

```
int a[][3]={1,2,3,4,5,6};
```

等价于

```
int a[2][3]={1,2,3,4,5,6};
```

系统会根据数据的总个数及每行个数分配存储空间。

如果只对部分元素赋值而又省略第一维的长度，需要按行赋值。例如：

```
int a[][3]={{1,2},{3}};
```

第 1 行元素的值为 1、2、0；第 2 行元素的值为 3、0、0。

5. 二维数组程序举例

【例 6-6】 将二维数组 a 中行和列互换存到另一个二维数组 b 中。

$$a = \begin{bmatrix} 1 & 5 & 9 \\ 2 & 6 & 8 \end{bmatrix} \quad b = \begin{bmatrix} 1 & 2 \\ 5 & 6 \\ 9 & 8 \end{bmatrix}$$

程序代码如下：

```
/* e6_6.c */
#include<stdio.h>
void main(){
    int a[2][3]={{1,5,9},{2,6,8}};
    int b[3][2],i,j;
    printf("数组 a:\n");
    for(i=0;i<2;i++){
        for(j=0;j<3;j++){
            printf("%4d",a[i][j]);
            b[j][i]=a[i][j];
        }
        printf("\n");
    }
    printf("数组 b:\n");
    for(i=0;i<3;i++){
        for(j=0;j<2;j++)
            printf("%4d",b[i][j]);
        printf("\n");
    }
}
```

程序运行结果：

数组 a:
1 5 9
2 6 8
数组 b:
1 2
5 6
9 8

程序说明:

访问二维数组中的元素一般采用双重循环完成,外循环控制行,内循环控制列。

【例 6-7】 求一个 3×3 矩阵的两条对角线元素之和。

程序代码如下:

```
/* e6_7.c */
#include <stdio.h>
void main(){
    int a[3][3],sum=0,i,j;
    printf("输入 3 * 3 矩阵值:\n");
    for(i=0;i<3;i++)
        for(j=0;j<3;j++)
            scanf("%d",&a[i][j]);
    for(i=0;i<3;i++)                /* 求对角线元素之和 */
        sum=sum+a[i][i]+a[i][2-i];
    printf("对角线元素之和为: %d\n",sum);
}
```

程序运行结果:

输入 3 * 3 矩阵值:
1 3 5
2 4 6
7 8 9
对角线元素之和为: 30

程序说明:

3×3 矩阵中一条对角线元素的下标特点是行列下标相等,另一条对角线元素的下标特点是行列下标之和等于 2。

【例 6-8】 输入 4 个学生的 3 门课成绩,计算每个学生的平均分。

程序代码如下:

```
/* 6_8.c */
#include<stdio.h>
void main(){
    void input(float sc[][3]);
    void average(float sc[][3], float sv[]);
    void output(float sv[]);
```

```
    float score[4][3],sv[4];
    input(score);
    average(score,sv);
    printf("输出每个学生的平均成绩为:\n");
    output(sv);
}
void input(float sc[][3]){
    printf("输入 4 个学生的 3 门课程的成绩:\n");
    for(int i=0;i<4;i++){
        for(int j=0;j<3;j++)
            scanf("%f",&sc[i][j]);
    }
}
void average(float sc[][3], float sv[]){
    for(int i=0;i<4;i++){
        sv[i]=0;                    /*每个学生的总成绩清零*/
        for(int j=0;j<3;j++)        /*计算每个学生的总成绩*/
            sv[i]=sv[i]+sc[i][j];
        sv[i]=sv[i]/3;             /*计算每个学生的平均成绩*/
    }
}
void output(float sv[]){
    for(int i=0;i<4;i++)            /*输出每个学生的平均成绩*/
        printf("学生%d=%.3f \n",i+1,sv[i]);
}
```

程序运行结果:

输入 4 个学生的 3 门课程的成绩:

80　67　78

84　80　54

67　87　60

90　81　90

输出每个学生的平均成绩为:

学生 1=75.000

学生 2=72.667

学生 3=71.333

学生 4=87.000

程序说明:

score[4][3]存放 4 个学生的 3 门课程考试成绩,sv[4]存放 4 个学生成绩的计算结果。

6.3.2　多维数组

多维数组可以在一维和二维的基础上理解。三维及三维以上的数组可称为多维
数组。

1. 多维数组的定义

一般形式：

类型说明符 数组名[常量表达式 1]…[常量表达式 n];

例如：

int a[2][3][4];

定义一个三维数组,数组的元素个数是 $2 \times 3 \times 4 = 24$ 个。

2. 多维数组在系统中的存储方式

多维数组在内存中的排列原则是第一维的变换最慢,而最右边的下标变换最快。如上述的三维数组的元素排列顺序如下:

```
a[0][0][0]   a[0][0][1]   a[0][0][2]   a[0][0][3]
a[0][1][0]   a[0][1][1]   a[0][1][2]   a[0][1][3]
a[0][2][0]   a[0][2][1]   a[0][2][2]   a[0][2][3]
a[1][0][0]   a[1][0][1]   a[1][0][2]   a[1][0][3]
a[1][1][0]   a[1][1][1]   a[1][1][2]   a[1][1][3]
a[1][2][0]   a[1][2][1]   a[1][2][2]   a[1][2][3]
```

可以看出,前面的 12 个元素的第一个下标都为 0,后面 12 个元素的第一个下标都为 1;而在前面的 12 个元素中,前 4 个的第二个下标相同都为 0,中间 4 个的第二个下标都为 1,后面 4 个的第二个下标都为 2。后面的 12 个元素的第二个下标也是这样变换的。

3. 多维数组元素的引用

多维数组元素的引用方法和前面讲到的一维和二维类似,也必须使用下标标识元素。多维数组元素引用形式为:

数组名[下标 1][下标 2]…[下标 n]

下标与一维和二维数组中一样,只可以是整型常量、变量或表达式,不可以为小数。每一维的下标范围均在 0 到该维数组长度减 1 之间,如定义的三维数组 a[2][3][4],下标 1 的范围为 0 到 1,下标 2 的范围为 0 到 2,下标 3 的范围为 0 到 3。

6.4 字 符 数 组

字符数组实际上是一系列字符的集合,也就是字符串。在 C 语言中,没有专门的字符串变量,通常就用一个字符数组来存放一个字符串。

6.4.1 字符数组的定义与初始化

在程序设计中,经常需要处理一些如姓名、地址、工作单位等非数值型的文本数据。

这时候使用前面学习的字符变量和字符串常量无法完全满足要求。C语言中提供了字符数组解决这些问题。字符数组是类型为字符型的数组,该数组的每个元素都用来存放一个字符常量。

1. 字符数组的定义

一般形式:

char 数组名[常量表达式];

例如:

char c[10];   /* 定义字符数组 c,包含 10 个字符型元素 */

数组定义后,系统在内存中会开辟"常量表达式 * 1"个连续的存储单元来存放数组元素。

2. 字符数组的初始化

字符数组定义后,可以通过赋值语句对每个元素逐个赋值,也可以通过初始化对字符数组中的元素赋值。字符数组的初始化与前面学习的数组初始化类似。

(1) 对一维字符数组全部元素赋值。

例如:

char s[3]={ 'I','B','M'};

定义字符数组 s,共有 3 个数组元素 s[0]、s[1]、s[2],分别赋值为'I'、'B'、'M'。

在对一维字符数组全部数组元素赋值时,数组的长度可以省略,系统会自动根据{}中的初值个数来确定字符数组的长度。上述定义语句还可以写为:

char s[]={'I','B','M'};

(2) 对一维字符数组部分元素赋值。

例如:

char s[5]={ 'I','B','M'};

定义字符数组 s,共有 5 个数组元素 s[0]、s[1]、s[2]、s[3]、s[4],前 3 个数组元素分别赋值为'I'、'B'、'M', 后面的元素 s[3]和 s[4]均赋值为'\0'。

在对一维字符数组部分元素赋值时,会将字符常量逐个赋给数组中前面的元素,其余的元素自动赋值为空字符(即'\0')。

【例 6-9】 输出字符数组的元素值。

程序代码如下:

```
/* e6_9.c */
#include<stdio.h>
void main(){
    char c[6]={ 'a','n',' ','h','u','i'};      /*定义并初始化字符数组*/
```

```
        int i;
        for(i=0;i<6;i++)
            printf("%c",c[i]);                    /*数组元素的引用,输出数组元素 c[i]*/
    }
```

程序运行结果:

an hui

程序说明:

(1) 程序中定义了一个字符数组并进行了初始化,与前面介绍的一维数组的定义格式和初始化方法相同。

(2) 字符数组元素引用时与一维数组元素的引用相同,也是通过下标逐个引用数组中的元素。

6.4.2 字符串与字符数组

1. 字符串

字符串常量是由一对双引号括起来的字符序列。字符串常量存储时,系统会在字符串常量后面自动加上一个结束符号'\0'。所以在存储字符串常量时,需要的存储字节数是实际字符长度加上 1。

例如,字符串常量"Hello world!",字符的个数为 12,但是在存储的时候要用 13 字节的存储空间存放。

2. 字符串对字符数组初始化

对字符数组的初始化,可以使用字符常量对字符数组中的元素逐个赋值,也可以使用字符串常量对字符数组初始化。

例如:

```
char str[]={"student"};
```

或者直接将{}省略:

```
char str[]="student";
```

系统会根据后面的字符串需要占用的空间大小自动给 str 数组分配空间。字符数组的长度为字符串中字符个数加 1。故 str 数组的长度为 8。

说明:

不能使用赋值语句将一个字符串常量直接赋值给一个字符数组。例如:

```
char str[];
str={"student"};
```

是错误的。

【例 6-10】 输出字符数组的元素值,还可以修改为如下实现方法:

```
#include<stdio.h>
void main(){
    char c[]={"an hui"};               /* 定义并初始化字符数组 c */
    int i;
    for(i=0;i<6;i++)
        printf("%c",c[i]);             /* 数组元素的引用,输出数组元素 c[i] */
    printf("\n%s\n",c);                /* 输出字符数组中的字符串 */
}
```

程序运行结果:

an hui
an hui

程序说明:

(1) 程序中定义了一个字符数组并使用字符串对其进行初始化,定义时默认的数组长度为 7。

(2) 字符数组元素引用时也是通过下标逐个引用数组中的元素。同时也可以使用%s一次性输出字符数组中的元素,即输出一个字符串。

6.4.3 字符数组的输入和输出

从上面的程序可以看出,字符数组的输入和输出方法有如下两种。

1. 和普通的字符变量一样,用%c逐个将字符输入和输出

例如,如下输出语句,输出时一般与循环语句结合使用:

```
char str[10]="student";
for(i=0;i<7;i++)
    printf("%c",str[i]);
```

2. 用%s格式符将字符串一次输入或输出

在使用%s格式符输入或输出字符串时,是将整个字符数组中的字符串一次输入或输出,而不必使用循环语句逐个进行,因此输入或输出语句中的输出项是字符数组名,而不是数组的某个元素。

【例 6-11】 字符数组的输入与输出。

程序代码如下:

```
/* e6_10.c */
#include<stdio.h>
void main(){
```

```
    char c[50];
    printf("请输入字符串: ");
    scanf("%s",c);                    /*向字符数组输入一个字符串*/
    printf("%s\n",c);                 /*输出字符数组中的字符串*/
}
```

程序运行结果:

请输入字符串: student
student

程序说明:

(1) 使用%s输入字符串时,格式为 scanf("%s",字符数组名);

使用%s输出字符串时,格式为 printf ("%s",字符数组名);

注意%s和%c的区别。%s输出一个字符串,%c输出一个字符。

(2) 使用%s输出字符数组中字符串时,遇到结束符'\0'结束输出。如果一个字符数组中包含一个以上的'\0',则遇到第一个'\0'时就结束输出。

(3) 使用"scanf("%s",c);"语句接收字符串给字符数组赋值时,输入的字符串中不可以包含空格。如果输入的字符串中包含了空格,则该语句只接收第一个空格之前的字符串赋值给字符数组。即 scanf 语句接收字符串时,以空格和回车作为字符串的结束符。

例如:例 6-11 运行时输入如下字符串。

请输入字符串: who are you

输出的结果为 who。因为在利用键盘输入的时候,遇到了空格就表示字符串已经结束,系统会自动在后面加上结束符号'\0',从而将 who 作为一个字符串看待。

(4) 使用"scanf("%s",c);"语句接收字符串给字符数组赋值时,输入的字符串的长度应该小于字符数组的长度。因为系统会自动在字符串的后面加一个结束字符'\0'。对于上面的字符数组 c 来说,从键盘上输入的字符串长度要小于 50 个。

6.4.4 字符串处理函数

C 语言函数库中提供了丰富的字符串处理函数,这些函数使用起来非常方便,可以很大程度减轻编程人员的负担。这些库函数的声明放在头文件中,使用前,需要在程序中使用编译预处理命令。使用字符串的输入输出函数,要加上头文件"stdio.h",其他字符串处理函数要加上头文件"string.h"。

下面介绍几种常用的字符串处理函数。

1. 字符串输出函数(puts)

调用的一般形式:

puts(数组名);

功能:将字符数组中的字符串输出到终端(显示器)。例如:

```
char s[]={"I am a boy!"};
puts(s);
```

输出结果：

I am a boy!

2. 字符串输入函数（gets）

调用的一般形式：

gets(数组名);

功能：从键盘上输入一个字符串到字符数组。例如：

```
char s[10];
gets(s);
```

表示从键盘上输入一个字符串到字符数组 s 中,输入的字符串中可以包含空格。注意本例中输入的字符串个数不能超过 9 个。

说明：

（1）字符串的输入输出函数,使用时应加上头文件 stdio.h。

（2）字符串的输入输出函数每次只能输入或输出一个字符串,不能将两个或多个字符数组整体输入输出。

（3）字符串的输入函数 gets()与 scanf()不同,前者输入的字符串中可以包含空格,只以回车作为字符串结束标志,而 scanf()将空格和回车都作为字符串结束标志。

例如：

```
#include<stdio.h>
void main(){
    char s[20];
    gets(s);
    puts(s);
}
```

程序运行后,假设输入字符串：

how are you!

则输出的结果为

how are you!

3. 字符串连接函数（strcat）

调用的一般形式：strcat(字符数组1,字符数组2);
功能：将第二个字符数组中的字符串连接到前面字符数组的字符串后面。连接后的

字符串放在第一个字符数组中,函数调用后返回第一个字符数组的首地址。例如:

```c
#include<stdio.h>
#include<string.h>
void main(){
    char str1[30]="zhongguo",str2[]="daxue";
    strcat(str1,str2);          /*将 str2 中的字符串连接到 str1 中字符串的后面*/
    puts(str1);                 /*输出字符数组 str1 中的字符串*/
}
```

运行的结果:

zhongguodaxue

说明:

(1) 字符数组 1 必须足够大,以便能够容纳连接后新的字符串。如果将上述 str1[30]="zhongguo"改为 str1[]="zhongguo",则会出现错误。

(2) 字符数组的连接函数及后面介绍的字符串处理函数,在使用的时候应加上头文件"string.h"。

4. 字符串复制函数(strcpy)

调用的一般形式:

strcpy(字符数组 1,字符数组 2);

功能:将第二个字符数组中的字符串复制到第一个字符数组中去,将第一个字符数组中的相应字符覆盖。例如:

```c
char s1[12],s2[]="student";
strcpy(s1,s2);
```

执行上面的语句后,s1 存放的是从 s2 那里复制的字符串 student 和'\0',剩下的空间自动赋值为结束符号'\0'。

说明:

(1) 字符数组 1 的长度不能小于字符数组 2 中字符串的长度,以便能容纳字符串 2。

(2) 字符数组 1 必须是字符数组名的形式,而字符数组 2 可以是字符数组名或字符串常量。例如,下面语句是合法的:

strcpy(s1,"student");

(3) 不能将一个字符数组直接赋值给另一个字符数组,例如:"s1=s2";是错误的,其中 s1 和 s2 分别是两个字符数组的数组名。

5. 字符串比较函数(strcmp)

调用的一般形式:

```
strcmp(字符数组 1,字符数组 2);
```

功能:比较字符数组 1 和字符数组 2 中字符串的大小。实际上是对两个字符串自左至右逐个字符进行比较(按字符的 ASCII 码),直到出现不同的字符或者遇到结束符号'\0'为止。字符串的比较结果由函数返回,有以下 3 种结果:

(1) 字符串 1==字符串 2,返回值=0;

(2) 字符串 1>字符串 2,返回值>0;

(3) 字符串 1<字符串 2,返回值<0。例如:

```
char st1[30]="hongse",st2[30]="student";
strcmp(st1,st2);              /* 比较字符数组 st1、st2 中字符串大小,返回值为-1 */
strcmp(st1,"daxue");          /* 比较数组 st1 中字符串与字符串常量大小,返回值为 1 */
strcmp("china","daxue");      /* 比较两个字符串常量大小,返回值为-1 */
```

6. 求字符串长度函数(strlen)

函数调用的一般形式:

```
strlen(字符数组);
```

功能:求字符串的实际长度(不含字符结束符号'\0'),并作为函数返回值。例如:

```
char str[10]="student";
printf("%d\n",strlen(str));      /* 输出字符数组 str 中字符串的长度 */
```

输出结果:7

上面的语句还可以直接写成:printf("%d\n",strlen("student"));

7. 大写字母转换为小写字母函数(strlwr)

函数调用的一般形式:

```
strlwr(字符数组);
```

功能:将指定的字符串中的所有大写字母均转换成小写字母。例如:

```
char st1[30]="HongSe";
strlwr(st1);                  /* 将字符串中所有大写字母转换为小写字母,其他字符不变 */
printf("%s\n",st1);
```

输出结果为:hongse

8. 小写字母转换为大写字母函数(strupr)

函数调用的一般形式:

```
strupr(字符数组);
```

功能:将指定的字符串中的所有小写字母均转换成大写字母。例如:

```
char st1[30]="HongSe";
strupr(st1);                 /*将字符串中所有小写字母转换为大写字母,其他字符不变*/
printf("%s\n",st1);
```

输出结果为：HONGSE

以上介绍了常用的 8 种字符串处理函数,在使用的时候注意要包含对应的头文件。

【例 6-12】 从键盘上输入一个字符串,然后将其按逆序输出。

程序代码如下：

```
/* e6_11.c */
#include<stdio.h>
#include<string.h>
void main(){
    char str[50];
    int i,j;
    printf("请输入字符串：");
    gets(str);                 /*输入一个字符串存放到字符数组 str 中*/
    j=strlen(str);             /*求字符串的长度*/
    for(i=j-1;i>=0;i--)        /*从最后一个字符开始逆序逐个输出数组中的字符*/
        printf("%c",str[i]);
}
```

运行的结果是：

请输入字符串：abcdefg

gfedcba

程序说明：

(1) 可以使用 scanf()或 gets()、printf()或 puts()实现字符数组的输入和输出。

(2) 字符数组元素引用时,下标的范围为 0 到字符串实际长度-1。

【例 6-13】 从键盘上输入两个字符串,按照由小到大的顺序将其连接在一起。

程序代码如下：

```
/* e6_12.c */
#include<stdio.h>
#include<string.h>
void main(){
    char str1[30],str2[30],str3[60];
    printf("请输入两个字符串：\n");
    gets(str1);
    gets(str2);
    if(strcmp(str1,str2)<0){
        strcpy(str3,str1);
```

```
        strcat(str3,str2);
    }
    else{
        strcpy(str3,str2);
        strcat(str3,str1);
    }
    puts(str3);
}
```

程序运行结果：

请输入两个字符串：
China
Beijing
BeijingChina

程序说明：

如果字符数组 str1、str2 的长度足够大，可以不使用 str3。

【例 6-14】 从键盘输入一个字符串，判断是否为"回文"（即顺读和倒读都一样，比如 ABCBA，字符串首部和尾部的空格不参与比较）。

程序代码如下：

```
/* e6_13.c */
#include<stdio.h>
#include<string.h>
void main(){
    char str[60];
    int i,j;
    printf("请输入字符串：");
    gets(str);
    i=0;
    j=strlen(str)-1;
    while(str[i]==' ') i++;        /* 寻找前面第一个不是空格的字符 */
    while(str[j]==' ') j--;        /* 寻找后面第一个不是空格的字符 */
    while(i<j && str[i]==str[j]){  /* 前后对应,逐个比较 */
        i++;
        j--;
    }
    if(i<j)
        printf("非回文!\n");
    else
        printf("是回文!\n");
}
```

程序运行结果：

请输入字符串：studeduts
是回文！

程序说明：

程序中使用求字符串长度函数 strlen 求得字符串的实际长度。然后利用循环语句从字符串的首尾开始进行逐个比较，比较到中间的位置即可。同时还要注意首尾的空格不参与比较。

【例 6-15】 字符串排序，输入 5 个字符串，将字符串按从小到大排序。
程序代码如下：

```c
/* e6_14.c */
#include<stdio.h>
#include<string.h>
void main(){
    void sort(char x[][50],char s[]);
    char c[5][50],b[50];
    printf("请输入 5 个字符串:\n");
    for(int i=0;i<5;i++)                      /*输入 5 个字符串*/
        scanf("%s",c[i]);
    sort(c,b);
    printf("排序后的字符串顺序为:\n");
    for(i=0;i<5;i++)
        printf("%s\n",c[i]);
}
void sort(char x[][50],char s[]){
    for(int i=0;i<4;i++)                      /*控制排序的趟数,共进行 4 趟排序*/
        for(int j=0;j<4-i;j++)                /*控制每趟排序字符串比较的次数*/
            if(strcmp(x[j],x[j+1])>0){        /*比较相邻的两个字符串*/
                strcpy(s,x[j]);
                strcpy(x[j],x[j+1]);
                strcpy(x[j+1],s);
            }
}
```

程序运行结果：

请输入 5 个字符串：
China
America
Italy
Russian
Germany
排序后的字符串顺序为：

```
America
China
Germany
Italy
Russian
```

程序说明：

（1）使用字符型二维数组 c 存储多个字符串。

（2）程序中使用"scanf("％s",c[i]);"语句接收字符串时,使用回车作为字符串的结束标志,也可以用空格作为字符串的结束标志。

（3）字符型的二维数组可以看作是一个特殊的一维数组。如 c 数组,可以看成共有 5 个元素,分别是 c[0]、c[1]、c[2]、c[3]、c[4]。而每个元素又是一个字符型的一维数组,可以使用％s 格式符实现字符串的输入和输出。

本 章 小 结

数组是程序设计中常用的一种构造数据类型,是具有相同类型的有限个数据按序排列组成的集合。数组类型可以为任意类型,数组元素是组成数组的基本单元,引用时应注意下标不能越界。二维数组在内存中按行存储,访问二维数组中的元素一般采用双重循环完成,外循环控制行,内循环控制列。

数组名代表数组首元素的地址,并不代表数组中的全部元素。

数组作为函数参数有两种情况：把数组元素作为参数实现值传递；把数组名作为参数实现地址传递。

C 语言中,没有专门的字符串变量,通常用一个字符数组来存放一个字符串。字符串常量是由一对双引号括起来的字符序列。字符串常量存储时,系统会在字符串常量后面自动加上一个结束符号'\0'。所以在存储字符串常量时,需要的存储字节数是实际字符长度加上 1。不能使用赋值语句将一个字符串常量直接赋值给一个字符数组。

C 语言函数库提供了丰富的字符串处理函数,这些函数的声明放在头文件 string.h 中,使用前须使用编译预处理命令。

习 题 6

一、单项选择题

1. 在 C 语言中,引用数组元素时,其数组的下标是_____。

   A. 整型常量   B. 表达式

   C. 整型常量、变量或整型表达式   D. 任何类型的表达式

2. 若有如下定义语句：

```
int a[10]={1,2,3,4,5,6,7,8,9,10};
```

则对数组正确的引用是_____。

    A. a[10]   B. a[a[3]5]   C. a[a[9]]   D. a[a[4]+4]

3. 以下对一维整型数组 a 的正确定义是_____。

    A. int a(10);   B. int n=10,a[n];

    C. int n;   D. #define SIZE 10

       scanf("%d",&n);   int a[SIZE];

       int a[n];

4. 设有数组定义：char array[]="China"；则数组 array 所占的空间为_____。

    A. 4 字节   B. 5 字节   C. 6 字节   D. 7 字节

5. 若有如下定义语句：

```
double a[5];
int i=0;
```

能正确给 a 数组元素输入数据的语句是_____。

       A. scanf("%lf%lf%lf%lf",a);

       B. for(i=0;i<=5;i++) scanf("%lf",a+i);

       C. while(i<5) scanf("%lf",&a[i++]);

       D. while(i<5) scanf("%lf", a+i);

6. 以下定义语句正确的是_____。

    A. int n=5,a[n][n];   B. int a[][3]={{1,2},{3,4},{5,6}};

    C. int a[][3];   D. int a[][]={{1,2},{3,4},{5,6}}

7. 给出以下定义：

```
char x[]="abcdefg";
char y[]={'a','b','c','d','e','f','g'};
```

则正确的叙述为_____。

       A. 数组 x 和数组 y 等价   B. 数组 x 和数组 y 的长度相同

       C. 数组 x 的长度大于数组 y 的长度   D. 数组 x 的长度小于数组 y 的长度

8. 在 C 语言中，数组名代表了_____。

       A. 数组全部元素的值   B. 数组首地址

       C. 数组第一个元素的值   D. 数组元素的个数

9. 定义了如下变量和数组,则下面语句的输出结果是_____。

```
int i; int x[3][3]={1,2,3,4,5,6,7,8,9};
for(i=0;i<3;i++) printf("%d",x[i][2-i]);
```

    A. 1 5 9   B. 1 4 7   C. 3 5 7   D. 3 6 9

10. 下面的程序段执行后,s 的值是_____。

```
char ch[]="600";
```

```
int a,s=0;
for(a=0;ch[a]>='0'&&ch[a]<='9';a++)
    s=10 * s+ch[a]-'0';
```

    A. 600   B. 6   C. 0   D. 出错

11. 有两个字符数组 a、b,则以下正确的输入语句是_____。

    A. gets(a,b);   B. scanf("%s%s",a,b);

    C. scanf("%s%s",&a,&b);   D. gets("a"),gets("b");

12. 下面程序段的运行结果是_____。

```
char   a[7]="abcdef";
char   b[4]="ABC";
strcpy(a,b);
printf("%c",a[5]);
```

    A. 空格   B. \0   C. e   D. f

13. 若二维数组 a 有 m 列,则计算任一元素 a[i][j] 在数组中位置的公式为_____。(假设 a[0][0] 位于数组的第一个位置上)

    A. i * m+j   B. j * m+i   C. i * m+j−1   D. i * m+j+1

14. 不能把字符串:Hello! 赋给数组 b 的语句是_____。

    A. char b[10]={'H','e','l','l','o','!'};   B. char b[10];b="Hello!";

    C. char b[10];strcpy(b,"Hello!");   D. char b[10]="Hello!";

15. 下面程序的运行结果是_____。

```
#include <stdio.h>
void main(){
    char ch[7]={"65ab21"};
    int i,s=0;
    for(i=0;ch[i]>='0'&&ch[i]<='9';i+=2)
        s=10 * s+ch[i]-'0';
    printf("%d\n", s);
}
```

    A. 12ba56   B. 6521   C. 6   D. 62

16. 以下程序的输出结果是_____。

```
#include <stdio.h>
#include <string.h>
void main(){
    char ss[16]="tese\0\n";
    printf("%d,%d\n",strlen(ss),sizeof(ss));
}
```

    A. 4,16   B. 7,7   C. 16,16   D. 4,7

17. 当执行下面的程序时,如果输入 afg,则输出结果是(   )。

```
#include <stdio.h>
#include <string.h>
void main() {
    char ss[10]="1,2,3,4,5";
    gets(ss);
    strcat(ss,"6789");
    printf("%s\n",ss);
}
```

  A. afg6789   B. afg67   C. 12345afg6   D. afg456789

18. 以下程序的输出结果是_____。

```
#include<stdio.h>
void main() {
    int a[3][3]={{1,2},{3,4},{5,6}},i,j,s=0;
    for(i=1;i<3;i++)
        for(j=0;j<=i;j++) s+=a[i][j];
            printf("%d\n",s);
}
```

  A. 18   B. 19   C. 20   D. 21

19. 以下程序的输出结果是_____。

```
#include<stdio.h>
void main() {
    char w[ ][10]={"ABCD","EFGH","IJKL","MNOP"},k;
    for(k=1;k<3;k++)
        printf("%s\n",w[k]);
}
```

  A. ABCD   B. ABCD   C. EFG   D. EFGH

   FGH   EFG   JK   IJKL

   KL   IJ

          M

20. 以下程序运行后的输出结果是_____。

```
#include<stdio.h>
void main() {
    int p[8]={11,12,13,14,15,16,17,18};
    int i=0,j=0;
    while(i++<7)
        if(p[i]%2)
            j+=p[i];
    printf("%d\n",j);
}
```

A. 56   B. 45   C. 60   D. 116

二、填空题

1. 若定义 char s[20];表示此数组的字符有_____个,下标的范围是_____。

2. 若有定义：double x[3][5];则 x 数组中行下标的下限为_____,列下标的上限为_____,系统为其开辟_____字节的空间。

3. 判断字符串 s1 是否大于字符串 s2,应当使用_____函数。

4. 在使用字符串处理函数 strcmp 的时候,需要在程序的开头加上头文件_____。

5. 下面程序以每行 4 个数据的形式输出 a 数组,请填空。

```
#include<stdio.h>
#define N 20
    void main(){
    int a[N],i;
    for(i=0;i<N;i++) scanf("%d",_____);
    for(i=0;i<N;i++){
        if(_____)  _____;
        printf("%3d",a[i]);
    }
    printf("\n");
}
```

6. 下面程序可求出矩阵 a 的主对角线上的元素之和,请填空。

```
#include<stdio.h>
void main(){
    int a[4][4]={1,3,5,7,9,11,13,15,17,20,24,30,40,50,55,60},sum=0,i,j;
    for(i=0;i<4;i++)
        for(j=0;j<4;j++)
            if(_____)  sum=sum+_____;
    printf("sum=%d\n",sum);
}
```

7. 下面程序是求矩阵 a , b 的和,结果存入矩阵 c 中并按矩阵形式输出。请填空。

```
void main(){
    int a[3][4]={ { 7, 5, -2, 3 },{ 1, 0, -3, 4 },{ 6, 8, 0, 2 } };
    int b[3][4]={ { 5, -1, 7, 6 },{ -2, 0, 1, 4 },{ 2, 0, 8, 6 } };
    int i, j, c[3][4];
    for(i=0; i<3; i++)
        for(j=0; j<4; j++)
            c[i][j] =_____ ;
    for(i=0; i<3; i++){
        for(j=0; j<4; j++)
            printf("%3d",c[i][j]) ;
        _____;
```

```
        }
    }
```

8. 下面程序中的数组 a 包括 10 个整数元素,从 a 中第二个元素起,分别将后项减前项之差存入数组 b,并按每行 3 个元素输出数组 b。请填空。

```
void main(){
    int a[10],b[10],i;
    for(i=0;i<10; i++)
        scanf("%d",&a[i]);
    for(i=1; _____; i++)
        b[i]= _____;
    for(i=1;i<10;i++){
        printf("%3d",b[i]);
        if(_____) printf("\n");
    }
}
```

三、阅读程序,写出结果

1. 下面程序的运行结果是_____。

```
#include<stdio.h>
void main(){
    char s[]="ABCCDA";
    int k;char c;
    for(k=1;(c=s[k])!='\0';k++){
        switch(c){
            case 'A': putchar('%');continue;
                case 'B': ++k;break;
            case 'C': putchar('&');continue;
                default: putchar('*');
        }
        putchar('#');
    }
}
```

2. 当从键盘输入 18 并回车后,下面程序的运行结果是_____。

```
#include<stdio.h>
void main(){
    int x,y,i,a[8],j,u,v;
    scanf("%d",&x);
    y=x;i=0;
    do{
        u=y/2;
        a[i]=y%2;
```

```
        i++;y=u;
    }while(y>=1);
    for(j=i-1;j>=0;j--)
        printf("%d",a[j]);
}
```

3. 下面程序的运行结果是_____。

```
#include<stdio.h>
void main(){
    int s[][3]={9,7,5,3,1,2,4,6,8};
    int i,j,s1=0,s2=0;
    for(i=0;i<3;i++)
        for(j=0;j<3;j++){
            if(i==j) s1=s[i][j];
            if(i+j==2)s2=s2+s[i][j];
        }
    printf("s1=%d\ns2=%d\n",s1,s2);
}
```

4. 下面程序的运行结果是_____。

```
#include<stdio.h>
void main(){
    int n[3],i,j,k;
    for(i=0;i<3;i++)
        n[i]=0;
    k=2;
    for(i=0;i<k;i++)
        for(j=0;j<k;j++)
            n[j]=n[i]+1;
    printf("%d\n",n[k]);
}
```

5. 当从键盘输入 1234567890987654321 并回车后,下面程序的运行结果是_____。

```
#include<stdio.h>
void main(){
    int i,ch,a[8];
    for(i=0;i<8;i++) a[i]=0;
        while((ch=getchar())!='\n')
            if(ch>='0'&&ch<='7') a[ch-'0']++;
    for(i=0;i<8;i+=2)
        printf("a[%d]=%d\n",i,a[i]);
}
```

6. 输入字符串 abc aef k e3 f 后,下列程序执行的结果是_____。

```
#include<stdio.h>
int fun(char s[]){
    int i,j=0;
    for(i=0;s[i]!='\0';i++)
        if(s[i]!=' ')
            s[j++]=s[i];
        s[j]='\0';
        return 0;
}
void main(){
    char str[81];
    printf("请输入一个字符串: ");
    gets(str);
    fun(str);
    printf("%s\n",str);
}
```

四、编程题

1.将一个数组中的值按逆序重新存放,然后输出。

2.编程输入 10 个整数,请按照从后向前的顺序,依次找出并输出其中能被 7 整除的所有整数,以及这些整数的和。

3.数组元素的插入:任意输入一个数字,插入到一个已有序的数组中,使其仍保持有序。

4.编写程序,求 4×4 的矩阵中所有元素的最大值,以及该值所在的行标和列标。

5.按如下图形打印杨辉三角形的前 10 行,其特点是两个边上的数都为 1,其他位置上的每一个数是它上一行的同一列和前一列的两个整数之和。

```
1
1 1
1 2 1
1 3 3 1
1 4 6 4 1
……
```

6.打印魔方阵。

所谓魔方阵是指这样的方阵:

它的每一行、每一列和对角线之和均相等。

输入 n,要求打印由自然数 1 到 n^2 的自然数构成的魔方阵(n 为奇数)。

例如,当 n=3 时,魔方阵为:

```
8 1 6
3 5 7
4 9 2
```

魔方阵中各数排列规律为：

（1）将 1 放在第一行的中间一列。

（2）从 2 开始直到 n×n 为止的各数依次按下列规则存放，每一个数存放的行比前一个数的行数减 1，列数同样加 1。

（3）如果上一数的行数为 1，则下一个数的行数为 n（最下一行），如在 3×3 方阵中，1 在第 1 行，则 2 应放在第 3 行第 3 列。

（4）当上一个数的列数为 n 时，下一个数的列数应为 1，行数减 1。如 2 在第 3 行第 3 列，3 应在第 2 行第 1 列。

（5）如果按上面规则确定的位置上已有数，或上一个数是第 1 行第 n 列时，则把下一个数放在上一个数的下面。如按上面的规定，4 应放在第 1 行第 2 列，但该位置已被 1 占据，所以 4 就放在 3 的下面。由于 6 是第 1 行第 3 列（即最后一列），故 7 放在 6 下面。

7. 找出一个二维数组中的"鞍点"，即该位置上的元素在该行中最大，在该列中最小（也可能没有"鞍点"），打印出有关信息。

8. 编写程序实现对两个字符串的比较（不使用 C 语言提供的标准函数 strcmp）。输出比较的结果（相等的结果为 0，不等时结果为第一个不相等字符的 ASCII 差值）。

9. 输入一个字符串，统计其中字母、数字、其他字符的个数。

10. 任意输入两个字符串，第二个作为子串，检查第一个字符串中含有几个这样的子串。

11. 编写一函数，输入一个十六进制数，输出相应的十进制数，并在主函数中调用此函数。

第7章

指针与数组

学习目标：

(1) 掌握内存动态分配函数的使用，理解动态数组的作用。

(2) 理解表示数组元素的方法，掌握下标法、地址法、指针法。

(3) 理解数组指针作函数参数实现地址传递，掌握实参和形参的各种表示形式。

(4) 理解行指针、列指针的不同，掌握行指针的定义及二维数组元素的地址表示。

(5) 掌握利用指针数组处理多个字符串。

  C 语言中，指针与数组的关系十分密切，由于数组中的元素在内存中是连续排列存放的，因此任何能由数组下标完成的操作都可以由指针来实现。通过使用指针变量来指向数组中的不同元素，可使程序效率更高，执行速度更快。

7.1　内存的动态分配

  要了解在 C 语言中动态内存是如何分配的，首先要了解什么是内存的动态分配，之前介绍过全局变量和局部变量，全局变量是分配在内存中的静态存储区的，非静态的局部变量(包括形参)是分配在内存中的动态存储区的，这个存储区是一个称为栈(stack)的区域。除此以外，C 语言还允许建立内存动态分配区域，以存放一些临时用的数据，这些数据不必在程序的声明部分定义，也不必等到函数结束时才释放，而是需要时随时开辟，不需要时随时释放。这些数据是临时存放在一个特别的自由存储区，称为堆(heap)区。可以根据需要向系统申请所需大小的空间。由于未在声明部分定义它们为变量或数组，因此不能通过变量名或数组名去引用这些数据，只能通过指针来引用。

7.1.1　动态内存分配函数

  对内存的动态分配是通过系统提供的库函数来实现的，主要有 malloc()、calloc()、free()、realloc()这 4 个函数，包含在 stdlib.h 或 malloc.h 中。

1. 用 malloc()开辟动态存储区

函数原型：

```
void * malloc (unsigned int size)
```

在内存的动态存储区中分配一个长度为 size 的连续空间。其参数是一个无符号整型（不允许为负数），返回值是一个指向所分配区域的第一个字节的指针。当函数未能成功分配存储空间（如内存不足）会返回一个 NULL 指针，因此在调用该函数时应该检测返回值是否为 NULL，并执行相应的操作。

将函数返回值转换为"类型说明符 ＊"指针类型。例如：

```
int * p=(int *)malloc(5 * sizeof(int));
```

动态开辟 5×4＝20 字节大小的空间，返回空间首地址指针并强制转换为（int ＊）类型后赋予指针变量 p。

注意：malloc 只开辟空间，不初始化，即只将此空间由未占用状态变为已占用状态，空间内存储的具体数据未指定改变。

2. 用 calloc() 开辟动态存储区

函数原型：

```
void * calloc(unsigned n,unsigned size);
```

在内存的动态存储区中分配 n 个长度为 size 的连续空间，这个空间一般比较大，足以保存一个数组。用 calloc 函数可以为一维数组开辟动态存储空间，n 为数组元素个数，每个元素长度为 size。这就是动态数组。函数返回指向所分配域的第一个字节的指针；如果分配不成功，返回 NULL。例如：

```
int * p=(int *)calloc(5,sizeof(int));
```

动态开辟 5×4＝20 字节大小的空间，其中每字节均赋初值 0。sizeof 是 C 语言的一种单目运算符，以字节形式给出了其操作数的存储大小。

注意：calloc 在 malloc 的基础上将空间按字节初始化为 ASCII 码 0，且其参数有两个，两参数之积为空间总字节数。calloc() 一次可以分配 n 块区域。

3. 用 realloc() 重新分配动态存储区

函数原型：

```
void * realloc(void * p,unsigned int size);
```

如果已经通过 malloc() 或 calloc() 获得了动态空间，想改变其大小，可以用 realloc() 函数重新分配。用 realloc() 将 p 所指向的动态空间的大小改变为 size。p 的值不变，如果重分配不成功，返回 NULL。例如：

```
int * p=(int *)calloc(5,sizeof(int));
p =(int *)realloc(p,10 * sizeof(int));
```

第一句中 p 为 5×4＝20 字节的空间指针，并按字节初始化为 ASCII 码 0，(int ＊)强制转换后限定指向空间的每个元素为 int 型。第二句将 p 所指空间扩充为 $10 \times 4 = 40$ 字节的空间指针,未对其二次赋值,故此时 p[0]~p[4] 为 0,p[5]~p[9] 未初始化。

注意:realloc() 的第一个参数必须是动态开辟的地址,不能是静态定义的数组地址,结构体数组也不行。

4. 用 free() 释放动态存储区

函数原型:

```
void free(void * p);
```

释放指针变量 p 所指向的动态空间,使这部分空间能重新被其他变量使用。p 应是最近一次调用 calloc() 或 malloc() 时得到的函数返回值。

7.1.2 动态数组

为什么要使用动态数组?实际编程中,往往会发生这种情况,即所需的内存空间取决于实际输入的数据,而无法预先确定。对于这种问题,用静态数组的办法很难解决。为了解决上述问题,C 语言提供了一些内存管理函数,这些内存管理函数结合指针可以按需要动态地分配内存空间,来构建动态数组,也可把不再使用的空间回收待用,为有效地利用内存资源提供了手段。

静态数组比较常见,数组长度预先定义好,在整个程序中,一旦给定大小后就无法再改变长度,静态数组自动负责释放占用的内存。动态数组长度可以随程序的需要而重新指定大小。动态数组由内存分配函数(malloc)从堆(heap)上分配存储空间,只有当程序执行了分配函数后,才为其分配内存,同时由程序员自己负责释放分配的内存(free)。

静态数组创建非常方便,使用完无须释放,引用也简单,但是创建后无法改变其大小。动态数组创建较麻烦,使用完还必须由程序员自己释放,否则会引起内存泄漏。但其使用非常灵活,能根据程序需要动态分配大小。

【例 7-1】 一维数组的动态内存分配。

程序代码如下:

```
/* e7_1.c */
#include<stdio.h>
#include<stdlib.h>
void main(void){
    int len,i, * p;
    printf("输入要存放元素的个数: ");
    scanf("%d", &len);                    /* 输入长度构造动态一维数组 */
    p=(int * )malloc(sizeof(int) * len);
    for(i=0; i<len; ++i)
        scanf("%d",(p+i));                /* p+i 等同于 &p[i] */
    realloc(p,sizeof(int) * 6);           /* 将动态一维数组 p 的长度重新改成 6 */
```

```
    if(len<6)
        for(i=len; i<6; ++i)
            p[i]=99;
    printf("输出内容: ");
    for(i=0; i<6; ++i)
            printf("%-5d ",p[i]);        /* p[i]等同于 *(p+i) */
    printf("\n");
    free(p);
}
```

程序运行结果:

输入要存放元素的个数: (输入 3)
1 2 3(输入)
输出内容: 1 2 3 99 99 99

程序说明:

动态开辟内存空间需要对返回空间首地址指针进行强制转换为需要类型;使用
realloc()进行空间扩充,可增加空间也可减少空间。

【例 7-2】 二维数组的动态内存分配。

程序代码如下:

```
/* e7_2.c */
#include<stdio.h>
#include<stdlib.h>
int main(){
    int **a;
    int i,j;
    /* 为二维数组分配 3 行。动态开辟 3 个整型指针指向每行的首地址 */
    a=(int **)malloc(sizeof(int *) * 3);
    /* 为二维数组每行分配 4 个整型数据的存放空间 */
    for(i=0; i<3; ++i){
        a[i]=(int *)malloc(sizeof(int) * 4);
    }
    for(i=0; i<3; ++i){                      /* 二维数组元素赋值 */
        for(j=0; j<4; ++j){
            a[i][j]=i+j;
        }
    }
    for(i=0; i<3; ++i){                      /* 输出二维数组 */
        for(j=0; j<4; ++j){
            printf("%d ",a[i][j]);
        }
        printf("\n");
    }
```

```
    for(i=0; i<3; ++i){                     /*释放动态开辟的空间*/
        free(a[i]);
    }
    free(a);
    return 0;
}
```

程序运行结果：

```
0 1 2 3
1 2 3 4
2 3 4 5
```

程序说明：

动态开辟了一个 3 行 4 列二维数组。最后通过 free() 释放申请的内存空间。动态内存的申请与释放必须配对，这样可以有效防止内存泄漏。

7.2   指向一维数组的指针变量

7.2.1   一维数组的指针变量

数组名代表数组的首地址，类似一个指针常量，一经定义，指向不可更改。定义一个指针变量，将一个一维数组的首地址赋予该指针变量，则该指针变量就指向了这个一维数组。指针变量的类型与数组元素类型相同。数组的首地址不可以移动，但指针变量可以根据程序的需要，进行自加、自减或者与某个整数做加减法的算术运算。

定义一个指向一维数组的指针变量的方法，与前面介绍的指向变量的指针变量相同。例如：

```
int a[10], * pt;
pt=a;或 pt=&a[0];
```

则 pt 指向数组的首地址。其中，数组名 a 代表数组的首地址，&a[0]是数组元素 a[0]的地址，由于 a[0]的地址就是数组的首地址，所以，这两条赋值操作等效。

在定义指针变量时可以赋给初值："int * pt=&a[0];"或"int * pt=a;"。

可以看出，pt、a、&a[0]的值是相同的，都是指向数组 a 的首地址，也是 a[0]的地址。应该说明的是 pt 是变量，而 a，&a[0]都是常量，在编程时应予以注意。

7.2.2   指针变量表示数组元素

指针变量可以进行算术运算和关系运算。指针加上一个整数的结果是另一个指针。例如：

```
int a[10], * pt=a;
```

(1) pt+n 与 a+n 表示数组元素 a[n]的地址,即 &a[n]。原因是:根据指针算术运算的方法,若指针变量 pt 已指向数组中的一个元素,则 pt+1 指向同一数组中的下一元素(而不是将 pt 的值简单地加 1)。pt+n 等于 pt+n * sizeof(int),a+1 等于 a+n * sizeof(int)。

(2) * (pt+n)和 * (a+n)表示 pt+n 或 a+n 指向的数组元素值,即等效于 a[n]。例如, * (pt+3)和 * (a+3)都等效于 a[3]。事实上,在编译时,对数组元素 a[i]就是处理成 * (a+i),即按数组首地址加上相对位置量得到要找到的元素的地址,然后再取该单元的内容(值)。例如,若整型数组 a 的首地址为 2000,则 a[3]的地址就是 2000+3 * 4=2012,然后从内存中地址为 2012 的存储单元中取出内容(即 a[3]的值)。

(3) 指向数组的指针变量也可用数组的下标形式表示为 pt[n],其效果相当于 * (pt+n)。这样,若引用一个数组元素,既可以用传统的数组元素的下标法,也可使用指针的表示方法。

① 下标法,即 a[i]的形式。

② 地址法,即 * (a+i)。其中 a 是数组名。

③ 指针法,即 * (pt+i)或 pt[i]。其中 pt 是指向数组 a 的指针变量。

(4) 指针变量可以实现自身的改变,这一点与数组名不同。如 p++是合法的;而 a++是错误的。因为 a 是数组名,它是数组的首地址,首地址为常量不可以自加自减。

(5) 指针变量可以指到数组以后的内存单元(越界),系统并不认为非法,因此使用指针变量指向数组元素时,要特别注意指针变量所指向的位置。

(6) 指针变量可以进行比较运算,但要注意这种运算对程序设计是否有意义。一般来说,指针的比较常用于两个或两个以上指针变量在内存中相互位置关系的判定,常见于指向同一数组的两个指针位置的比较。类型不同的指针之间的比较通常没有意义。

【例 7-3】 为数组 a 赋值后,输出数组 a 中所有元素值。

程序代码如下:

视频

```
/* e7_3.c */
#include<stdio.h>
void main(){
    int * p,i,a[10];
    p=a;
    for(i=0;i<10;i++)
        * p++=i;
    for(i=0;i<10;i++)
        printf("%6d ", * p++);
}
```

程序运行结果:

```
0   1376044  1376112  4200473    1 8524008 8524096 4200240 4200240 2109440
```

程序说明：

（1）很显然运行结果是不正确的。这是因为经过第一个 for 循环后，p 已指向 a[10]；第二个 for 循环没有从 a[0]开始。

（2）解决问题的方法很简单，只需要在执行输出之前使 p 的值重新指向 &a[0]，即 a 的首地址即可。下面是改正后的程序。

```
void main(){
    int * p,i,a[10];
    p=a;
    for(i=0;i<10;i++)
        * p++=i;
    p=a;                        /* 使 p 重新指向数组 a 的首地址 */
    for(i=0;i<10;i++)
        printf("%6d", * p++);
}
```

程序运行结果：

```
0  1  2  3  4  5  6  7  8  9
```

程序说明：

（1）由于++和 * 同优先级，结合方向自右至左，* p++等价于 * (p++)；若 p 当前指向 a 数组中的第 i 个元素，则 * (++p)相当于 a[++i]，* (p——)相当于 a[i——]。

（2）* (p++)与 * (++p)作用不同。若 p 的初值为 a，则 * (p++)等价于 a[0]，* (++p)等价于 a[1]。

（3）(* p)++表示 p 所指向的元素值加 1。

（4）过去对数组的处理均采用下标法引用数组元素。

```
int a[10],i;
for(i=0;i<10;i++)
    a[i]=i;
```

现在也可以改写为

```
int a[10],i;
for(i=0;i<10;i++)
    * (a+i)=i;
```

或者用指针变量引用元素

```
int a[10],i, * p;
p=a;
for(i=0;i<10;i++)
    * (p+i)=i;
```

【例 7-4】 利用指针将数组中的内容全部置为 0。

程序代码如下：

```
/* e7_4.c */
#include<stdio.h>
void main(){
  int value[5]={1,2,3,4,5}, * first, * last;
  int i;
  for(i=0;i<5;i++)
    printf("%3d",value[i]);
  printf("\n");
  for(first=value,last=value+5;first<last;first++)
    * first=0;                              /* 利用 first 指针将数组元素置为 0 */
  for(i=0;i<5;i++)
    printf("%3d",value[i]);
}
```

程序运行结果：

```
1 2 3 4 5
0 0 0 0 0
```

程序说明：

（1）first 指向首元素，last 指向尾元素。

（2）first 与 last 指向同一数组，因此可以做比较运算。

7.2.3　数组指针作函数参数

用指向一维数组的指针变量，可以接受实参数组名传递来的地址。

在实际的应用中，如果需要利用函数对数组进行处理，函数的调用使用指向数组（一维或多维）的指针作参数，无论是实参还是形参共有表 7.1 列出的 4 种情况。

表 7.1　实参与形参对应情况表

实　　参	形　　参	实　　参	形　　参
数组名	数组名	指针变量	数组名
数组名	指针变量	指针变量	指针变量

【例 7-5】　求一维数组中的最大值，求最大值的功能要求通过函数实现。

程序代码如下：

```
/* e7_5.c */
#include<stdio.h>
void main(){
    int i,a[10], * pt=a,max;              /* 定义 pt 指针,指向数组 a 的首地址 */
    int sub_max(int b[],int n);          /* 函数声明 */
    printf("please input array a:\n");
    for(i=0;i<10;i++)
```

```
            scanf("%d",&a[i]);
        max=sub_max(pt,10);            /* 函数调用,数组指针作为实参 */
        printf("max=%d\n",max);
}
int sub_max(int b[],int n){            /* 函数定义,数组名作为形参 */
        int temp,i;
        temp=b[0];
        for(i=1;i<n;i++)
            if(temp<b[i]) temp=b[i];
        return temp;
}
```

程序运行结果:

```
please input array a:
2 5 1 7 6 8 4 3 9 0
max=9
```

程序说明:

(1) 实参数组名代表一个固定的地址,或者说是指针常量,但形参数组名并不是一个固定的地址,而是按指针变量处理。如定义函数 int sub_max(int b[],int n);程序编译时是将数组 b 按指针变量进行处理的,相当于将函数定义为 int sub_max(int * b,int n)。主函数中指针变量 pt 指向数组 a。调用函数 sub_max()时,将 pt 传递给形参 b,这样数组 b 在内存中与数组 a 就具有相同的首地址。对数组 b 的操作也就是对数组 a 的操作。

(2) sub_max()中形参也可以用指针表示。当然,函数声明也要做出相应修改。

```
int sub_max(int * b,int n){
        int temp,i;
        temp= * b++;
        for(i=1;i<n;i++){
            if(temp< * b) temp= * b;
            b++;
        }
        return temp;
}
```

【例 7-6】 用数组指针实现一维数组由小到大的冒泡排序。

程序代码如下:

```
/* e7_6.c */
#include<stdio.h>
#define N 10
void main(){
        void input(int arr[],int n);       /* 函数声明 */
        void sort(int * pt,int n);
        void output(int arr[],int n);
        int a[N], * p;
```

```
        input(a,N);                          /* 调用数据输入函数,数组名作函数实参 */
        p=a;
        sort(p,N);                           /* 调用排序函数,数组指针作函数实参 */
        output(p,N);                         /* 调用输出函数,数组指针作函数实参 */
    }
    void input(int arr[],int n){             /* 定义输入函数,数组名作函数形参 */
        int i;
        printf("input data:\n");
        for(i=0;i<n;i++)
            scanf("%d",&arr[i]);
    }
    void sort(int * pt,int n){               /* 定义排序函数,数组指针作函数形参 */
        int i,j,t;
        for(i=0;i<n-1;i++)
            for(j=0;j<n-1-i;j++)
                if(*(pt+j)>*(pt+j+1)){       /* 用指针法进行相邻两个元素比较 */
                    t=*(pt+j);
                    *(pt+j)=*(pt+j+1);
                    *(pt+j+1)=t;
                }
    }
    void output(int arr[],int n){            /* 定义输出函数,数组名作函数形参 */
        int * ptr=arr;                       /* 利用指针指向数组的首地址 */
        printf("output data:\n");
        for(;ptr-arr<n;ptr++)                /* 通过指针的移动,输出数组元素 */
            printf("%4d",*ptr);
        printf("\n");
    }
```

程序运行结果:

```
input data:
2 5 1 7 6 8 4 3 9 0
output data:
0 1 2 3 4 5 6 7 8 9
```

程序说明:

(1) 用指针变量作为函数的实参,必须先使指针变量有确定值,指向一个已定义的对象。

(2) 定义 input() 和 output() 时,可以不指定形参数组 arr 的大小,因为形参数组名实际上是一个指针变量,并不真正地开辟数组空间。

【例 7-7】 删除一个字符串中指定的字符。

程序代码如下:

```
/* e7_7.c */
#include<stdio.h>
```

```
void main(){
    void del_char(char *,char);              /* 函数声明 */
    char str[80],ch;
    printf("Input a string:\n");
    gets(str);
    printf("Input the char deleted:");
    ch=getchar();
    del_char(str,ch);                        /* 函数调用,数组名作函数实参 */
    printf("The new string is:%s\n",str);
}
void del_char(char * p,char ch){             /* 函数定义,数组指针作函数形参 */
    char * q;
    for(q=p; * p!='\0';p++)                   /* 指针变量作为循环变量 */
        if( * p!=ch) * q++= * p;
    * q='\0';
}
```

程序运行结果：

Input a string:
This is a chess
Input the char deleted: s
The new string is: Thi i a che

程序说明：

（1）数组名作为函数参数传递的是地址,要求形参为数组名或者为指针变量。void del_ch(char * p,char ch)可以改写为 void del_ch(char p[],char ch)。

（2）实参数组名代表一个固定的地址,但是形参数组名并不是一个固定的地址,而是按指针变量进行处理。因此,形参数组名可以＋＋、－－或者加减一个整数。

7.3　指向二维数组的指针变量

7.3.1　二维数组地址的表示

定义一个二维数组：

int a[3][4];

该二维数组有 3 行 4 列共 12 个元素,在内存中按行存放,存放形式如图 7.1 所示。

其中,数组名 a 是二维数组 a 的首地址,&a[0][0]是数组 0 行 0 列元素的首地址,所代表的位置与 a 相同。前面介绍过,C 语言允许把一个二维数组分解为多个一维数组来处理。因此数组 a 可分解为 3 个一维数组,即 a[0]、a[1]、a[2],每个一维数组又含有 4 个元素。例如,a[0]是第 0 行的起始地址(可以看成是数组名为 a[0]的 4 个元素组成的一

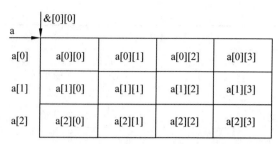

图 7.1　二维数组 a 的存放形式

维数组的数组的数组名),与二维数组 a 的起始地址重合,如表 7.1 所示。

把 a 看成拥有 3 个大元素(a[0],a[1],a[2])的一维数组,＊(a＋0)＝a[0](或 ＊ a＝a[0]),而 a[0] 又是第 0 行一维数组的数组名,代表了该一维数组的起始地址,即 ＊a 也是地址。a 代表整个二维数组的起始地址,也是第 0 行的起始地址(即 a＋0),＊a 代表第 0 行一维数组的起始地址。&a[0][0] 是元素 a[0][0] 的地址。可以看出,从所代表的地址位置相同的角度看:a,a[0],＊a ,&a[0][0] 表示的是同一个地址位置。

同理,＊(a＋1)＝a[1],而 a[1] 又是第 1 行一维数组的数组名,代表了该一维数组的起始地址,即 ＊(a＋1) 也是地址。a＋1 代表第 1 行的起始地址,＊(a＋1) 代表第 1 行一维数组的起始地址。&a[1][0] 是元素 a[1][0] 的地址。可以看出,从所代表的地址位置相同的角度看:a＋1,a[1],＊(a＋1),&a[1][0] 表示的是同一个地址位置。

从所表示地址的位置相同角度看,a＋i,a[i],＊(a＋i),&a[i][0] 都代表了同一地址位置。那么它们之间又有什么不同呢? a(或 a＋0)表示第 0 行的起始地址,是行地址;a＋1 是第 1 行的起始地址,是行地址;(a＋1)＋1(即 a＋2)是第 2 行的起始地址,是行地址。所以 a、a＋1、a＋2 都是行地址的概念,即按行变化(一旦变化越过一行)。＊a(或 a[0])是列地址,即按列变化(一旦变化越过 1 个元素),＊a＋0(或 a[0]＋0)是第 0 行第 0 列元素的起始地址,＊a＋1(或 a[0]＋1)指向第 0 行第 1 列元素的起始地址……即在列上变化。由此可以看出,虽然 a 和 ＊a(或 a[0])所代表的地址是相同的,但含义不同,表现在它们的变化上。a 一旦变化是在行上变化(即一变化就变化一行),＊a(或 a[0])是在列上变化(即一变化只变化一个元素);同理,＊(a＋1)(或 a[1])、＊(a＋2)(或 a[2])也是列地址的概念。因此在二维数组中,使用时要特别注意区分行地址和列地址概念的不同和使用上的不同。＊(a＋i) 和 a[i] 概念完全相同,是列地址概念,与(a＋i)概念不同,(a＋i)是行地址概念。二维数组地址的相关描述具体如表 7.2 所示。

表 7.2　二维数组地址的相关描述

表 示 形 式	地址概念	含　　义
a,a＋0, &a[0]	行地址	二维数组的起始地址,也是第 0 行的起始地址(行地址)。如果变化按行变化
a＋i,&a[i]		第 i 行的起始地址(行地址)。如果变化按行变化

表 示 形 式	地址概念	含 义
a[i],＊(a+i)	列地址	第 i 行的一维数组的起始地址(列地址),也是第 i 行第 0 列元素的地址。如果变化按列变化(即按元素变化)
a[i]+j,＊(a+i)+j,&a[i][j]		元素 a[i][j]的地址
＊(a[i]+j),＊(＊(a+i)+j),a[i][j]		元素 a[i][j]的值

用地址法表示二维数组中的某个元素(如 a[i][j]),首先要得到该元素所在的行地址 a+i;然后将此行地址转化成列地址 ＊(a+i);再在列上变化 j,即 ＊(a+i)+j,得到 a[i][j]元素的地址;再取值,即 ＊(＊(a+i)+j),则得到 a[i][j]元素的值。

例如:int a[3][4]中各元素的地址表示如表 7.3 所示。

表 7.3　二维数组 a 中各元素的地址表示

元　素	a[0][0]	a[0][1]	a[0][2]	a[0][3]
地址表示	&a[0][0] a[0] ＊a	&a[0][1] a[0]+1 ＊a+1	&a[0][2] a[0]+2 ＊a+2	&a[0][3] a[0]+3 ＊a+3
元　素	a[1][0]	a[1][1]	a[1][2]	a[1][3]
地址表示	&a[1][0] a[1] ＊(a+1)	&a[1][1] a[1]+1 ＊(a+1)+1	&a[1][2] a[1]+2 ＊(a+1)+2	&a[1][3] a[1]+3 ＊(a+1)+3
元　素	a[2][0]	a[2][1]	a[2][2]	a[2][3]
地址表示	&a[2][0] a[2] ＊(a+2)	&a[2][1] a[2]+1 ＊(a+2)+1	&a[2][2] a[2]+2 ＊(a+2)+2	&a[2][3] a[2]+3 ＊(a+2)+3

(1) 把二维数组 a 看成是具有 3 个大元素(a[0],a[1],a[2])的一维数组,每个大元素又是具有 4 个整型元素的一维数组。a 是二维数组的起始地址,也是二维数组第一个大元素的起始地址,是行地址。

(2) a+1 是二维数组第二个大元素的起始地址。如果二维数组的首地址是 1000,一个整型数据占 4 字节,则 a+1 代表的地址为 1000+4＊4=1016。a+i 是行地址。

(3) 对行地址(a+1)取值,＊(a+1)得到的是第二个大元素的起始地址。第二个大元素是一个一维数组,因此,＊(a+1)是这个一维数组的起始地址。这个地址如果再变化,例如 ＊(a+1)+1,则在列上按元素变化,所以 ＊(a+1)是列地址概念。可以看出,在行地址的左边加上 ＊(即对行地址取值),则将该行地址转化为列地址。

(4) 行列地址的相互转换:＊(行地址)→列地址;&(列地址)→行地址。

(5) 取出二维数组的某个元素的值:＊(列地址)或者 ＊(＊(行地址))。

例如,a[1][2]的值,可以使用 ＊(＊a+6)或 ＊(＊(a+1)+2)的表示形式。＊a 是列地址,一变化在列上变化(一个元素),从 a[0][0]算起,第 6 个元素是 a[1][2],地址为 ＊a

＋6(仍然是列地址),取值＊(＊a+6)即为 a[1][2]。a+1 是行地址(二维数组第二个大元素的起始地址),一变化一行,＊(a+1)变成列地址,是一个一维数组的起始地址,一变化在列上变化(一个元素),在＊(a+1)的基础上加 2,是该行第 2 个元素的地址,即 a[1][2]的地址,所以,＊(＊(a+1)+2)得到元素 a[1][2]的值。

【例 7-8】 输出二维数组的有关数据。

程序代码如下:

```
/* e7_8.c */
#include<stdio.h>
void main(){
    int a[3][4]={0,1,2,3,4,5,6,7,8,9,10,11};
    printf("%#0X,%#0X,%#0X,%#0X,%#0X\n",a,*a,a[0],&a[0],&a[0][0]);
    printf("%#0X,%#0X,%#0X,%#0X,%#0X\n",a+1,*(a+1),a[1],&a[1],&a[1][0]);
    printf("%#0X,%#0X,%#0X,%#0X,%#0X\n",a+2,*(a+2),a[2],&a[2],&a[2][0]);
    printf("%#0X,%#0X \n",a[1]+1,*(a+1)+1);
    printf("%d,%d\n",*(a[1]+1),*(*(a+1)+1));
}
```

程序运行结果:

```
0X12FF18,0X12FF18,0X12FF18,0X12FF18,0X12FF18
0X12FF28,0X12FF28,0X12FF28,0X12FF28,0X12FF28
0X12FF38,0X12FF38,0X12FF38,0X12FF38,0X12FF38
0X12FF2C,0X12FF2C
5,5
```

程序说明:

(1) 输出结果前 4 行均为地址,程序中用带前缀的十六进制形式输出。

(2) a 与＊a 值相同,但是含义不同。a 是行地址,＊a 是列地址。

(3) a[i]与 &a[i]值相同,但是含义不同。a[i]等价于＊(a+i)是列地址,&a[i]等价于 a+i,是行地址。

7.3.2　指向二维数组的指针变量

行指针定义的一般形式:

类型说明符 (＊ 指针变量名)[长度]

其中,"类型说明符"是指数组的数据类型。＊表示其后的变量是指针类型。"长度"表示二维数组分解为多个一维数组时,一维数组的长度,也就是二维数组的列数。应注意"(＊指针变量名)"两边的括号不可少,如缺少括号则表示是指针数组(本章后面介绍),意义完全不同。例如:

```
int a[3][4];
int (*p)[4];
```

p 是一个指针变量,p 的类型不是 int ＊ 型,而是 int(＊)[4]型。它指向包含 4 个整型元素的一维数组,是一个行指针。p 的基类型是一维数组(长度是 16 字节)。基类型有多少种,对应的指针类型就有多少种。请注意,Visual C++ 为所有的指针类型都分配 4 字节的空间,因此 sizeof(p)的结果是 4,而不是 16。请读者注意,指针长度是固定的,与基类型无关。

　　【例 7-9】 用行指针输出二维数组 a 的每个元素。

　　程序代码如下:

```
/＊ e7_9.c ＊/
#include<stdio.h>
void main(){
    int a[3][4]={0,1,2,3,4,5,6,7,8,9,10,11};
    int (＊p)[4];                        /＊ 定义行指针 p ＊/
    int i,j;
    p=a;                                 /＊ p指向二维数组名a,行指针赋给行指针 ＊/
    for(i=0;i<3;i++){
        for(j=0;j<4;j++)
            printf("%3d",＊(＊(p+i)+j));   /＊ 使用 ＊(＊(行指针))的方式取出值 ＊/
        printf("\n");
    }
}
```

　　程序运行结果:

```
0  1  2  3
4  5  6  7
8  9 10 11
```

　　程序说明:

　　如果代码"p＝a;"改成"p＝＊a;",会出现赋值类型不匹配的编译错误。

　　【例 7-10】 用列指针输出二维数组的每个元素。

　　程序代码如下:

```
/＊ e7_10.c ＊/
#include<stdio.h>
void main(){
    int a[3][4]={0,1,2,3,4,5,6,7,8,9,10,11};
    int ＊p;
    int i,j;
    p=＊a;                               /＊ 如写成:p=a,会出现赋值类型不匹配的编译错误 ＊/
    for(i=0;i<3;i++){
        for(j=0;j<4;j++)
            printf("%3d",＊(p+i＊4+j));
```

```
        printf("\n");
    }
}
```

程序运行结果：

```
0  1  2  3
4  5  6  7
8  9 10 11
```

程序说明：

数组下标从 0 开始，只要知道 i 和 j 的值，就可以用公式 i＊m＋j 计算出 a[i][j] 相对于数组首元素 a[0][0] 的相对位置。用指向变量的指针 p(列指针)，a[i][j] 可以用 ＊(p＋i＊4＋j)表示，其中 4 是每行的元素个数。

7.4 指针与字符串

7.4.1 字符串的指针表示

前面学习了利用字符数组存储字符串，数组名指向字符串的起始地址。如果定义一个字符类型指针变量指向存放字符串的字符数组的首地址，即指向字符串的指针变量，则对字符串的表示就可以用指针实现。字符串的指针变量只存放字符串的首地址(4 字节)，不是整个字符串。例如：

```
char str[20], * p=str;
```

这样，字符串 str 就可以用指针变量 p 来表示。

字符串指针变量的定义与字符指针变量的定义相同，只是按赋值不同来区分。例如：

```
char c, * p;
p=&c;                               /* p 是字符指针变量,不能是 p=c; */
```

表示 p 是一个指向字符变量 c 的指针变量。而

```
char * ps;
ps="Computer Department";           /* p 是字符串指针变量 */
```

可以进行初始化：

```
char * ps="Computer Department";
```

【例 7-11】 输出字符串中 n 个字符后的所有字符。
程序代码如下：

```
/* e7_11.c */
#include<stdio.h>
void main(){
```

```
    char * ps="this is a desk";
    int n=10;
    ps=ps+n;
    printf("%s\n",ps);
}
```

程序运行结果:

desk

程序说明:

通过字符串指针变量 ps 的算术运算,指向 n 个字符后的字符。

【例 7-12】 编写函数 substr,利用指针提取从下标为 3 开始至 6 结束的子串。

程序代码如下:

```
/* e7_12.c */
#include<stdio.h>
#include<stdlib.h>
/* 从 s 中提取下标为 n1~n2 的字符组成一个新串,返回这个新串的首地址 */
char * substr(const char * s,int n1,int n2){
    /* 开辟 n2-n1+2 字节长度空间,用于存放新串 */
    char * sp=(char *)malloc(sizeof(char) * (n2-n1+2));
    int i,j=0;
    for(i=n1;i<=n2;i++,j++)              /* 从下标 3 开始,到下标 6 结束 */
        * (sp+j)=s[i];
    * (sp+j)='\0';                        /* 在新串尾部添加'\0' */
    return sp;
}
void main(){
    char s[80], * sub;
    printf("input a string: ");
    scanf("%s",s);                       /* 输入一个字符串存入 s 数组中 */
    sub=substr(s,3,6);           /* 函数调用,使用字符串指针变量 sub 指向返回的新串 */
    printf("substr: %s\n",sub);          /* 输出新串 */
}
```

程序运行结果:

input a string: abcdefgh
substr: defg

程序说明:

(1) '\0'为字符串结束的标志,当自定义函数对字符串处理完毕后,不要忘记在字符串后面手工加上'\0'。

(2) 根据规定,malloc()和 free()要配套使用。但在 substr()中使用了 malloc(),却没有使用 free()。原因在于:函数中的形参和变量(包括用户定义的指针变量,如 sp)都是局部变量,随着函数调用的结束,这些局部变量的使命完成,会伴随函数结束一同消失(销毁),因此本例中无须也不能够使用 free()。如果在 return 之前使用了 free(sp)反而会造成 return 语句无法返回新串的首地址。

7.4.2　字符串指针作函数参数

可以使用字符串指针作函数参数,把一个字符串从一个函数"传递"到另一个函数中,字符串指针作函数参数是地址传递方式。

【例 7-13】　编写函数 cpystr()将一个字符串的内容复制到另一个字符串中。

程序代码如下:

```
/* e7_13.c */
#include<stdio.h>
void cpystr(char * pss,char * pds){
    while((* pds=* pss)!='\0'){
        pds++;
        pss++;
    }
}
void main(){
    char * pa="CHINA",b[10],* pb;
    pb=b;
    cpystr(pa,pb);
    printf("string a=%s\nstring b=%s\n",pa,pb);
}
```

程序运行结果:

```
string a=CHINA
string b=CHINA
```

程序说明:

cpystr()简化成以下形式:

```
cpystr(char * pss,char * pds){
    while((* pds++=* pss++)!='\0');
}
```

进一步分析还可发现'\0'的 ASCII 码为 0,对于 while 语句只看表达式的值为非 0 就循环,为 0 则结束循环,因此也可省去"! = '\0'"这一判断部分,从而写成以下形式:

```
cpystr(char * pss,char * pds){
    while(* pds++=* pss++);
}
```

表达式的意义:源字符向目标字符赋值,移动指针,若所赋值为非 0 则循环,否则结束循环。这样使程序更加简洁。

7.4.3 字符串指针变量与字符数组的区别

（1）占用空间不同。

数组所占空间取决于数组的长度，而指针变量只占用 4 字节，用以存放字符串的首地址。

（2）赋值方式不同。

字符指针变量本身是变量，因此这样赋值是正确的：

```
char * ps;
ps="C language!";
```

也可以初始化：

```
char * ps="C language!";
```

而字符数组可以初始化：

```
char str[]="C language!";
```

但这样赋值是错误的：

```
char str[];
str="C language!";
```

应该逐个元素赋值。

7.5 指 针 数 组

7.5.1 指针数组的定义

元素为指针类型的数组，称为指针数组。指针数组与数组指针不同：指针数组的本质是一个数组，且每个元素都是一个指针；数组指针的本质是一个指针，是一个指向数组的指针变量（存放的是数组的首地址，相当于二级指针，只是存放的这个指针不可移动），通过数组指针可以访问数组中的元素。

通常用一个指针数组来指向一个二维数组。指针数组常适用于指向若干字符串，这样使字符串处理更加灵活方便。相比于二维字符数组，指针数组有明显的优点：一是指针数组中每个元素所指的字符串不必限制在相同的字符长度；二是访问指针数组中的一个元素是用指针间接进行的，效率比下标方式要高。但是二维字符数组却可以通过下标很方便地修改某一元素的值，而指针数组却无法这么做。

指针数组说明的一般形式：

类型说明符 * 数组名[数组长度]

其中类型说明符是数组元素(指针)所指向变量的类型。例如：

```
int * pa[4];
```

由于[]比 * 优先权高,首先是数组形式 pa[4],然后才与 int * 结合,可以看出 pa 是一个指针数组,包含 4 个指针 pa[0]、pa[1]、pa[2]、pa[3],它们各自指向一个整型变量。

【例 7-14】 利用指针数组访问二维数组元素。

程序代码如下：

```
/* e7_14.c */
#include<stdio.h>
void main(){
    int a[3][3]={1,2,3,4,5,6,7,8,9};
    int * pa[3];
    int * p=a[0];
    int i;
    pa[0]=a[0];pa[1]=a[1];pa[2]=a[2];
    for(i=0;i<3;i++)
        printf("%d,%d,%d\n",a[i][2-i], * a[i], * ( * (a+i)+i));
    for(i=0;i<3;i++)
        printf("%d,%d,%d\n", * pa[i],p[i], * (p+i));
}
```

程序运行结果：

```
3,1,1
5,4,5
7,7,9
1,1,1
4,2,2
7,3,3
```

程序说明：

(1) pa 是一个指针数组,3 个元素分别指向二维数组 a 的 3 行。然后用循环语句输出指定的数组元素。其中 * a[i]表示 i 行 0 列元素值; * (* (a+i)+i)表示 i 行 i 列的元素值; * pa[i]表示 i 行 0 列元素值;由于 p 与 a[0]相同,故 p[i]表示 0 行 i 列的值; * (p+i)表示 0 行 i 列的值。读者可仔细领会二维数组元素的各种不同表示方法。

(2) 应该注意指针数组和指向二维数组的指针变量的区别。这两者虽然都可用来表示二维数组,但是其表示方法和意义是不同的。

(3) 指向二维数组的指针变量是一个变量,其定义形式中"(* 指针变量名)"两边的括号不可少。而指针数组里有多个指针,在定义形式中" * 指针数组名"两边不能有括号。

例如：

```
int ( * p)[3];
```

表示 p 是一个指向二维数组的指针变量。该二维数组的列数为 3。

```
int * p[3];
```

表示 p 是一个指针数组,内有 3 个元素 p[0]、p[1]、p[2],均为指针变量。

7.5.2 指针数组处理多个字符串

字符串长度一般是不相等的,使用二维字符数组存储多个字符串时,必须按最长的字符串指定数组的列数,这样会浪费许多内存空间。使用指针数组处理多个字符串,因为每个数组元素(指针变量)赋予的是一个字符串的首地址,而不是存储整个串,因此不会浪费内存空间。

指针数组也可以作为函数的参数,使用方式与普通数组类似。

【例 7-15】 输入 5 个国名,按字母顺序排序。

程序代码如下:

```
/* e7_15.c */
#include<stdio.h>
#include "string.h"
void main(){
    void sort(char * name[],int n);        /* 函数声明 */
    void print(char * name[],int n);       /* 函数声明 */
    char * name[]={"CHINA","AMERICA","AUSTRALIA","FRANCE","GERMAN"};
    int n=5;
    sort(name,n);                          /* 函数调用,数组名作函数实参 */
    print(name,n);
}
void sort(char * name[],int n){            /* 函数定义,数组名作函数形参 */
    char * pt;
    int i,j,k;
    for(i=0;i<n-1;i++){                     /* 选择法排序 */
        k=i;
        for(j=i+1;j<n;j++)
            if(strcmp(name[k],name[j])>0)
                k=j;
        if(k!=i){
            pt=name[i];
            name[i]=name[k];
            name[k]=pt;
        }
    }
}
void print(char * name[],int n){
    int i;
```

```
        for(i=0;i<n;i++)
            printf("%s\n",name[i]);
}
```

程序运行结果：

```
AMERICAN
AUSTRALIA
CHINA
FRANCE
GERMAN
```

程序说明：

（1）对字符串进行排序，不必改变字符串的位置，只需改动指针数组中各元素的指向（即改变各元素的值，这些值是各字符串的首地址）。排序过程中，改变指针变量的值（地址）所花费系统开销，要比移动整个字符串的开销少得多，从而效率更高。

（2）两个字符串比较采用 strcmp()，不能写成 * name[k] > * name[j] 形式，这种写法只比较 name[k] 和 name[j] 所指向的字符串中的第一个字符。

7.5.3　带参数的 main()

main() 既可以是无参函数，也可以是有参函数。对于有参形式来说，需要向其传递参数。但由于其他任何函数均不能调用 main()，当然也同样无法向 main() 传递参数，因此 main() 的参数只能由程序之外传递而来。

一般带参的 main() 形式为

```
void main(int argc,char * argv[]){
    …
}
```

从函数参数的形式上看，包含一个整型和一个指针数组。源程序经过编译、链接后，会生成扩展名为 exe 的可执行文件，这是可以在操作系统下直接运行的文件，换句话说，就是由系统来启动运行的。对 main() 既然不能由其他函数调用和传递参数，就只能由系统在启动运行时传递参数了。

在操作系统环境下，一条完整的运行命令应包括命令和需要的参数两部分。

格式为：

命令 参数 1 参数 2 … 参数 n

此格式也称为命令行。命令行中的命令就是可执行文件的文件名，其后所跟参数需用空格分隔，作为对命令的进一步补充，也就是传递给 main() 的参数。

设命令行为：

program str1 str2 str3 str4 str5

其中 program 为文件名,也就是一个由 program.c 经编译、链接后生成的可执行文件 program.exe,其后跟 5 个参数。对 main()来说,参数 argc 记录命令行中命令和参数的个数和(6);字符指针数组 argv 的长度由参数 argc 决定,即为 char * argv[6],字符指针数组的取值情况如图 7.2 所示。

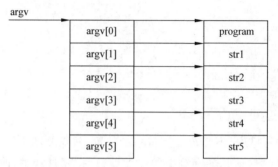

图 7.2   字符指针数组 argv 中元素取值情况(1)

指针数组 argv 中各指针分别指向一个字符串,整型变量 argc 表示命令行中参数的个数(注意:文件名本身也算一个参数),argc 的值是在输入命令行时由系统按实参的个数自动赋予的。例如:

C:\>exefile China Anhui Bengbu

argc 取得的值为 4;argv 是字符指针数组,其各元素值为命令行中各字符串(参数均按字符串处理)的首地址,如图 7.3 所示。

argv[0]		C	:	\	>	e	x	e	f	i	l	e	\0
argv[1]		C	h	i	n	a	\0						
argv[2]		A	n	h	u	i	\0						
argv[3]		B	e	n	g	b	u	\0					

图 7.3   字符指针数组 argv 中元素取值情况(2)

利用指针数组作 main()的形参,可以向程序传送命令行参数,这些参数(字符串)长度不定,而且命令行参数的数目也不固定,用指针数组能够较好地满足上述要求。

【例 7-16】   显示命令行中输入的参数。
程序代码如下:

```
/* e7_16.c */
#include<stdio.h>
void main(int argc,char * argv[]){
    while(argc-->1)
        printf("%s\n", * ++argv);
}
```

运行结果:C:\> e7_16 China Anhui Bengbu(启动 cmd,在 DOS 环境下输入)

China

Anhui

Bengbu

程序说明：

(1) 命令行参数都是字符串，这些字符串首地址构成指针数组 argv 中的各个元素。

DOS 环境下命令行共有 4 个参数，执行 main() 时，argc 值为 4。argv 的 4 个元素分别指向 4 个字符串的首地址。执行 while 语句，每循环一次 argc 值减 1，当 argc 等于 1 时停止循环，共循环 3 次。printf() 中，由于打印项 * ++argv 是先加 1 再打印，故第 1 次打印的是 argv[1] 所指的字符串 China，第 2、3 次循环分别打印后两个字符串。而参数 e7_16 由 argv[0] 指向，没有被输出。

(2) 在 Visual C++ 环境下对程序进行编译和链接后，选择 Project\Settings，在 Project Settings 对话框中选择 Debug，在 Program arguments 文本框中输入参数值 China Anhui Bengbu，然后观察运行结果。

本 章 小 结

指针与数组的关系十分密切，由于数组中的元素在内存中是连续排列存放的，因此任何能由数组下标完成的操作都可以由指针来实现。

数组名和指向数组的指针变量在访问上作用相同，但是在参与运算时两者还是有差别的。指针变量可以进行 ++、-- 等运算，是合法的，但数组名不行。因为数组名表示的地址是常量，而常量不能做自增、自减运算，指针变量是变量，可以做自增、自减运算。

内存动态分配区域，可以存放一些临时用的数据或构建动态数组，需要时随时开辟，不需要时随时释放。内存的动态分配是通过系统提供的库函数来实现的，主要有 malloc()、calloc()、free()、realloc() 等，包含在 stdlib.h 或 malloc.h 中。malloc() 和 free() 要配套使用。

指针变量可以进行算术运算和关系运算。指针加上一个整数的结果是另一个指针。如果两个指针变量指向同一个数组的元素，则两个指针变量值之差是两个指针之间的元素个数；也可以进行比较，指向前面的元素的指针变量"小于"指向后面的元素的指针变量。

引用一个数组元素的方法有：下标法，如 a[i]；地址法，如 *(a+i)，a 是数组名；指针法，如 *(pt+i) 或 pt[i]，pt 是指向数组的指针变量。

指向一维数组的指针变量，可以接受实参数组名传递来的地址。实参和形参可以使用如表 7.1 所示的方式对应。

实参数组名代表一个固定的地址，或者说是指针常量，但是形参数组名并不是一个固定的地址，而是按指针变量进行处理。因此，形参数组名可以 ++、-- 或者加减一个整数。

要特别注意行指针和列指针的不同。行指针变化是按行变化，一变化一行，越过整个行,即越过整个一维数组;列指针变化是按列变化,一变化一列,即越过 1 个元素。

字符串指针变量只存放字符串的首地址(4 字节),不是整个字符串。字符串指针变量与字符数组的区别:占用空间不同,赋值方式不同。

使用指针数组处理多个字符串,因为每个数组元素(指针变量)赋予的是一个字符串的首地址,而不是存储整个串,因此不会浪费内存空间。

习　题　7

一、单项选择题

1. 若有以下定义,则对 a 数组元素的正确引用是_____。

```
int a[5], * p=a;
```

  A. * &a[5]   B. a+2   C. * (p+5)   D. * (a+2)

2. 若有定义:int a[2][3],则对 a 数组的第 i 行 j 列元素地址的正确引用为_____。

  A. * (a[i]+j) B. (a+i)   C. * (a+j)   D. a[i]+j

3. 定义 int a[5]={10,20,30,40,50}, * p=&a[1],则表达式++ * p 的值是_____。

  A. 20   B. 30   C. 21   D. 31

4. 若有说明语句:

```
char a[]="It is mine";
char * p="It is mine";
```

则以下不正确的叙述是_____。

  A. a+1 表示的是字符 t 的地址

  B. p 指向另外的字符串时,字符串的长度不受限制

  C. p 变量中存放的地址值可以改变

  D. a 中只能存放 10 个字符

5. 有以下程序段,则_____中的表达式都是对数组 a 元素的正确引用(0≤i<4,0≤j<3)。

```
void main(){
    int a[4][3]={0},(* p)[3],i,j;
    p=a;
    ...
}
```

  A. a[i][j],a[i]+j, * (* (a+i)+j)

  B. * (p+i)[j],p[i]+j, * (* (p+i)+j)

  C. * (p+i)[j],p(a+i)[j], * (p+i+j)

D. p[i][j], * (p[i]+j), * (a[i]+j)

6. 以下与"int * q[5];"等价的定义语句是_____。

A. int q[5]　　　　　B. int * q　　　　　C. int *(q[5]);　　　D. int(* q)[5];

7. 有以下程序：

```
void main(int argc,char * argv[]){
    int n,i=0;
    while(argv[1][i]!='\0'){
        n=fun();
        i++;
    }
    printf("%d\n",n * argc);
}
int fun(){
    static int s=0;
    s+=1;
    return s;
}
```

假设程序编译、链接后生成可执行文件 exam.exe，若键入命令 exam 123〈回车〉，则运行结果为_____。

A. 6　　　　　　　B. 8　　　　　　　C. 3　　　　　　　D. 4

8. 以下函数返回 a 所指数组中最小的值所在的下标值。

```
fun(int * a, int n){
    int i,j=0,p;
    p=j;
    for(i=j;i<n-1;i++){
        if(a[i]<a[p])____ ;
    }
    return(p);
}
```

在下画线处应填入的是_____。

A. i=p　　　　　　　B. a[p]=a[i]　　　　C. p=j　　　　　　D. p=i

9. 有以下程序：

```
#include<stdio.h>
void main(){
    char str[]="xyz", * ps=str;
    while( * ps) ps++;
    for(ps--;ps-str>=0;ps--) puts(ps);
}
```

执行后输出结果是_____。

A. yz
xyz

B. z
yz

C. z
yz
xyz

D. x
xy
xyz

10. 以下程序的运行结果是_____。

```c
#include <stdio.h>
void main(void){
    int a[4][3]={1, 2, 3, 4, 5, 6, 7, 8, 9,10,11,12};
    int * p[4], j;
    for(j=0; j<4; j++) p[j]=a[j];
    printf("%2d,%2d,%2d,%2d\n", * p[1], (* p)[1], p[3][2], * (p[3]+1));
}
```

A. 4, 4, 9, 8   B. 程序出错   C. 4, 2,12,11   D. 1, 1, 7, 5

11. 执行以下程序段后,m 的值是_____。

```c
static int a[]={7,4,6,3,10};
int m,k, * ptr;
m=10;
ptr=&a[0];
for(k=0;k<5;k++)
    m=(* (ptr+k)<m)? * (ptr+k): m;
```

A. 10   B. 7   C. 4   D. 3

12. 执行以下程序段后,m 的值为_____。

```c
static int a[2][3]={1,2,3,4,5,6};
int m, * ptr;
ptr=&a[0][0];
m=(* ptr) * (* (ptr+2)) * (* (ptr+4));
```

A. 15   B. 48   C. 24   D. 无定值

二、填空题

1. 若定义:

```c
int a[5]={10,20,30,40,50}, * p=&a[1], * s;
```

(1) 通过指针 p 给 s 赋值,使其指向最后一个存储单元 a[4]的语句是_____。

(2) 用以移动指针 s,使之指向中间的存储单元 a[2]的表达式是_____。

(3) 已知 k=2,指针 s 已指向存储单元 a[2],表达式 * (s+k)的值是_____。

(4) 指针 s 已指向存储单元 a[2],不移动指针 s,通过 s 引用存储单元 a[3]的表达式是_____。

(5) 指针 s 已指向存储单元 a[2],p 指向存储单元 a[0],表达式 s－p 的值是_____。

(6) 若 p 指向存储单元 a[0],则以下语句的输出结果是_____。

```
for(i=0;i<5;i++)
    printf("%d ",*(p+i));
```

2. 设有以下语句：

```
static int a[3][2]={1,2,3,4,5,6};
int (*p)[2];
p=a;
```

则 **(p+1)+1 的值为_____,*(p+2)的值是元素_____的地址。

3. 若有定义:int a[]={2,4,6,8,10,12},*p=a;则 *(p+1)的值是_____,*(a+5)的值是_____。

4. 若有定义：int a[3][5],i,j;(且 0<=i<3,0<=j<5),则 a 数组中任一元素可用 5 种形式引用。它们是：

(1) a[i][j];

(2) *(a[i]+j);

(3) *(*_____);

(4) (*(a+i))[j];

(5) *(_____+5*i+j)。

5. 下面程序段的运行结果是_____。

```
char str[]="abc\0def\0ghi",*p=str;
printf("%s",p+5);
```

三、阅读程序,写出结果

1. 有下面程序,其变量 x 存放在内存的 31200 单元,则程序的运行结果是_____。

```
#include<stdio.h>
void main(){
    int x,*p,**pp;
    x=106;
    p=&x;
    pp=&p;
    printf("%d\n",**pp);
}
```

2. 以下程序的输出结果是_____。

```
#include<stdio.h>
#include<stdlib.h>
void fut(int **s,int p[2][3]){
    **s=p[1][1];
}
void main(){
    int a[2][3]={1,3,5,7,9,11},*p;
    p=(int *)malloc(sizeof(int));
```

```
        fut(&p,a);
        printf("%d\n",*p);
    }
```

3. 以下程序的执行结果是_____。

```
#include<stdio.h>
void main(void){
    static int a[]={1, 3, 5, 7};
    int * p[3]={a+2, a+1, a};
    int ** q=p;
    printf("%d\n",*(p[0]+1)+**(q+2));
}
```

4. 以下程序的输出结果是_____。

```
#include<stdio.h>
void main(){
    char b[]="ABCDEFG";
    char * chp=&b[7];
    while(--chp>&b[0])
        putchar(*chp);
    putchar('\n');
}
```

5. 以下程序的运行结果是_____。

```
#include<stdio.h>
void main(){
    int i,* p;
    static int a[4]={1,2,3,4};
    p=a;
    for(i=0;i<3;i++)
        printf("%d",*++p);
}
```

6. 以下程序的执行结果是_____。

```
#include<stdio.h>
void main(){
    char ch[2][5]={"6934","8254"},* p[2];
    int i,j,s=0;
    for(i=0; i<2; i++) p[i]=ch[i];
    for(i=0; i<2; i++)
        for(j=0; p[i][j]>'\0'&& p[i][j]<='9'; j+=2)
            s=10 * s+p[i][j]-'0';
    printf("%d\n",s);
}
```

四、编程题

1. 编写一个函数实现两个字符串的比较：strcmp(s1,s2)。具体要求如下：

（1）在主函数内输入两个字符串，并传给函数 strcmp(s1,s2)。

（2）如果 s1＝s2，则 strcmp 返回 0，按字典顺序比较；如果 s1≠s2，返回它们二者第一个不同字符的 ASCII 码差值（如 BOY 与 BAD，第二个字母不同，O 与 A 之差为 76－65＝14）；如果 s1＞s2，则输出正值；如果 s1＜s2 则输出负值。

2. 数组 a 中有 10 个整数，判断整数 x 在数组 a 中是否存在。若存在，输出 x 在数组中的位置（即 x 是 a 中的第几个数），若不存在，输出"Not found!"。x 由键盘输入。

3. 设有一数列，包含 10 个数，已按升序排好。现要求编一程序，它能够把从指定位置开始的 n 个数按逆序重新排列并输出新的完整数列。进行逆序处理时要求使用指针方法。试编。（例如：原数列为 2,4,6,8,10,12,14,16,18,20，若要求把从第 4 个数开始的 5 个数按逆序重新排列，则得到新数列为 2,4,6,16,14,12,10,8,18,20。）

4. 输入 5 个字符串，从中找出最大的字符串并输出。要求用二维字符数组存放这 5 个字符串，用指针数组分别指向这 5 个字符串，用一个二级指针指向这个指针数组。

5. 某数理化 3 项竞赛训练组有 3 个人，找出其中至少有一项成绩不合格者。要求使用指针函数实现。

6. 编写程序，输入月份号，输出该月的英文名称。例如，若输入 3，输出 March，要求用指针数组处理。

7. 通过指针函数，输入一个 1～7 的整数，输出对应的星期名。

第3篇

高级应用

第 **8** 章

结构体与共用体

学习目标：

(1) 掌握结构体类型、结构体变量、结构体数组的定义及成员访问方法。

(2) 掌握结构体类型指针变量。

(3) 掌握链表的创建、遍历、插入和删除等基本操作。

(4) 掌握共用体类型、共用体变量的定义及成员访问方法。

(5) 理解共用体与结构体的不同之处。

(6) 掌握枚举类型的定义及枚举变量的使用。

(7) 理解 typedef 重定义数据类型名。

日常生活中，常需要填写一些登记表，如住宿表、成绩表、通讯簿等。在这些表中，所要填写的数据是无法用同一种数据类型描述的。如在通讯簿中通常会登记姓名、邮编、家庭地址、电话号码、E-mail 等项目，该通讯簿集合了各种数据，无法用前面学过的任一种数据类型完全描述。C 语言允许用户自己指定一种能集中不同数据类型于一体的数据类型——结构体(struct)类型。

本章除介绍结构体类型，还介绍共用体类型、枚举类型和类型定义。共用体类型数据是指在一段存储空间中，在不同时间可以拥有不同类型和不同长度的对象；枚举类型为一组整数提供了便于记忆的标识符；类型定义是用 typedef 给已有的数据类型起一个新名。

8.1 结构体类型

结构体是一种构造类型，是将若干类型相同或不同的数据组合成一个整体的有机集合。结构体由若干成员组成，每个成员可以是一个基本数据类型，也可以是一个构造类型。

8.1.1 结构体类型的定义

结构体是用户自定义数据类型，要先定义后使用，也就是先构造后使用。

定义的一般形式：

```
struct 结构体名{
    成员表列;
};
```

其中,struct 是关键词,结构体名由用户命名,应符合标识符的命名规则,它是类型的标识符。成员表列由若干个成员组成,每个成员都是该结构的一个组成部分。对每个成员必须作类型说明,其形式为"类型说明符 成员名;"。

注意 } 后的分号是必不可少的。例如,定义一个表示日期的结构体类型(Date):

```
struct Date{
    int year;
    int month;
    int day;
};
```

Date 是结构体类型的名字;该类型由 3 个基本数据类型成员组成,分别表示年、月、日。再定义一个结构体类型(Student)用于描述学生的学号、姓名、性别、出生年月和成绩。

```
struct Student{
    int num;
    char name[20];
    char sex;
    Date birthday;                  /* birthday 是 Date 类型 */
    float score;
};
```

Student 是结构体类型的名字;该类型由 5 个成员组成,其中 4 个成员是基本数据类型,birthday 成员又是结构体类型(Date 类型),如图 8.1 所示。

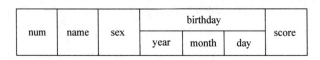

图 8.1　Student 结构体类型

8.1.2　结构体变量的定义与引用

1. 结构体变量的定义

类型定义只是对该类数据的描述,为了能在程序中使用结构体类型的数据,应当在定义一个结构体类型后,定义该结构体类型的变量,并在其中存放具体的数据。结构体类型变量在定义时可以直接对其进行初始化。

初始化的一般形式:

```
struct 结构体名{
    成员表列;
}结构体变量={初始数据表};
```

定义结构体类型变量的 3 种方法(均可初始化)如下。

(1) 先定义结构体类型,再定义该类型变量,例如:

```
struct Student{
    int num;
    char name[20];
    char sex;
    float score;
};
Student stu1,stu2;
```

(2) 在定义结构体类型的同时定义结构体变量,例如:

```
struct Student{
    int num;
    char name[20];
    char sex;
    float score;
}stu1,stu2;
```

(3) 直接定义结构体变量。由于省略了结构体类型名,因此程序中无法再使用它来定义该类型的其他变量。不推荐过多使用这种方式。例如:

```
struct{
    int num;
    char name[20];
    char sex;
    float score;
}stu1,stu2;
```

注意:

(1) 定义结构体类型是定义一种数据类型。

(2) 结构体中的成员名可以与程序中的某一变量名相同,但没有任何关系。

(3) 结构体类型定义可以在函数的内部,也可以在函数的外部。在函数内部定义的结构体,其作用域仅限于该函数内部,而在函数外部定义的结构体,其作用域是从定义处开始到程序源文件结束。

(4) 结构体变量在定义后,系统会分配相应的存储单元。计算结构体大小时需要考虑其内存布局。编译系统为了提高计算机访问数据的效率,在安排结构体每个成员的时候采用了内存对齐的方法,具体是结构体在内存中的存放按单元进行存放,每个单元的大小取决于结构体中最大基本类型的大小。可以利用 sizeof 运算符求出一个结构体类型数据的长度。例如:

```
struct Student{
    char A;
    int B;
    short C;
}aa;
```

因为所有成员中 B 成员类型最大(int 型占用 4 字节),故结构体 Student 在内存分布时以 4 字节为一个单元来存储每个成员。又因为 A 占用 1 字节后,只剩下 3 字节了,放不下后面紧接的成员 B 了,所以必须开辟一个新的单元来存放 B,B 刚好占满一个单元,接下来的成员 C 又必须再开辟一个新的单元来存放,如图 8.2 所示。这样,aa 占用的字节数就是 $3×4=12$。

1	2	3	4
A			
B	B	B	B
C	C		

图 8.2 结构体变量 aa 的各成员存储单元分配(1)

又如:

```
struct Student{
    char A;
    short C;
    int B;
}aa;
```

因为所有成员中 B 成员类型最大(int 型占用 4 字节),故结构体 Student 在内存分布时以 4 字节为一个单元来存储每个成员。因为 A 占用 1 字节后,剩下 3 字节可以存放后面紧接的成员 C,再开辟一个新的单元来存放 B,如图 8.3 所示。这样,aa 占用的字节数就是 $2×4=8$。

1	2	3	4
A	C	C	
B	B	B	B

图 8.3 结构体变量 aa 的各成员存储单元分配(2)

再如:

```
struct Student{
    int num;
    char name[20];
```

```
        char sex;
        float score;
}aa;                                         /* sizeof(aa)的值是 32 字节 */
```

【**例 8-1**】 定义一个结构体类型,用于存放学生信息(包括学号、姓名、性别和年龄)。
程序代码如下:

```
/* e8_1.c */
#include<stdio.h>
void main(){
    struct Student{
        int num;
        char name[20];
        char sex;
        int age;
    }stu={1001,"zhang ping",'m',18};       /* 定义结构体变量 stu 并初始化 */
    printf("Number=%d\nName=%s\n",stu.num,stu.name);
    printf("Sex=%c\nAge=%d\n",stu.sex,stu.age);
}
```

程序运行结果:

```
Number=1001
Name=zhang ping
Sex=m
Age=18
```

程序说明:

可以只对结构体变量的部分成员初始化。初始化数据之间要用“,”隔开,不进行初始化的成员项也要用“,”跳过。

2. 结构体变量的引用

结构体变量是一个整体,是一个变量。如果是两个相同类型的结构体变量可以直接赋值,但通常情况下,不能把结构体变量整体进行数据处理,一般是通过成员来使用结构体变量。

成员引用的一般形式:

结构体变量名.成员名

其中“.”是成员运算符,运算级别最高,和圆括号运算符“()”、下标运算符“[]”相同级别,结合方向为自左向右。

成员引用时应注意事项:

(1) 两个相同类型的结构体变量可以直接相互赋值。

(2) 不允许用赋值语句将一组常量直接赋值给一个结构体变量。

例如:“stu2={8002,"wang ping",'m',1998,10,16};”是不合法的。

（3）不能用一条语句试图整体读入结构体变量。

例如："scanf("%d,%s,%c,%d,%d,%d",&stu1);"是错误的。

原因在于＆stu1是整个结构体变量的地址，而不是每个成员的地址。

（4）成员中存在其他结构体类型变量时，应逐级访问，直到找到最低级别的成员为止。例如，表示学生的出生年份，可以使用 stu1.birthday.year，而不能只写成 year 或者 birthday.year 或者 stu1.year。成员可以参与的相关运算，与相同类型的简单变量无异。例如："stud1.num＋＋"表示将成员的值加 1，"＆student.num,"获得成员 student.num 的地址。

【例 8-2】 定义学生结构体变量，对其进行赋值并打印在屏幕上。

程序代码如下：

```c
/* e8_2.c */
#include "stdio.h"
struct Date{
    int year;
    int month;
    int day;
};
struct Student{
    int num;
    char name[20];
    char sex;
    Date birthday;
};
void main(){
    Student stu1,stu2;
    printf("input num: ");
    scanf("%d",&stu1.num);
    printf("input name: ");
    scanf("%s",stu1.name);
    getchar();
    printf("input sex: ");
    scanf("%c",&stu1.sex);
    printf("input birthday(year,month,day): ");
    scanf("%d,%d,%d",&stu1.birthday.year,
                     &stu1.birthday.month,
                     &stu1.birthday.day);
    stu2=stu1;                      /* 两个相同类型的结构体变量可以直接相互赋值 */
    printf("stu2_num: %d\nstu2_name: %s\n",stu2.num,stu2.name);
    printf("stu2_sex: %c\nstu2_birthday: %d/%d/%d\n",stu2.sex,
            stu2.birthday.year,stu2.birthday.month,stu2.birthday.day);
}
```

程序运行结果：

```
input num: 1001
input name: Tom
input sex: m
input birthday(year,month,day): 2001,10,16
stu2_num: 1001
stu2_name: Tom
stu2_sex: m
stu2_birthday: 2001/10/16
```

程序说明：
结构体类型 Student 里有一个成员是另一个结构体类型变量 birthday(Date 类型)。

8.2 结构体数组

　　一个结构体变量只能存放一个对象(如各名学生)的相关资料。如果要处理某个班级50 名学生的全体数据,显然定义 50 个结构体变量是很不方便的,可以定义一个结构体数组。当数组元素类型是结构体类型时,就构成了结构体数组,其中每个元素都是一个结构体变量。

8.2.1 结构体数组的定义与引用

1. 结构体数组的定义与初始化

结构体数组的定义,可以采用以下 3 种方式之一。
(1) 先定义结构体类型,再定义结构体数组。例如:

```
struct Student{
    int num;
    char name[20];
    char sex;
    float score;
};
Student stu[30];
```

(2) 在定义结构体类型的同时定义结构体数组。例如:

```
struct Student{
    int num;
    char name[20];
    char sex;
    float score;
```

```
    }stu[30];
```

（3）直接定义结构类型和数组。例如：

```
struct{
    int num;
    char name[20];
    char sex;
    float score;
}stu[30];
```

结构体数组的初始化可以在以上 3 种定义方式中同时进行，在对结构体数组元素初始化时，要将每一个元素的数据分别用花括号括起来。例如：

```
struct Student{
    int num;
    char name[20];
    char sex;
    float score;
    }stu[3]={{2008001,"zhanglei",'m',94},{2008002,"liling",'f',66},
            {2008003,"wangping",'m',72}
            };
```

2. 结构体数组元素的引用

【例 8-3】 统计所有学生的平均成绩，并将低于平均成绩的学生信息打印出来。
程序代码如下：

```
/* e8_3.c */
#include<stdio.h>
struct Student{
    int num;
    char name[20];
    char sex;
    float score;
}stu[3]={{2008001,"zhanglei",'m',94},
        {2008002,"liling",'f',66},
        {2008003,"wangping",'m',72}
        };
void main(){
    float avescore,sum=0; int i;
    /* avescore 存放平均成绩,sum 用来统计成绩总和 */
    for(i=0;i<3;i++)
        sum+=stu[i].score;
    avescore=sum/3;
    printf("avescore=%.2f\n",avescore);
```

```
    for(i=0;i<3;i++)
        if(stu[i].score<avescore)
            printf("%d,%s,%c,%.2f\n",stu[i].num,stu[i].name,
                                        stu[i].sex,stu[i].score);
}
```

程序运行结果：

```
avescore=77.33
2008002,liling,f,66.00
2008003,wangping,m,72.00
```

程序说明：

一个结构体数组的元素相当于一个结构体变量；如果对全部元素进行初始化，数组长度可以不指定。

8.2.2　结构体数组作为函数参数

结构体数组作为函数参数，可以分为两种情况：结构体数组名作为函数参数和结构体数组元素作为函数参数。

用结构体数组名作函数实参时，函数形参可以有以下 3 种方式：

（1）Student stu[]；

（2）Student stu[5]；

（3）Student * stu。

【例 8-4】　有 5 个学生，每个学生的信息包含学号、姓名和 3 门课程的成绩。从键盘输入学生的信息，要求打印出每个学生 3 门课程的平均成绩，以及最高分学生的信息。

程序代码如下：

```
/* e8_4.c */
#include<stdio.h>
#define N 5
struct Student{
    int num;
    char name[20];
    int score[3];
    float ave;
};
int imax;                     /* imax:全局变量,当前最高成绩对应的数组下标序号 */
void main(){
    int max=0;                        /* max:当前最高成绩 */
    student stu[N];                   /* 定义结构体数组 */
    void enter(Student stu[]);        /* 函数声明 */
    int calculate(Student stu[],int max); /* 函数声明 */
    void print(Student stu[],int max);    /* 函数声明 */
```

```
        enter(stu);                                    /* 调用输入函数,数组名作实参 */
        max=calculate(stu,max);                        /* 调用计算函数 */
        print(stu,max);                                /* 调用打印函数 */
    }
    void enter(Student stu[]){                          /* 输入函数,形参为结构体数组的数组名 */
        int i,j;
        for(i=0;i<N;i++){                               /* 循环 5 次,输入 5 个学生的信息 */
            printf("\nInput scores of student%d:\n",i+1);
            printf("num: ");
            scanf("%d",&stu[i].num);
            printf("name: ");
            scanf("%s",stu[i].name);
            for(j=0;j<3;j++){                           /* 循环 3 次,输入每个学生的 3 门课成绩 */
                printf("score%d: ",j+1);
                scanf("%d",&stu[i].score[j]);
            }
        }
    }
    /* 计算最高成绩和每个学生的平均成绩,函数返回最高成绩 */
    int calculate(Student stu[],int max){
        int i,j,sum;
        for(i=0;i<N;i++){                               /* 循环 5 次,分别求出每个学生的平均成绩 */
            sum=0;                                     /* sum 变量记录 3 门课程的总分 */
            for(j=0;j<3;j++)
                sum+=stu[i].score[j];                  /* 求出 3 门课程的总分 */
            stu[i].ave=sum/3.0;                        /* 将平均成绩放入成员 ave 中保存 */
            if(sum>max){                               /* 找出最高成绩 */
                max=sum;
                imax=i;                                /* 记录最高成绩学生的数组下标 */
            }
        }
        return(max);                                   /* 返回最高成绩 */
    }
    void print(Student stu[],int max){
        int i,j;
        printf("num    name score1 score2 score3 average\n");
        for(i=0;i<N;i++){                              /* 循环 5 次,分别打印每个学生的具体信息 */
            printf("%d%7s",stu[i].num,stu[i].name);
            for(j=0;j<3;j++)                           /* 分别打印每个学生的 3 门课分数 */
                printf("%7d",stu[i].score[j]);
            printf("%8.2f",stu[i].ave);               /* 分别打印每个学生的平均分数 */
            printf("\n");
        }
        printf("The highest score is: %d,%s,total score: %d.",
```

```
                    stu[imax].num,stu[imax].name,max);
}
```

程序运行结果：

```
Input scores of student1:
num: 2020001
name: mary
score 1: 88
score 2: 89
score 3: 82
Input scores of student2:
num: 2020002
name: jack
score 1: 86
score 2: 67
score 3: 75
Input scores of student3:
num: 2020003
name: tomy
score 1: 78
score 2: 77
score 3: 60
Input scores of student4:
num: 2020004
name: mike
score 1: 69
score 2: 85
score 3: 70
Input scores of student5:
num: 2020005
name: rose
score 1: 87
score 2: 62
score 3: 55
```

num	name	score1	score2	score3	average
2020001	mary	88	89	82	86.33
2020002	jack	86	67	75	76.00
2020003	tomy	78	77	60	71.67
2020004	mike	69	85	70	74.67
2020005	rose	87	62	55	68.00

The highest score is: 2020001,mary,total score: 259.

程序说明：

程序中使用到全局变量 imax，用来记录学生最高成绩对应的结构体数组下标序号，因为在调用 calculate 函数时,函数只能返回一个值(最高成绩),无法同时返回最高成绩以及该学生对应的数组下标。可以看出,全局变量是函数间数据联系的渠道,在一个函数中改变了全局变量的值,能够影响到其他函数。

【例 8-5】 用结构体数组元素作为函数参数,由用户选择需要输出的学生信息,然后调用自定义函数将该生信息打印出来。

程序代码如下:

```c
/* e8_5.c */
#include<stdio.h>
struct Student{
    int num;
    char name[20];
    int age;
    char sex;
    int score;
};
void print(Student stu){
    printf("%d,%s,%d,%c,%d\n",stu.num,stu.name,
                            stu.age,stu.sex,stu.score);
}
void main(){
    int n;
    Student stu[3]={{2020001,"zhanglei",24,'m',78},
                    {2020002,"liling",26,'f',92},
                    {2020003,"wangping",26,'m',86}
                    };
    printf("please intput student's num: ");
    scanf("%d",&n);
    switch(n){
        case 2020001: print(stu[0]);break;
        case 2020002: print(stu[1]);break;
        case 2020003: print(stu[2]);break;
        default: printf("error!\n");
    }
}
```

程序运行结果:

```
please   intput student's num: 2020001
2020001,zhanglei,24,m,78
```

程序说明:

由于结构体变量允许被作为一个整体进行赋值,因此可以使用结构体数组元素作函数参数采用值传递方式,对应成员赋值。

8.3　指向结构体类型的指针变量

指针可以指向任何数据类型,一个结构体变量的指针就是系统为该变量分配的内存段的起始地址。可以定义一个指向结构体类型数据的指针变量,称为结构体指针变量。

8.3.1　结构体指针变量

定义的一般形式:

struct 结构体名 * 变量名;

例如:

struct Student * p;　　　　　　　　　　/* Student 为结构体类型 */

通过结构体指针变量访问所指对象成员的一般形式:

(* 指针变量).成员名

或

指针变量->成员名

说明:

(1)(* 指针变量)的括号不可缺少。因为 .成员运算符的优先级高于 *,如果缺少括号,意义就会发生转变。(* 指针变量).成员名,表示的是由指针变量指向的那个结构体变量的某成员; * 指针变量.成员名,表示的是先访问指针变量的某成员,但指针变量本身不可能有某成员,因此这种写法是错误的。

(2)->称为指向运算符,它和.成员运算符都是优先级最高的运算符。指针变量->成员名,意思是由指针变量指向的那个结构体变量的某成员。

【例 8-6】　结构体指针变量的应用。

程序代码如下:

```
/* e8_6.c */
#include<stdio.h>
#include "string.h"
struct Student{
    int num;
    char name[20];
    char sex;
    float score;
};
```

```
void main() {
    Student stu1, * p;
    p=&stu1;
    stu1.num=2020001;
    strcpy(stu1.name,"zhang ping");
    stu1.sex='m';
    stu1.score=78.5;
    printf("\n num: %d\n name: %s\n sex: %c\n score: %6.2f\n",
                    (*p).num,(*p).name,(*p).sex,(*p).score);
    printf("\n num: %d\n name: %s\n sex: %c\n score: %6.2f\n",
                    p->num,p->name,p->sex,p->score);
}
```

程序运行结果:

num: 2002001

name: zhang ping

sex: m

score: 78.50

num: 2020001

name: zhang ping

sex: m

score: 78.50

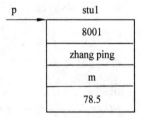

图 8.4　结构体指针变量

程序说明:

执行 p=&stu1 后,p 指针指向结构体变量 stu1 的起始地址,如图 8.4 所示。

8.3.2　指向结构体数组的指针变量

指针也可以指向一个结构体数组,该指针就是整个结构体数组的起始地址。如果指针指向结构体数组中的某个元素,则该指针变量的值就是元素的起始地址。

结构体指针变量的类型是结构体类型,不能使它指向一个结构体变量(或数组元素)的成员,因为类型不匹配。下面的赋值是错误的:

    p=&stu[1].num;

而只能是:

    p=stu;   /* 赋予数组首地址 */

或者是:

    p=&stu[0];   /* 赋予下标为 0 的元素首地址 */

【例 8-7】　指向结构体数组的指针的应用。

程序代码如下：

```c
/* e8_7.c */
#include<stdio.h>
struct Student{
    int num;
    char name[20];
    char sex;
    float score;
}stu[3]={ {8001,"zhanglei",'m', 89.5},
          {8002,"liling",'f',90},
          {8003,"wangpin",'m',77.8}
        };

void main(){
    Student * p;
    printf("No. Name        Sex Score\n");
    for(p=stu;p<stu+3;p++)
        printf("%4d %-10s %3c %8.2f\n",
        p->num, p->name, p->sex, p->score);
}
```

程序运行结果：

```
No.   Name      Sex  Score
8001  zhanglei  m    89.50
8002  liling    f    90.00
8003  wangpin   m    77.80
```

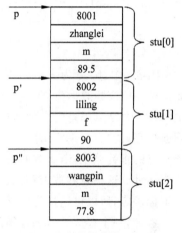

图 8.5　指向结构体数组的指针

程序说明：

程序每循环一次，都执行一次 p＋＋，越过一个元素，使 p 指向下一个元素，如图 8.5 所示。

8.4　链　　表

链表(linked list)是一种常见而重要的基础数据结构，是一种物理存储单元上非连续、非顺序的存储结构，数据元素的逻辑顺序是通过链表中的指针链接次序实现的。使用链表结构可以克服数组链需要预先知道数据大小的缺点，链表结构可以充分利用计算机内存空间，实现灵活的内存动态管理。链表有很多种不同的类型：单向链表、双向链表以及循环链表等。

8.4.1　单链表的建立

　　链表由一系列结点(链表中每一个元素称为结点)组成,结点可以在运行时动态生成。每个结点包括两部分:一个是存储数据的数据域,另一个是存储下一个结点地址的指针域。链表是一种自我指示数据类型,因为它包含指向另一个相同类型的数据的指针(链接)。

　　链表就是将若干个数据块用指针连接在一起的结构。其中每一个数据块称为结点,指向第一个结点的指针称为"头指针",存放第一个元素的地址(如图 8.6 中的 head 指针)。最后一个元素不再指向其他元素,称为"表尾",它的地址域为 NULL,表示空地址。结点之间的联系用指针实现,即在结点结构中定义一个成员用来存放下一个结点的首地址,这个用于存放地址的成员,就是"指针域"。图 8.6 是一个简单链表的示意图,1251、1365 等是内存编址。

图 8.6　链表示意图

　　图 8.6 中,head 为头指针,存放第一个结点的首地址。后面的每个结点都有两个域:数据域存放实际数据(如学号 num、姓名 name 等);指针域存放下一结点的首地址。链表中的每一个结点都是同一种结构体类型。可以看出,链表中的每个结点在内存中可以是不连续存放的。如果要访问某一结点,必须要找到该结点的地址,而它的地址存放在前一个结点的指针域中,因此需要找到前一个结点。可以看出,访问链表中的某一结点必须知道头指针。这一点和数组不同,对数组元素的访问是随机的,因为数组元素的访问形式通过下标确定,所以可通过任意指定下标访问而不必顺序访问。

　　例如,一个存放学号和成绩的结点类型为:

```
struct Student{
    int num;
    float score;
    student * next;
};
```

其中,num 和 score 是数据域;next 是指针域,用来指向下一结点。

　　【例 8-8】　静态简单链表的创建实例。

　　程序代码如下:

```
/* e8_8.c */
#include<stdio.h>
struct Student{
    int num;
    float score;
```

```
        student * next;
    };
    void main(){
        Student s1={1001,93.5},s2={1002,67.5},s3={1003,78};
        Student * head, * p;
        head=&s1;
        s1.next=&s2;
        s2.next=&s3;
        s3.next=NULL;
        for(p=head; p!=NULL; p=p->next)
            printf("%d\t%.1f\n",p->num,p->score);
    }
```

程序运行结果：

```
1001    93.5
1002    67.5
1003    78.0
```

程序说明：

程序建立的是静态单链表。建立过程：head 指向 s1,s1.next 指向 s2,s2.next 指向 s3,s3.next 为 NULL(表示空)，整个链表通过 next 指针连接。

静态单链表可以实现简单的链表结构,但需要预先定义结构体变量(结点),若想再增加结点就要修改定义,而且所有的结点都自始至终占据内存。静态链表的初始长度一般是固定的,在做插入和删除操作时不需要移动元素,仅需修改指针。

动态链表是用内存分配函数动态申请内存的,即在需要时才开辟结点的存储空间,所以每个结点的物理地址不连续,在链表的长度上没有限制,要通过指针来顺序访问。实际应用中为了使用的灵活性,更多的是使用动态链表。创建动态单链表有两种方式：一种是尾插法,另一种为头插法。使用尾插法创建动态单链表,新建的结点总是在链表的末尾插入；头插法是新建的结点总是在链表的第一个结点前插入。下面通过实例介绍如何建立动态链表。

【例 8-9】 尾插法创建动态单链表的实例。

程序代码如下：

```
/* e8_9.c */
#include<stdio.h>
#include<malloc.h>
#define LEN sizeof(Node)
struct Node{                        /* 结点类型 */
    int data;                       /* 数据域 */
    Node * next;                    /* 指针域 */
};
int n;                              /* 记录结点个数,定义为全局变量 */
Node * creatlist(){
```

```
    Node * head, * p, * q;
    n=0;
    p=q=(Node *)malloc(LEN);              /* 创建第一个结点 */
    scanf("%d",&p->data);
    head=NULL;
    while(p->data!=0){                    /* 循环结束条件是输入的数据为 0 */
        n=n+1;
        if(n==1) head=p;                  /* head 指向第一个结点 */
        else q->next=p;                   /* 链接其他结点 */
        q=p;
        p=(Node *)malloc(LEN);            /* 创建新结点 */
        scanf("%d", &p->data);
    }
    q->next=NULL;
    free(p);
    return(head);
}
```

程序说明：

(1) 使用尾插法创建动态单链表,新建的结点总是在链表的末尾插入,链表建立过程如图 8.7 所示。设有 3 个指针变量:head、p、q,都指向 struct Node 类型数据。先使 head (链头指针)的值为 NULL,此时链表为"空"(即 head 不指向任何结点,链表中无结点);再用 malloc()开辟第一个结点,并使 p、q 指向它;从键盘读入数据赋给第一个结点的数据域,如果数据为 0 表示建表过程完成。注意,此时第一个结点并未链接入链表中,如图 8.7(a)所示。

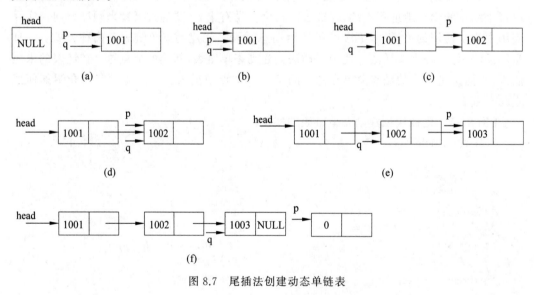

图 8.7　尾插法创建动态单链表

(2) 如果 p->data!=0,说明刚开辟结点应链入链表,令 head=p,使 head 指向这个结点(第一结点),如图 8.7(b)所示。再开辟一个结点并使 p 指向它;输入该结点的数据域;如果 p->data!=0,说明该结点应链入链表,将 p 的值赋给前一结点的指针域(q->next),此时完善了第一结点,也使第二结点链入链表中,如图 8.7(c)所示。每次将新结点链入链表中后,q 指针会后移指向链表此时的尾结点,如图 8.7(d)所示。

(3) 和第二结点一样,将第三结点链接到第二结点之后,如图 8.7(e)所示。

(4) 使 p 指向新开辟的第四结点,输入数据域;由于 p->data=0,说明建表结束,此结点不应被链接到链表中;q->next=NULL,完善整个链表的尾结点,建表过程至此全部结束,如图 8.7(f)所示。

【例 8-10】 头插法创建动态单链表的实例。

程序代码如下:

```c
/* e8_10.c */
#include<stdio.h>
#include<malloc.h>
#define LEN sizeof(Node)
struct Node{                          /* 结点类型 */
    int data;                         /* 数据域 */
    node * next;                      /* 指针域 */
};
int n;                                /* 记录结点个数,定义为全局变量 */
Node * creatlist(){
    Node * head, * p, * q;
    n=0;
    head=p=(Node *)malloc(LEN);       /* 创建第一个结点 */
    scanf("%d",&p->data);
    head->next=NULL;
    while(p->data!=0){                /* 循环结束条件是输入的数据为 0 */
        n=n+1;                        /* 结点数加 1 */
        if(n==1)
            q=p;
        else{                         /* 链入结点 */
            p->next=q;
            head=p;
        }
        q=p;
        p=(Node *)malloc(LEN);        /* 创建新结点 */
        scanf("%d", &p->data);
    }
    free(p);
    return(head);
}
```

程序说明:

头插法创建动态单链表的过程与尾插法类似。

8.4.2 单链表的基本操作

1. 单链表的遍历

所谓遍历,是指沿着某条搜索路径,依次对链表中每个结点仅做一次访问。访问结点所做的操作依赖于具体的应用问题。

【例 8-11】 编写一个输出链表的函数 print()。

程序代码如下:

```
/* e8_11.c */
void print(Node * head){
    Node * p;
    printf("\nThese %d records are:\n",n);
    p=head;
    if(head!=NULL)
        do{
            printf("%d\n",p->data);
            p=p->next;
        }while(p!=NULL);
}
```

程序说明:

从 head(实参链表头指针)所指的第一个结点出发顺序输出各个结点。p 先指向第一个结点,在输出完第一个结点之后,p 移到图中 p'虚线位置,指向第二个结点,p=p->next 的作用是 p 指针下移,如图 8.8 所示。

2. 单链表的插入

单链表的插入是指将一个结点插入到一个已有的单链表中。

【例 8-12】 编写一个链表的插入函数 insert()。原链表中的结点按数据域由小到大顺序排列,要求插入新结点后,不影响原排序规则。

算法如下:

首先生成一个新结点,然后搜索要插入的位置,再将结点链入到已有链表中。

设指针 p 已经指向了 a_{i-1} 结点,s 指向待插结点(值为 data),则插入操作由下面两个语句来实现,如图 8.9 所示。

```
s->next=p->next;p->next=s;
```

要做到正确插入,必须解决两个问题:(1)怎样找到插入位置;(2)怎样实现插入操作。例如,若在一个由小到大顺序排列的链表里插入一个新结点,可以将新结点与链表中已有结点从头开始逐个比较,直到出现待插结点比第 i-1 个结点大,比第 i 个结点小为止,则待插位置为 i。

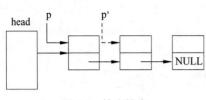

图 8.8　输出链表

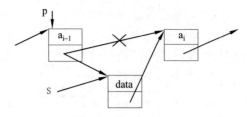

图 8.9　单链表的插入

程序代码如下：

```
/* e8_12.c */
Node * insert(Node * head,int ins_num){
    Node * p,* q1,* q2;
    q1=head;                              /* 使 q1 指向第一结点 */
    p=(Node *)malloc(LEN);                /* 开辟新结点 */
    p->data=ins_num;                      /* 完善结点数据域 */
    if(head==NULL){                       /* 原来的链表是空表 */
        head=p;                           /* 使 p 指向的结点作为第一结点 */
        p->next=NULL;
    }
    if(p->data<head->data){               /* 待插结点小于链表首结点 */
        head=p;
        p->next=q1;                       /* 将待插结点放在第一结点之前 */
    }
    else{
        while((p->data>=q1->data)&&(q1!=NULL)){    /* 用循环找到要插入位置 */
            q2=q1;                        /* q2 指向待插结点的前驱结点 */
            q1=q1->next;                  /* q1 指向待插结点的后继结点 */
        }
        q2->next=p;                  ⎫
        p->next=q1;                  ⎬    /* 链入待插结点 */
    }                                ⎭
    n=n+1;                                /* 结点数加 1 */
    return(head);                         /* 返回头指针值 */
}
```

程序说明：

首先生成一个新结点，使 q1＝head，指针 p 指向待插结点，有 4 种插入情况。

（1）已有链表为空链表，直接将 head 指向待插结点，如图 8.10(a)所示。

（2）待插结点小于链表中的首结点，则插入位置在第一结点之前。将 head 直接指向 p(p 为头结点)，p->next 指向 q1(原头结点为第二结点)；完成插入操作，如图 8.10(b)所示。

（3）插入位置为中间某一处时，先用 while 循环找到正确的插入位置，用 q2 指向待插

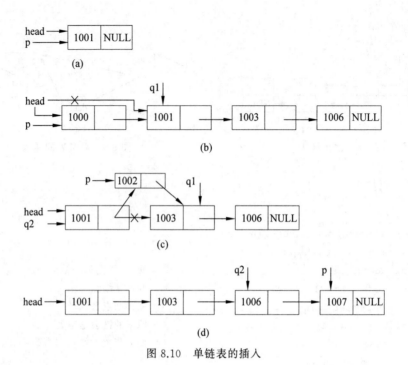

图 8.10　单链表的插入

结点的前驱结点,用 q1 指向待插结点的后继结点;然后 q2->next=p,p->next=q1;完成插入操作,如图 8.10(c)所示。

（4）插入位置为表尾时,与情况（3）处理方法一致,如图 8.10(d)所示。

3. 单链表的删除

单链表的删除是指将一个结点从一个已有的单链表中删除。

【例 8-13】　编写一个链表的删除函数 del()。

算法如下:

删除链表中的第 i 个结点,就是让其前驱的指针绕过该结点,指向该结点的后继结点。假设指针 p 指向链表中的第 i-1 个结点,如图 8.11 所示。则删除 a_i 结点最基本的操作可以用一条语句实现:p->next=p->next->next,即将 p 指向的 a_{i-1} 结点的指针域直接指向 a_{i+1} 结点的首地址(越过 a_i 结点)。如果被删除的结点不再使用,则应释放其存储空间,因此需要按如下方式实现:

```
temp=p->next;                /* 用一个指针 temp 指向待删结点 */
p->next=temp->next;          /* 绕过待删结点 */
free(temp);                  /* 释放被删结点存储空间 */
```

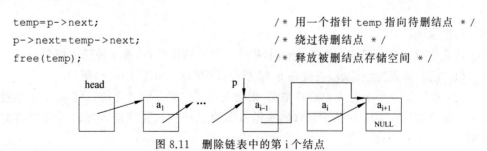

图 8.11　删除链表中的第 i 个结点

程序代码如下：

```
/* e8_13.c */
Node * del(Node * head,int del_num){
Node * q1, * q2;
q1=head;                          /* 让 q1 指向第一结点 */
if(head==NULL)                    /* 若是空链表,则提示出错 */
    printf("error,list null!\n");
else{
    while((del_num!=q1->data)&&(q1->next!=NULL)){
                                  /* 寻找待删结点位置 */
        q2=q1;
        q1=q1->next;
    }
    if(del_num==q1->data){        /* 判断是不是要删除的结点 */
        if(q1==head)              /* 若 q1 指向首结点,把第二结点地址赋予 head */
            head=q1->next;
        else
            q2->next=q1->next;
                                  /* 否则将下一结点地址赋给前一结点地址 */
        free(q1);                 /* 释放结点空间 */
        n=n-1;                    /* 结点数减 1 */
    }else
        printf("%d not been found!\n",del_num);   /* 找不到该结点 */
}
    return(head);
}
```

程序说明：

（1）指针 q1 的作用是指向待删结点,q2 指针负责指向待删结点的前驱结点。当找到待删结点时,执行 q2->next＝q1->next 即可完成删除操作,然后使用 free()释放结点存储空间。

（2）图 8.12(a)标明了 q1 指向首结点的情况;图 8.12(b)标明了待删结点不是首结点时,q1 与 q2 指针的指向情况;图 8.12(c)标明了待删结点是首结点时的操作情况;图 8.12(d)则标明了待删结点非首结点时的操作情况。

（3）另外还需考虑链表是空表或链表中找不到待删结点的情况。

4. 单链表的综合应用

将以上建立、输出、删除和插入的函数组织在一个 main()中,用 while 循环处理插入多个结点和删除多个结点的情况(输入为 0 表示终止当前操作)。

【例 8-14】 单链表的综合应用实例。

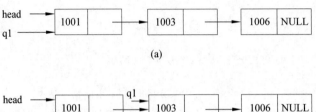

(a)

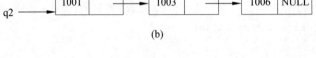

(b)

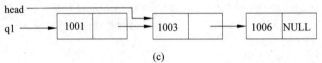

(c)

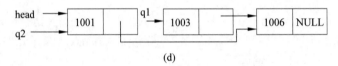

(d)

图 8.12　删除链表中的结点

程序代码如下：

```
/* e8_14.c */
void main() {
    Node * head;
    int ins_num, del_num;
    printf("input records:\n");
    head=creatlist();              /* 创建单链表 */
    print(head);                   /* 输出单链表 */
    printf("input the inserted record:\n");
    scanf("%d", &ins_num);
    while(ins_num!=0) {            /* 插入结点 */
        head=insert(head, ins_num);
        print(head);
        printf("input the inserted record: ");
        scanf("%d", &ins_num);
    }
    printf("input the deleted record:\n");
    scanf("%d", &del_num);
    while(del_num!=0) {            /* 删除结点 */
        head=del(head, del_num);
        print(head);
        printf("input the deleted record: ");
        scanf("%d", &del_num);
    }
```

```
}
```

程序运行结果：

```
input records:
1001
1003
1006
0
These 3 records are:
1006
1003
1001
input the inserted record: 1002
These 4 records are:
1002
1006
1003
1001
input the inserted record: 0
input the deleted record: 1006
These 3 records are:
1002
1003
1001
input the deleted record: 0
```

程序说明：

（1）在主函数中实现了单链表的创建、插入、删除、输出等操作。

（2）结构体和指针的应用领域很广，除了单链表之外，还有双向链表，循环链表。此外还有栈、队列、树、图等数据结构。

8.5 共用体类型

在进行某些算法的 C 语言编程的时候，需要使几种不同类型的变量存放到同一段内存单元中。也就是使用几个变量，它们的值互相覆盖。这种几个不同的变量共同占用一段内存的结构，在 C 语言中，称作"共用体"类型结构，简称共用体。在某些书籍中可能称为"联合体"，但是"共用体"更能反映该类型在内存的特点。例如，在同一个地址开始的内存块中，分别存放整型变量、字符型变量、实型变量，如图 8.13 所示。3 种变量在内存中占有不同的字节数，但都从同一地址开始存放，它们的值可以相互覆盖。共用体类型是指将不同的数据项存放于同一段内存单元的一种构造数据类型，它的类型说明、变量定义与结构体的类型说明、变量定义方式基本相同。

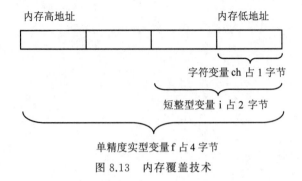

字符变量 ch 占 1 字节

短整型变量 i 占 2 字节

单精度实型变量 f 占 4 字节

图 8.13　内存覆盖技术

8.5.1　共用体类型的定义

定义的一般形式：

```
union 共用体类型名{
        成员表列;
};
```

成员表列是共用体的成员。例如：

```
union Data{
    short i;
    char ch;
    float f;
}num;
```

定义一个共用体类型 Data，共同占用内存情况如图 8.13 所示。同时还定义了一个共用体变量 num，由 3 个成员组成：短整型成员 i、字符型成员 ch 和单精度型成员 f。定义共用体类型的变量与结构体变量定义的方式相同：可以先定义类型，再定义变量；或者定义类型的同时定义变量；或者直接定义共用体变量。例如：

```
Data num1,num2,num3;
```

定义为共用体变量 num1、num2、num3，它们都被分配 4 字节的内存单元。共用体变量的内存长度等于最长的成员长度，可以使用 sizeof 运算符求出共用体类型数据的长度。例如：

```
printf("union Data size=%d\n",sizeof(Data));
printf("union Data size=%d\n",sizeof(num));
```

运行结果都是：

```
union Data size=4
```

8.5.2　共用体变量的引用

共用体变量不能直接使用,只能使用里面的某个成员,使用运算符“.”或“->”。
成员引用的一般形式:

共用体变量名.成员名

例如:num.i,num.ch,num.f。
引用时应注意如下事项。

(1)共用体变量中,可以包含若干个成员及若干种类型,但共用体成员不能同时使用。在每一时刻,只有一个成员及一种类型起作用,不能同时引用多个成员及多种类型。

(2)共用体变量中起作用的成员值是最后一次存放的成员值,即共用体变量所有成员共用同一段内存单元,后来存放的值将原先存放的值覆盖,故只能使用最后一次给定的成员值。

(3)共用体变量的地址和它的各个成员的地址相同。

(4)不能对共用体变量初始化和赋值,也不能企图引用共用体变量名来得到某成员的值。

(5)共用体变量不能作函数参数,函数的返回值也不能是共用体类型。

(6)共用体类型和结构体类型可以相互嵌套,共用体中成员可以为数组,甚至还可以定义共用体数组。

【例 8-15】　共用体变量的初始化与引用。
程序代码如下:

```c
/* e8_15.c */
#include<stdio.h>
union Data{
    int a;
    char ch;
}s={99}, * p=&s;
void main(){
    printf("%d,%c \n",s.a,s.ch);
    printf("%d,%c \n",p->a,p->ch);
}
```

程序运行结果:

```
99,c
99,c
```

程序说明:

(1)程序中声明一个共用体类型 Data,并定义了该类型的变量 s 和指向该变量的指针变量 p。

（2）利用成员运算符"."和指向运算符"->"两种方式访问共用体成员。

【例 8-16】 分别以十进制与字符形式输出一个共用体变量的低八位与高八位。

程序代码如下：

```c
/* e8_16.c */
#include<stdio.h>
union Un{
    char c[2];
    short s;
}num;
void main(){
    num.s=16961;
    printf("%d,%c\n",num.c[0],num.c[0]);
    printf("%d,%c\n",num.c[1],num.c[1]);
}
```

程序运行结果：

```
65,A
66,B
```

程序说明：

（1）短整型数值 16961 以二进制形式存储在内存中的形式为 0100001001000001。

（2）低八位数值为 01000001，以十进制形式输出为 65，以字符形式输出为字母 A。

（3）高八位数值为 01000010，以十进制形式输出为 66，以字符形式输出为字母 B。

【例 8-17】 一个教师与学生通用信息表格，教师数据有姓名、年龄、身份、部门；学生数据有姓名、年龄、身份、班级。编程输入 4 组人员数据，再以表格形式输出。

程序代码如下：

```c
/* e8_17.c */
#include<stdio.h>
struct{
    char name[10];
    int age;
    char job;
    union{
        int classname;
        char department[16];
    }depa;                          /* depa 成员为共用体类型变量 */
}body[4];
void main(){
    int i;
    for(i=0;i<=3;i++){
        printf("input name,age,job and department:\n");
        scanf("%s %d %c",body[i].name,&body[i].age,&body[i].job);
```

```
        if(body[i].job=='s')
            scanf("%d",&body[i].depa.classname);
        else if(body[i].job=='t')
            scanf("%s",body[i].depa.department);
    }
    printf("name\tage job class/department\n");
    for(i=0;i<=3;i++){
        if(body[i].job=='s')
            printf("%s\t%3d %3c %d\n",body[i].name,body[i].age,
                            body[i].job,body[i].depa.classname);
        else
            printf("%s\t%3d %3c %s\n",body[i].name,body[i].age,
                            body[i].job,body[i].depa.department);

    }
}
```

程序运行结果：

```
input name,age,job and department:
王磊 40 t 计算机工程学院
input name,age,job and department:
张斌 20 s 1001
input name,age,job and department:
刘敏 21 s 2008
input name,age,job and department:
赵林 35 t 外国语学院
name   age   job   class/deparment
王磊    40    t     计算机工程学院
张斌    20    s     1001
刘敏    21    s     2008
赵林    35    t     外国语学院
```

程序说明：

(1) 结构体数组 body 存放人员数据。结构体成员中 depa 是一个共用体类型,有两个成员：一个是整型 classname,一个是字符数组 department。

(2) body[i].name 和 body[i].depa.department 是字符数组类型,scanf 语句输入时不能加 & 运算符。

8.5.3 共用体与结构体的不同

结构体(struct)和共用体(union)是两种很相似的复合数据类型,都可以用来存储多种数据类型,但是两者还有很大的区别。

(1) 共用体变量所占的内存长度和结构体变量不同。共用体变量的内存长度等于最长的成员的长度;而结构体变量所占内存长度不小于成员所占的内存长度之和。

（2）共用体变量存储方式和结构体变量不同。共用体变量在某一时刻，只能存放一个成员；而结构体变量可以同时存放所有成员。

（3）共用体变量的地址和结构体变量的地址不同。共用体变量的地址和内部各成员变量的地址都是同一个地址；而结构体变量的地址只与它的第一个成员的地址相同。

（4）共用体变量的值和结构体变量不同。共用体变量的值是其最后一次被赋值的成员值，前面赋值都被覆盖；而结构体变量每个成员的值可以互不相同。

（5）不能把共用体变量作为函数参数，也不能使函数带回共用体变量的值；而结构体变量则可以。

（6）共用体变量不能赋初值，而结构体变量可以。

8.6　枚　举　类　型

在程序设计中，有时会用到由若干个有限数据元素组成的集合，如一周内的星期一到星期日 7 个数据元素组成的集合，由 3 种颜色红、黄、绿组成的集合等，程序中某个变量取值仅限于集合中的元素。此时，可将这些数据集合定义为枚举类型。因此，枚举类型是某类数据可能取值的集合，如一周内星期可能取值的集合为：

{ Sun,Mon,Tue,Wed,Thu,Fri,Sat}

该集合可定义为描述星期的枚举类型，该枚举类型共有 7 个元素，因而用枚举类型定义的枚举变量只能取集合中的某一元素值。所谓枚举，指的是凡属于该类型变量的值都一一列举出来的一种数据类型。

8.6.1　枚举类型的定义

必须先定义枚举类型，然后再用枚举类型定义枚举型变量。
定义的一般形式：

enum 枚举类型名{枚举元素表};

其中，关键字 enum 表示定义的是枚举类型。枚举元素表由枚举元素或枚举常量组成，各枚举常量之间以“,”分隔，且必须各不相同。例如：

enum Week{ Sun,Mon,Tue,Wed,Thu,Fri,Sat };

定义了一个名为 Week 的枚举类型，它包含 7 个元素：Sun、Mon、Tue、Wed、Thu、Fri、Sat。在编译器编译程序时，给枚举类型中的每一个元素指定一个整型常量值（也称为序号值）。若枚举类型定义中没有指定元素的整型常量值，则整型常量值从 0 开始依次递增，因此，Week 枚举类型的 7 个元素 Sun、Mon、Tue、Wed、Thu、Fri、Sat 对应的整型常量值分别为 0、1、2、3、4、5、6。

可以在定义枚举类型时为部分或全部枚举常量指定整数值，在指定值之前的枚举常

量仍按默认方式取值,而指定值之后的枚举常量按依次加1的原则取值。例如:

```
enum Week{Sun=7, Mon=1, Tue, Wed, Thu, Fri, Sat};
```

枚举常量 Sun、Mon、Tue、Wed、Thu、Fri、Sat 的值分别为 7、1、2、3、4、5、6。

枚举常量只能以标识符形式表示,不能是整型、字符型等文字常量。例如,以下定义非法:

```
enum Letter {'a','d','F','s','T'};            //枚举常量不能是字符常量
enum Year {2000,2001,2002,2003,2004,2005};    //枚举常量不能是整型常量
```

8.6.2　枚举变量的定义

枚举类型的定义只是定义了一个新的数据类型,只有用枚举类型定义枚举变量才能使用这种数据类型。定义枚举类型变量有 3 种方法,即先定义类型后定义变量、定义类型的同时定义变量和直接定义变量。

1. 先定义类型后定义变量

格式:

枚举类型名 变量 1,变量 2,…,变量 n;

例如:

```
enum Colors{red=5,blue=1,green,black,white,yellow};
Colors c1,c2;                        /* c1、c2 为 Colors 类型的枚举变量 */
```

2. 定义类型的同时定义变量

格式:

enum 枚举类型名{枚举元素表}变量 1,变量 2,…,变量 n;

例如:

```
enum Colors{red=5,blue=1,green,black,white,yellow}c1,c2;
```

3. 直接定义枚举变量

格式:

enum{枚举元素表}变量 1,变量 2,…,变量 n;

例如:

```
enum {red=5,blue=1,green,black,white,yellow} c1=red,c2=blue;
```

定义枚举变量时,可对变量进行初始化赋值,c1 的初始值为 red,c2 的初始值为 blue。

8.6.3 枚举变量的引用

对枚举类型变量只能使用两类运算：赋值运算与关系运算。

1. 赋值运算

枚举类型的元素可直接赋给枚举变量，且同类型枚举变量之间可以相互赋值。

```
enum Week {Sun=7, Mon=1, Tue, Wed, Thu, Fri, Sat};
Week day1,day2;
day1=Sun;
day2=day1;
```

注意：

（1）不能用键盘通过 scanf()向枚举变量输入元素值，例如，scanf("%d",&day1)是错误的。枚举变量的值只能通过初始化或赋值运算符输入。

（2）虽然每个枚举常量都对应一个整数，但是不能将一个整数直接赋给枚举变量，可以用强制类型转换将一个整数转换为所代表的枚举常量，然后再进行赋值。如：

```
Week day=1;                          /* 错误 */
Week day=(Week)1;                    /* 正确 */
```

2. 关系运算

枚举变量可与元素常量进行关系比较运算，同类枚举变量之间也可以进行关系比较运算，但枚举变量之间的关系运算比较是对其序号值进行的。例如：

```
day1=Sun;                            /* day1 中元素 Sun 的序号值为 0 */
day2=Mon;                            /* day2 中元素 Mon 的序号值为 1 */
if(day2>day1) day2=day1;             /* day2>day1 的比较就是序号值关系式：1>0 */
if(day1>Sat) da1=Sat;                /* day1>Sat 的比较就是序号值关系式：0>6 */
```

【例 8-18】 输出枚举常量。

程序代码如下：

```
/* e8_18.c */
#include<stdio.h>
void main(){
    enum Week{Sun,Mon,Tue,Wed,Thu,Fri,Sat};
    Week day;
    int num;
    printf("please input a num: ");
    scanf("%d",& num);
```

```
        day=(Week)num;
        printf("Today is : ");
        switch(day){
            case Sun: printf("Sunday\n");break;
            case Mon: printf("Monday\n");break;
            case Tue: printf("Tuesday\n");break;
            case Wed: printf("Wednesday\n");break;
            case Thu: printf("Thursday\n");break;
            case Fri: printf("Friday\n");break;
            case Sat: printf("Saturday\n");break;
            default: printf("error!\n");
        }
}
```

程序运行结果：

please input a num: 5
Today is :Friday

程序说明：

程序中定义了枚举类型的变量 day，当输入 0～6 的任意一个数字时，就会输出相应的星期的英文单词。

从某种意义上说，枚举类型是整型类型的一种特例，但既然专门定义枚举类型，自然有它的好处，首先，因为枚举常量相当于一个符号常量，故具有见名知意的好处，可以提高程序的可读性；其次，因为属于某一枚举类型的变量，其取值只能限于在所列的枚举常量范围内，只要其值超出这个范围，系统即视为出错，这相当于让系统帮助检查错误，从而降低编程难度。

8.7 typedef 重定义类型名

C 语言除了提供标准数据类型、构造数据类型外，还可以使用 typedef 声明新类型名来代替已有的类型名。

一般形式：

typedef 已有类型名 新类型名；

作用：给已有的类型取一个新名字。

例如：

typedef char CHAR;
typedef int INT;

将 char 定义为 CHAR，将 int 定义为 INT，则

```
CHAR c;                                          /* 等价于 char c; */
INT a;                                           /* 等价于 int a; */
```

通常利用 typedef 的功能来简化构造类型的类型名。例如：

```
typedef struct node{int data;struct node * next}NODE;
typedef NODE * POINTER;
NODE s;
POINTER p=&s;
```

其中 NODE 是结构体类型名,代替 node;POINTER 为指向结构体类型的指针类型名,代替 node * 。

注意：

(1) 习惯上把 typedef 声明的类型名用大写字母表示,以便与系统提供的标准类型名相区别。

(2) 用 typedef 可以声明各种类型名,但不能用来定义变量。

(3) 用 typedef 只是对已经存在的类型增加一个类型名,而没有创造新的类型。

(4) 区别 typedef 和 ♯define。虽然两者都是代替的作用,但实质不同。♯define 是宏定义,只是简单的替换,而且是在预编译时处理的;而 typedef 是给已有类型取个新名,是在编译时处理的,完全可以替换掉原来的类型名。

(5) 使用 typedef 有利于程序的通用和移植。

本 章 小 结

结构体和共用体是自定义的数据类型,常用于处理非数值型数据,如链表、队列、树等。

结构体是一种构造数据类型,把不同类型的数据组合成一个整体来自定义数据类型。结构体类型,要先定义后使用。结构体由若干成员组成,每个成员可以是一个基本数据类型或者又是一个构造类型。可以用 sizeof 运算符求出一个结构体类型数据的长度。

链表是一种常见而重要的基础数据结构。动态链表由一系列结点组成,在需要时开辟结点的存储空间。每个结点包括两部分：一个是存储数据的数据域,另一个是存储下一个结点地址的指针域。创建动态单链表有两种方式：一种是尾插法,另一种为头插法。

共用体也是一种构造数据类型,也叫联合体。共用体是用覆盖技术,使几个不同变量共占一段内存的结构,存储空间的大小是占用空间最大的那个变量的大小。共用体在同一时刻只能使用其中的一个成员变量,而结构体每个成员都有其自己独立的存储空间,互不干涉。

不能对共用体变量初始化和赋值,也不能企图引用共用体变量名来得到某成员的值。

共用体变量不能赋初值,而结构体变量可以。不能把共用体变量作为函数参数,也不能使函数带回共用体变量的值;而结构体变量则可以。

可以通过"."成员运算符和"->"指向运算符访问结构体变量和共用体变量。

无论是结构体变量还是共用体变量在使用时,只能访问该变量的某个具体成员,不能直接对整个变量进行操作。

所谓枚举,指的是凡属于该类型变量的值都一一列举出来的一种数据类型。枚举变量的值只能取枚举常量表中所列的值,就是整型数的一个子集。枚举变量占用内存的大小与整型数相同。对枚举类型变量只能使用两类运算:赋值运算与关系运算。

使用 typedef 声明新类型名来代替已有的类型名。

习　题　8

一、单项选择题

1. 下面定义的变量 s 所占内存空间的大小是_____。

```
struct Student{
    char name[20];
    int age;
    float weight;
}s;
```

  A. 20   B. 22   C. 24   D. 28

2. 若有以下说明和定义:

```
struct Person{
    char name[20];
    int age;
    char sex;
}a={"li ming",20,'m'}, * p=&a;
```

则不能对字符串 li ming 进行引用的方式是_____。

  A. (* p).name   B. p.name   C. a.name   D. p->name

3. 若有以下说明和定义,叙述不正确的是_____。

```
struct ST{
    int a;
    int b[2];
}a;
```

  A. 允许结构体变量 a 和结构体成员 a 同名

  B. 程序运行时将为结构体 ST 分配 12 字节内存单元

  C. 程序运行时不为结构体 ST 分配内存单元

  D. 程序运行时将为结构体变量 a 分配 12 字节内存单元

4. typedef double DOUB 的作用是_____。

A. 建立一个新的数据类型   B. 定义一个双精度变量

C. 定义了一个新的数据类型标识符   D. 语法错误

5. 有以下程序：

```
#include<stdio.h>
struct S{
    int n;
    int a[20];
};
void f(int * a,int n){
    int i;
    for(i=0;i<n-1;i++)
        a[i]+=i;
}
void main(){
    int i;
    S s={10,{2,3,1,6,8,7,5,4,10,9}};
    f(s.a,s.n);
    for(i=0;i<s.n;i++)
        printf("%d,",s.a[i]);
}
```

程序运行后的输出结果是_____。

A. 2,4,3,9,12,12,11,11,18,9,   B. 3,4,2,7,9,8,6,5,11,10,

C. 2,3,1,6,8,7,5,4,10,9,   D. 1,2,3,6,8,7,5,4,10,9,

6. 有以下程序段：

```
typedef struct Node{
    int data;
    struct Node * next;
} * NODE;
NODE p;
```

以下叙述正确的是_____。

A. p 是指向 Node 结构变量的指针的指针

B. 语句出错

C. p 是指向 Node 结构变量的指针

D. p 是 Node 结构变量

7. 设有以下定义：

```
union data{
    int d1;
    float d2;
}demo;
```

则下面叙述中错误的是_____。

    A. 变量 demo 与成员 d2 所占的内存字节数相同

    B. 变量 demo 中各成员的地址相同

    C. 变量 demo 和各成员的地址相同

    D. 若给 demo.d1 赋 99 后，demo.d2 中的值是 99.0

8. 程序中已构成如下图所示的不带头结点的单向链表结构，指针变量 s、p、q 均已正确定义，并用于指向链表结点，指针变量 s 总是作为头指针指向链表的第一个结点。

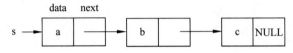

若有以下程序段：

```
q=s; s=s->next; p=s;
while( p->next) p=p->next;
p->next=q; q->next=NULL;
```

该程序段实现的功能是_____。

    A. 首结点成为尾结点   B. 尾结点成为首结点

    C. 删除首结点   D. 删除尾结点

9. 以下程序的输出结果是_____。

```
#include<stdio.h>
void main(){
    typedef enum{ Red,Yellow,Blue=100,White,Black }COLOR;
    printf("%d,%d",White,sizeof(COLOR));
}
```

    A. 101,2   B. 101,4   C. 3,1   D. 3,2

10. 以下枚举类型的定义中正确的是_____。

    A. enum a＝{one,two,three};   B. enum a{one＝9,two＝－2,three};

    C. enum a＝{"one","two","three"};   D. enum a{"one","two","three"};

11. 设有以下语句：

```
typedef struct TT{
    char c;
    int a[4];
}CIN;
```

则下面叙述中正确的是_____。

    A. 不可以用 TT 定义结构体变量   B. TT 是 struct 类型的变量

    C. 可以用 CIN 定义结构体变量   D. CIN 是 TT 类型的变量

12. 若有以下定义和语句：

```
union data{
```

```
        int i;
        char c;
        float f;
    }x;
    int y;
```

则以下语句正确的是_____。

      A. x=10.5；   B. x.c=101；

      C. y=x；   D. printf("%d\n",x)；

二、填空题

1. 有如下定义：

```
struct Student{
    char name[20];
    int age;
    float weight;
};
struct Student s[2]={{"Sunny",21,50},{"Tom",22,52}};
```

则 s[1].name[0] 得到的是_____，s[0].age 得到的是_____。

2. 设有说明：

```
struct DATE{int year;int month; int day;};
```

请写出一条定义语句,该语句定义 d 为上述结构体变量,并同时为其成员 year、month、day 依次赋初值 2006、10、1：_____。

3. 下面程序的功能是建立一个有 3 个结点的单循环链表,然后求各个结点数值域 data 中数据的和,请填空。

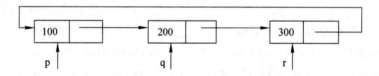

```
#include<stdio.h>
#include<malloc.h>
struct NODE{
    int data;
    NODE * next;
};
void main(){
    NODE * p, * q, * r;
    int sum=0;
    p=( NODE * )malloc(sizeof(NODE));
    q=(NODE * )malloc(sizeof(NODE));
    r=(NODE * )malloc(sizeof(NODE));
```

```
        p->data=100;
        q->data=200;
        r->data=300;
        p->next=q;
        q->next=r;
        r->next=p;
        sum=p->data+p->next->data+p->next_____;
        printf("%d\n",sum);
}
```

4. 函数 min() 的功能是在带头结点的单链表中查找数据域中值最小的结点,请填空。

```
#include<stdio.h>
struct Node{
    int data;
    Node * next;
};
int min(Node * first){              /* 指针 first 为链表头指针 */
    Node * p;
    int m;
    p=first->next;
    m=p->data;
    p=p->next;
    for(;p!=NULL;p=_____)
        if(p->data<m)m=p->data;
    return m;
}
```

5. 若有以下说明和定义语句,则变量 w 在内存中所占的字节数是_____。

```
union aa{
    float x;
    double y;
    char c[6];
};
struct St{
    union aa v;
    float w[6];
    double ave;
}w;
```

三、阅读程序,写出结果
1. 以下程序的输出结果是_____。

```
#include<stdio.h>
#include<stdlib.h>
void main(){
```

```
char * s1, * s2,m;
s1=s2=(char *)malloc(sizeof(char));
* s1=15;
* s2=20;
m= * s1+ * s2;
printf("%d\n",m);
}
```

2. 以下程序的运行结果是_____。

```
#include<stdio.h>
struct Tt{
    int x;
    Tt * y;
} * p;
Tt a[4]={20,a+1,15,a+2,30,a+3,17,a};
void main(){
    int i;
    p=a;
    for(i=1;i<=2;i++){
        printf("%d ",p->x);
        p=p->y;
    }
}
```

3. 以下程序的运行结果是_____。

```
#include<stdio.h>
#include<string.h>
typedef struct{
    char name[9];
    char sex;
    float score[2];
}STU;
STU f(STU a){
    STU b={"Zhao",'m',85.0,90.0};
    int i;
    strcpy(a.name,b.name);
    a.sex=b.sex;
    for(i=0;i<2;i++)
        a.score[i]=b.score[i];
    return a;
}
void main(){
    STU c={"Qian",'f',95.0,92.0},d;
    d=f(c);
```

```c
        printf("%s,%c,%2.0f,%2.0f\n",d.name,d.sex,d.score[0],d.score[1]);
}
```

4. 以下程序的运行结果是_____。

```c
#include<stdio.h>
struct Stu{
    char num[10];
    float score[3];
};
void main(){
    Stu s[3]=
        {{"20021",90,95,85},{"20022",95,80,75},{"20023",100,95,90},}, * p=s;
    int i; float sum=0;
    for(i=0;i<3;i++)
        sum=sum+p->score[i];
    printf("%6.2f\n",sum);
}
```

5. 以下程序的输出结果是_____。

```c
#include<stdio.h>
#include<malloc.h>
struct NODE{ int num; struct NODE * next; };
void main(){
    NODE * p, * q, * r;
    p=(NODE *)malloc(sizeof(NODE));
    q=(NODE *)malloc(sizeof(NODE));
    r=(NODE *)malloc(sizeof(NODE));
    p->num=10; q->num=20; r->num=30;
    p->next=q;q->next=r;
    printf("%d\n",p->num+q->next->num);
}
```

6. 以下程序的输出结果是_____。

```c
#include<stdio.h>
void main(){
    struct Comp{
        int x;
        int y;
    }cnum[2]={2,3,4,5};
    printf("%d",cnum[0].y/cnum[0].x * cnum[1].x);
}
```

7. 以下程序的输出结果是_____。

```c
#include<stdio.h>
```

```
void main(){
    union{
        int i[2];
        long k;
        char c[4];
    }r, * s=&r;
    s->i[0]=0x39;
    s->i[1]=0x38;
    printf("%x",s->c[0]);
}
```

四、编程题

1. 定义一个结构体变量(包括年、月、日)。计算该日在本年中是第几天,注意闰年情况。

2. 有一个学生成绩数组,该数组中有 5 名学生的学号、姓名、3 门课成绩等信息,要求:编写 input()输入数据,output()输出数据,在 main()中调用。

3. 有两个链表 a 和 b,设结点中包含学号和姓名。从 a 链表中删去与 b 链表中相同学号的结点。

4. 已知 head 指向一个带头结点的单向链表,链表中每个结点包括数据域(data)和指针域(next),数据域为整型。请编写函数,在链表中查找数据域值最大的结点。要求:由函数返回找到的最大值。

5. 在上题的基础上,将要求改为由函数返回最大值所在结点的地址。

6. 请编程建立一个带有头结点的单向链表,链表结点中的数据通过键盘输入,当输入数据为-1 时,表示输入结束(链表头结点的 data 域不放数据,表空的条件是 ph->next==NULL)。

7. 口袋中有红、黄、蓝、白、黑 5 种颜色的球若干个。每次从口袋中取出 3 个球,问得到 3 种不同颜色的球的可能取法,打印出每种组合的 3 种颜色。球只能是 5 种颜色之一,而且要判断各球是否同色,应使用枚举类型变量处理。

8. 简述重定义类型名的作用,它与宏定义有何不同。

第 9 章

文　　件

学习目标：
(1) 了解文件的概念及文件指针。
(2) 掌握文件的打开、关闭、读、写等各种操作。
(3) 掌握文件的定位和随机读写操作。

9.1　文件及文件指针

9.1.1　文件的概念

文件是指一组相关数据的有序集合。这个数据集合有一个名称，叫作文件名。从用户角度看，文件可分为普通文件和设备文件。

普通文件是指保存在磁盘或其他外部介质上的一个有序数据集，可以是源文件、目标文件、可执行程序；也可以是一组待输入处理的原始数据，或者是一组输出的结果。对于源文件、目标文件、可执行程序可以称作程序文件，对输入输出数据可称作数据文件。操作系统是以文件为单位对数据进行管理的，普通文件在使用时才被调入内存。也就是说，如果想找到存储在外部介质上的数据，必须先按文件名找到所指定的文件，然后再从该文件中读取数据。要向外部存储数据则必须先建立一个文件，才能向它输出数据。

设备文件是指与主机相连的各种外部设备，如显示器、打印机、键盘等。操作系统把外部设备也看作是一个文件来进行管理，把它们的输入、输出等同于对磁盘文件的读和写。通常把显示器指定为标准输出文件，在屏幕上显示有关信息就是向标准输出文件输出数据。如前面经常使用的 printf()、putchar() 就是这类输出。通常把键盘指定为标准输入文件，从键盘上输入就意味着从标准输入文件上获取数据，scanf()、getchar() 就属于这类输入。

从文件编码方式看，文件可分为 ASCII 码文件(又称为文本文件)和二进制码文件。

ASCII 文件在磁盘中存放时，每个字符对应一个字节，用于存放对应的 ASCII 码。ASCII 码文件可在屏幕上按字符显示，如源程序文件就是 ASCII 文件。由于是按字符显示，因此能读懂文件内容。

例如,数 5678 的存储形式(共占用 4 字节):

ASCII 码:　　　　00110101　00110110　00110111　00111000

　　　　　　　　　　↓　　　　　↓　　　　　↓　　　　　↓

十进制码:　　　　　5　　　　6　　　　7　　　　8

二进制文件是按二进制的编码方式来存放文件的,是把内存中的数据,按其在内存中的存储形式原样输出到磁盘上存放。

例如,数 5678 的存储形式:00010110　00101110 只占 2 字节。

二进制文件虽然也可在屏幕上显示,但其内容无法读懂。C 语言系统在处理这些文件时,并不区分类型,都看成是字符流,按字节进行处理。输入输出字符流的开始和结束只由程序控制而不受物理符号(如回车符)的控制。因此也把这种文件称作"流式文件"。

用 ASCII 形式输出时,与字符一一对应,一个字节代表一个字符,因而便于对字符进行逐个处理,也便于输出字符,缺点是占存储空间较多,而且要花费二进制形式与 ASCII 形式之间的转换时间。用二进制形式输出数值数据,可以节省外存空间和转换时间,但一个字节不能对应一个字符,不能直接输出字符形式。对于需要暂时保存在外存上以后又要输入到内存的中间结果数据,通常用二进制形式保存。

从缓冲方式看,文件可分为缓冲文件系统和非缓冲文件系统。

缓冲文件系统又称为高级磁盘输入输出系统。系统自动地在内存区为每一个正在使用的文件名开辟一个缓冲区:从磁盘文件中读取数据时,先将数据读到缓冲区,然后再从缓冲区将数据快速送到应用程序的变量中。下次再读数据时,首先判断缓冲区中是否有数据,如果有,则直接从缓冲区中读,否则就要从磁盘中读取。从内存向磁盘输出数据必须先送到内存中的缓冲区,装满缓冲区后才一起送到磁盘。非缓冲文件系统又称为低级磁盘输入输出系统,系统不为这类文件自动提供文件缓冲区,而由用户自己根据需要设置。

这两种文件系统分别对应不同的输入输出函数,缓冲文件系统为用户提供了很多方便,代替用户做了很多事情,功能相当强大。而非缓冲文件系统则直接依赖于操作系统。

缓冲文件系统输入输出称为标准输入输出(标准 I/O),而非缓冲文件系统输入输出称为系统 I/O。

本章讨论流式文件的打开、关闭、读、写、定位等各种操作。

9.1.2　文件指针

每个被使用的文件都在内存中开辟一个区域(结构体变量),用来存放文件的有关信息,如文件名、文件状态和文件当前位置等。该结构体类型(FILE)系统定义在 stdio.h 中。

```
typedef struct{
    short level;                    /* 缓冲区"满"或"空"的程度 */
    unsigned flags;                 /* 文件状态标志 */
    char fd;                        /* 文件描述符 */
```

```
unsigned char hold;          /*如无缓冲区不读取字符*/
short bsize;                 /*级冲区的大小*/
unsigned char * buffer;      /*数据缓冲区的位置*/
unsigned char * curp;        /*指针,当前的指向*/
unsigned istemp;             /*临时文件,指示器*/
short token;                 /*用于有效性检查*/
}FILE;
```

C语言中用一个指针变量指向一个文件,这个指针称为文件指针。通过文件指针就可对它所指的文件进行各种操作。

文件指针定义的一般形式:

```
FILE * 指针变量;
```

例如:

```
FILE * fp;
```

表示 fp 是指向 FILE 结构的指针变量,通过 fp 即可找到存放某个文件信息的结构变量,然后按结构变量提供的信息找到该文件,实施对文件的操作。

9.2　文件的打开与关闭

视频

文件在进行读写操作之前要先打开,使用完毕要及时关闭。在 C 语言中,文件操作都是由库函数来完成的。

9.2.1　文件的打开

用 fopen()函数来实现打开文件。调用的一般形式:

```
FILE * fp;
fp=fopen(文件名,文件使用方式);
```

例如:

```
fp=fopen("al","r");
```

表示要打开文件名为 al 的文件,方式为"只读",由 fp 指向该文件。

文件使用的方式共有 12 种,如表 9.1 所示。

表 9.1　文件使用方式

文件使用方式	含　　义
"r"	只读打开一个文本文件,只允许读数据
"w"	只写打开或建立一个文本文件,只允许写数据

文件使用方式	含　　义
"a"	追加打开一个文本文件,并在文件末尾写数据
"rb"	只读打开一个二进制文件,只允许读数据
"wb"	只写打开或建立一个二进制文件,只允许写数据
"ab"	追加打开一个二进制文件,并在文件末尾写数据
"r+"	读写打开一个文本文件,允许读和写
"w+"	读写打开或建立一个文本文件,允许读写
"a+"	读写打开一个文本文件,允许读,或在文件末追加数据
"rb+"	读写打开一个二进制文件,允许读和写
"wb+"	读写打开或建立一个二进制文件,允许读和写
"ab+"	读写打开一个二进制文件,允许读,或在文件末追加数据

说明:

(1) 文件使用方式由 r、w、a、t、b、+ 共 6 个字符进行组合,各字符的含义如下:

```
r(read):              /*读*/
w(write):             /*写*/
a(append):            /*追加*/
t(text):              /*文本文件,可省略不写*/
b(banary):            /*二进制文件*/
+:                    /*读和写*/
```

(2) 用 r 打开一个文件时,该文件必须已经存在,且只能从该文件读出。

(3) 用 w 打开的文件只能向该文件写入。若打开的文件不存在,则以指定的文件名建立该文件;若打开的文件已经存在,则将该文件删去,重建一个新文件。

(4) 若要向一个已存在的文件追加新的信息,只能用 a 方式打开文件。但此时该文件必须是存在的,否则将会出错。

(5) 在打开一个文件时,如果出错,fopen 将返回一个空指针值 NULL。在程序中可以用这一信息来判别是否完成打开文件的工作,并作相应的处理。因此常用以下程序段打开文件:

```
if((fp=fopen("c:\\abc","rb")==NULL){
    printf("\nerror on open c:\\abc file!");
    getch();
    exit(1);
}
```

如果返回的指针为空,表示不能打开指定文件,则给出提示信息。getch()功能是从键盘输入一个字符,但不在屏幕上显示。该行的作用是等待,只有当用户从键盘敲任一键时,程序才继续执行,因此用户可利用这个等待时间阅读出错提示,然后执行 exit(1)退出程序。

(6) 标准输入文件(键盘),标准输出文件(显示器),标准出错输出(出错信息)是由系统打开的,可直接使用。

9.2.2　文件关闭函数

文件使用完毕,应及时关闭文件,以避免文件的数据丢失等错误。用 fclose()实现文件的关闭。调用的一般形式:

```
fclose(文件指针);
```

例如:

```
fclose(fp);
```

正常完成关闭文件操作时,fclose()返回值为 0,如返回非零值则表示有错误发生。

9.3　文件的读写

读文件就是从文件中将数据复制到内存变量中来,处理完之后,通常需要将数据写入文件,即将内存变量中的数据复制到文件中去。文件打开之后,就可以对它进行读写操作。

C 语言在头文件 stdio.h 中提供了多种文件读写的函数:字符读写函数、字符串读写函数、数据块读写函数、格式化读写函数等。下面分别予以介绍。

9.3.1　字符读写函数

1. 读字符函数 fgetc()

调用格式:

```
字符变量=fgetc(文件指针);
```

功能:从指定的文件中读一个字符。

说明:

(1) 使用该函数前,必须是以读或读写方式打开文件。

(2) 在文件内部有一个位置指针,用来指向文件的当前读写字节。在文件打开时,该指针总是指向文件的第一个字节。使用 fgetc()后,该位置指针向后移动一个字节。因此可连续多次使用 fgetc(),读取多个字符。应注意文件指针和文件内部的位置指针不是一回事。文件指针是指向整个文件的,须在程序中定义说明,只要不重新赋值,文件指针的值是不变的。文件内部的位置指针用以指示文件内部的当前读写位置,每读写一次,该指针均向后移动,它不在程序中定义说明,而是由系统自动设置。

2. 写字符函数 fputc()

调用格式:

fputc(字符量,文件指针);

功能:把一个字符写入指定的文件中。

说明:

(1) 待写入的字符量可以是字符常量或变量。

(2) 被写入的文件可以用写、读写、追加方式打开,用写或读写方式打开一个已存在的文件时将清除原有的文件内容,写入字符从文件首开始。如需保留原有文件内容,希望写入的字符以文件末开始存放,必须以追加方式打开文件。被写入的文件若不存在,则创建该文件。

(3) 每写入一个字符,文件内部位置指针向后移动一个字节。

(4) fputc()有一个返回值,如写入成功则返回写入的字符,否则返回一个 EOF,可用此判断写入是否成功。

【例 9-1】 从键盘输入一行字符,写入一个文件(d:\C\example\9_1.dat),再把该文件内容读出显示在屏幕上。

程序代码如下:

```
/* e9_1.c */
#include<stdio.h>
#include<stdlib.h>
#include<conio.h>
void main(){
    FILE * fp;
    char ch;
    if((fp=fopen("d:\\C\\example\\9_1.dat","w+"))==NULL){
        printf("Cannot open file strike any key exit!");
        getch();
        exit(1);
    }
    printf("input a string:\n");
    ch=getchar();
    while(ch!='\n'){
        fputc(ch,fp);
        ch=getchar();
    }
    rewind(fp);                     /* 把 fp 所指文件的内部位置指针移到文件头 */
    ch=fgetc(fp);
    while(ch!=EOF){
```

```
        putchar(ch);
        ch=fgetc(fp);
    }
    printf("\n");
    fclose(fp);
}
```

程序运行结果：

input a string:
abc
abc

程序说明：

以读写文本文件方式打开文件 9_1.dat。第一个 while 循环，当读入字符不是回车符，把该字符写入文件，然后继续从键盘读入下一字符。每输入一个字符，文件内部位置指针向后移动一个字节。写入完毕，该指针指向文件末。如要把文件从头读出，须把指针移向文件头，rewind()用于把 fp 所指文件的内部位置指针移到文件头。第二个 while 循环用于读出文件中的内容。

【例 9-2】 把命令行参数中的前一个文件名标识的文件，复制到后一个文件名标识的文件中，如命令行中只有一个文件名则把该文件写到标准输出文件(显示器)中。

程序代码如下：

```
/* e9_2.c */
#include<stdio.h>
#include<stdlib.h>
#include<conio.h>
void main(int argc,char * argv[]){
    FILE *  fp1, * fp2;
    char ch;
    if(argc==1){
        printf("have not enter file name strike any key exit");
        getch();
        exit(0);
    }
    if((fp1=fopen(argv[1],"r"))==NULL){
        printf("Cannot open %s\n",argv[1]);
        getch();
        exit(1);
    }
    if(argc==2)
        fp2=stdout;
    else if((fp2=fopen(argv[2],"w+"))==NULL){
            printf("Cannot open %s\n",argv[1]);
            getch();
```

```
            exit(1);
        }
    while((ch=fgetc(fp1))!=EOF)
        fputc(ch,fp2);
    fclose(fp1);
    fclose(fp2);
}
```

程序说明：

本程序为带参的 main()。定义两个文件指针 fp1 和 fp2，分别指向命令行参数中给出的文件。如命令行参数中没有给出文件名，则给出提示信息。如果只给出一个文件名，则使 fp2＝stdout，fp2 指向标准输出文件（即显示器）；否则，fp2 指向第二个文件。while 循环逐个读出文件 1 中的字符并送到文件 2 中。

运行时，如给出 1 个文件名，则输出给标准输出文件 stdout，即在显示器上显示文件内容；如给出 2 个文件名，则把 fp1 所指文件中的内容写入到 fp2 所指文件中。

9.3.2 字符串读写函数

1. 读字符串函数 fgets()

调用格式：

```
fgets(字符数组名,n,文件指针);
```

功能：从指定的文件中读一个字符串到字符数组中。

说明：

（1）n 是一个正整数，表示从文件中读出的字符串不超过 n－1 个字符。在读入的最后一个字符后加上串结束标志'\0'。

（2）在读出 n－1 个字符之前，如遇到了换行符或 EOF，则读出结束。

（3）fgets()有返回值，其返回值是字符数组的首地址。

例如：

```
fgets(str,n,fp);              /* 从 fp 所指的文件中读出 n-1 个字符送入字符数组 str 中 */
```

2. 写字符串函数 fputs()

调用格式：

```
fputs(字符串,文件指针);
```

功能：向指定的文件写入一个字符串。

说明：字符串可以是字符串常量，也可以是字符数组名或指针变量。

【例 9-3】 从键盘输入字符，并输出到磁盘文件。

程序代码如下：

```
/* e9_3.c */
#include<stdio.h>
#include<string.h>
#include<stdlib.h>
void main(){
    FILE * fp;
    char string[100];
    if((fp=fopen("file1.txt","w"))==NULL){
        printf("can't open file");
        exit(0);
    }
    while((strlen(gets(string)))>0){
        fputs(string,fp);
        fputs("\n",fp);
    }
    fclose(fp);
}
```

程序说明：

从键盘输入的字符被送到 string 字符数组中，用 fputs() 函数把字符串 file1.txt 输出到文件中。

9.3.3 数据块读写函数

fread() 和 fwrite() 用于整块数据的读写函数。如一个数组元素，一个结构变量的值等。

调用格式：

```
fread(buffer,size,count,fp);          /* 读数据块函数 */
fwrite(buffer,size,count,fp);         /* 写数据块函数 */
```

说明：

(1) buffer 是一个指针，fread() 中表示存放输入数据的首地址，fwrite() 中表示存放输出数据的首地址。

(2) size 表示要读写的数据块的字节数。

(3) count 表示要读写的数据块块数。

(4) fp 是文件指针。

例如：

```
fread(f,4,2,fp);
```

从 fp 指向的文件连续读入两次数据（每次 4 字节），存储到实型数组 f 中。

【例 9-4】 从键盘输入 4 个学生数据，然后存储到磁盘文件中。

程序代码如下：

```
/* e9_4.c */
#include<stdio.h>
#define SIZE 4
struct Student{
    char name[15];
    int num;
    int age;
    char addr[15];
}stu[SIZE];
void save(){
    FILE * fp;
    int i;
    if((fp=fopen("9_4.dat","wb"))==NULL){
        printf("cannot open file\n");
        return;
    }
    for(i=0;i<SIZE;i++)
        if(fwrite(&stu[i],sizeof(Student),1,fp)!=1)
            printf("file write error\n");
    fclose(fp);
}
void main(){
    int i;
    for(i=0;i<SIZE;i++)
        scanf("%s %d %d %s", stu[i].name, &stu[i].num, &stu[i].age, stu[i].addr);
    save();
}
```

程序说明：

运行时，屏幕上不显示信息。可以打开磁盘文件查看结果。

【例 9-5】 有 5 个学生，每个学生有 3 门课的成绩。要求从键盘输入数据（包括学生号、姓名、3 门课成绩），计算每个学生的平均成绩，并将原有数据和平均成绩存放在磁盘文件中。

程序代码如下：

```
/* e9_5.c */
#include "stdio.h"
#include<conio.h>
#include<stdlib.h>
struct Student{
    char num[6];
    char name[8];
    int score[3];
```

```
        float avr;
}stu[5];
void main(){
    int i,j,sum;
    FILE * fp;
    for(i=0;i<5;i++){
        printf("please input scores of student %d:\n",i+1);
        printf("stuNo: ");
        scanf("%s",stu[i].num);
        printf("name: ");
        scanf("%s",stu[i].name);
        sum=0;
        for(j=0;j<3;j++){
            printf("score %d: ",j+1);
            scanf("%d",&stu[i].score[j]);
            sum+=stu[i].score[j];
        }
        stu[i].avr=(float)sum/3.0;
    }
    fp=fopen("stud","w");           /* stud 是磁盘文件名 */
    for(i=0;i<5;i++)
    if(fwrite(&stu[i],sizeof(Student),1,fp)!=1)
        printf("file write error\n");
    fclose(fp);
    fp=fopen("stud","r");
    printf(" No. name score1 score2    score3 average\n");
    for(i=0;i<5;i++){
        fread(&stu[i],sizeof(Student),1,fp);
        printf ("%6s% 8s% 8d% 8d% 8d% 10.2f\n",stu[i].num,stu[i].name,stu[i].
        score[0],stu[i].score[1],stu[i].score[2],stu[i].avr);
    }
}
```

程序运行结果：

please input scores of student 1:
stuNo: 10018
name: Jack
score 1: 858
score 2: 808
score 3: 788
please input scores of student 2:
stuNo: 10028
name: Mike8
score 1: 728

```
score 2: 708
score 3: 698
please input scores of student 3:
stuNo: 10038
name: Bill8
score 1: 998
score 2: 978
score 3: 958
please input scores of student 4:
stuNo: 10048
name: Mary8
score 1: 878
score 2: 888
score 3: 858
please input scores of student 5:
stuNo: 10058
name: Tom8
score 1: 778
score 2: 708
score 3: 838
```

No.	name	score1	score2	score3	average
10018	Jack	858	808	788	818.00
10028	Mike	728	708	698	711.33
10038	Bill	998	978	958	978.00
10048	Mary	878	888	858	874.67
10058	Tom	778	708	838	774.67

程序说明：

fwrite()向文件写入数据时不是按 ASCII 码方式输出,是按内存中存储数据的方式输出(如一个整数占 4 字节,一个实数占 4 字节)。查看文件中的数据：将文件中的数据读出并放到结构体数组中,然后在屏幕上输出该结构体数组。

9.3.4　格式化读写函数

fscanf()和 fprintf()与 scanf()和 printf()功能相似,都是格式化读写函数。两者的区别在于 fscanf()和 fprintf()的读写对象不是键盘和显示器,而是磁盘文件。

调用格式：

```
fscanf(文件指针,格式字符串,输入表列);
fprintf(文件指针,格式字符串,输出表列);
```

例如：

```
fprintf(fp,"%d,%6.2f",i,t);
```

作用是将整型变量 i 和实型变量 t 的值按％d 和％6.2f 的格式输出到 fp 指向的文件中。

【例 9-6】 从键盘输入 4 个学生数据,写入一个文件中,再读出数据显示在屏幕上。

程序代码如下:

```
/* e9_6.c */
#include<stdio.h>
#include<conio.h>
#include<stdlib.h>
#define SIZE 4
struct Stu{
    char name[10];
    int num;
    int age;
    char addr[15];
}studa[SIZE], studb[SIZE], * p, * q;
void main(){
    FILE * fp;
    int i;
    p=studa;
    q=studb;
    if((fp=fopen("stud_list","wb+"))==NULL){
        printf("Cannot open file strike any key exit!");
        getch();
        exit(0);
    }
    printf("\ninput data\n");
    for(i=0;i<SIZE;i++,p++)
        scanf("%s %d %d %s", p->name, &p->num, &p->age, p->addr);
    p=studa;
    for(i=0;i<SIZE;i++,p++)
        fprintf(fp,"%s %d %d %s\n", p->name,p->num,p->age, p->addr);
    rewind(fp);
    for(i=0;i<SIZE;i++,q++)
        fscanf(fp,"%s %d %d %s\n", q->name,&q->num,&q->age, q->addr);
    printf("\n\nname\tnumber age addr\n");
    q=studb;
    for(i=0;i<SIZE;i++,q++)
        printf("%s\t%5d %7d %s\n", q->name,q->num,q->age, q->addr);
    fclose(fp);
}
```

程序运行结果:

```
input data
```

```
liu 40 21 hefei
wang 36 20 shanghai
li 42 19 wuhan
zhang 43 18 beijing
name    number  age   addr
liu      40      21    hefei
wang     36      20    shanghai
li       42      19    wuhan
zhang    43      18    beijing
```

程序说明：

采用循环语句来完成全部数组元素的读写；注意指针变量 p 和 q 的变化。

9.4 文件的随机读写

前面介绍的对文件的读写方式都是顺序读写，即读写文件只能从头开始，顺序读写各个数据。但在实际问题中常需要对文件进行随机读写，即随机读写文件中某一指定的部分。

在每个文件中，都有一个指向当前读写位置的指针，称为位置指针。在使用 fopen() 函数打开文件时，该指针指向文件开始，当顺序读写一个文件时，每次读写一个字符，指针都会自动移动到下一个字符位置，直到读写完毕。要对文件实现随机读写，首先要移动位置指针到指定位置，即文件定位。

9.4.1 文件定位

1. rewind()

格式：

```
void rewind(FILE * fp);
```

功能：将文件指针 fp 指向文件的位置指针移到文件首。

2. fseek()

格式：

```
int fseek(FILE * fp,long offset,int base);
```

功能：将文件指针 fp 指向文件的位置指针移到距离 base 偏移 offset 字节的位置。函数返回值为当前位置，否则返回−1。

说明：

（1）base 为"起始点"，表示从何处开始计算位移量。起始点表示方法有 3 种：文件首、当前位置和文件尾,如表 9.2 所示。

表 9.2　起始点表示方法

起 始 点	表 示 符 号	数 字 表 示
文件首	SEEK_SET	0
当前位置	SEEK_CUR	1
文件末尾	SEEK_END	2

（2）offset 为"位移量",表示移动的字节数。要求位移量是 long 型数据,以便在文件长度大于 64KB 时不会出错。当位移量>0 时,表示向前移动,当位移量<0 时,表示向后移动。当用常量表示位移量时,要求加后缀 L。

例如:

```
fseek(fp,50L,0);          /* 将位置指针移到文件头起始第 50 字节处 */
fseek(fp,100L,1);         /* 将位置指针从当前位置向前(文件尾方向)移动 100 字节 */
fseek(fp,-20L,2);         /* 将位置指针从文件末尾向后(文件头方向)移动 20 字节 */
```

（3）如果执行 fseek()成功,函数值返回 0,失败则返回一个非零值。

（4）fseek()一般用于二进制文件。在文本文件中由于要进行转换,故往往计算的位置会出现错误。

3. ftell()

格式:

```
long ftell(FILE * fp);
```

功能:返回文件位置指针的当前位置(用相对于文件首的位移量表示)。

说明:如果返回值为-1L,表示调用出错。

9.4.2　随机读写数据块

移动位置指针后,即可用前面介绍的任一种读写函数进行读写。由于一般是读写一个数据块,因此常用 fread()和 fwrite()。

【例 9-7】　在磁盘文件存有 10 个学生的数据,要求读取第 1、3、5、7、9 个学生数据,并在屏幕上显示出来。

程序代码如下:

```
/* e9_7.c */
#include<stdio.h>
#include<stdlib.h>
struct Student{
```

```
        char name[10];
        int num;
        int age;
        char addr[15];
    }stud[10];
    void main(){
        FILE * fp;
        int i;
        if((fp=fopen("data","rb"))==NULL){
            printf("Cannot open file!\n");
            exit(0);
        }
        for(i=0;i<10;i+=2){
            fseek(fp,i*sizeof(Student),0);
            fread(&stud[i],sizeof(Student),1,fp);
            printf("%s,%d,%d,%s\n", stud[i].name, stud[i].num, stud[i].age, stud
            [i].addr);
        }
        fclose(fp);
    }
```

程序运行结果：

```
aa,0,0,aa
cc,0,0,cc
ee,0,0,ee
jj,0,0,jj
ii,0,0,ii
```

程序说明：

通过 fseek() 对记录进行定位，可以快速找到需要的记录。注意：在使用随机文件时，要保证每条记录的长度都是等长的。因此，data 文件的建立，应使用 fwrite() 写入。

【例 9-8】 实现对一个文本文件内容的反向显示。

程序代码如下：

```
/* e9_8.c */
#include<stdio.h>
#include<stdlib.h>
void main(){
    char c;
    FILE * fp;
    if((fp=fopen("test","r")) ==NULL){
        printf ("Cannot open file.\n");
        exit(1);
```

```
    }
    fseek(fp,0L,2);                  /* 定位文件尾 */
    while((fseek(fp,-1L,1))!=-1){    /* 相对当前位置退后一个字节 */
        c=fgetc(fp);
        putchar(c);
        if(c=='\n')
            fseek(fp,-2L,1);         /* 由于 DOS 在文本文件中要存回车 0x0d 和换 */
                                     /* 行 0x0a 两个字符,故要向前移动两个字节 */
        else fseek(fp,-1L, 1);       /* 文件指针向前移动一个字节,使文件指针定位 */
    }                                /* 在刚刚读出的那个字符 */
    fclose(fp);
}
```

程序说明:

fseek(fp,0L,2)的作用是定位到文件尾。注意此时不是定位到文件的最后一个字符,而是最后一个字符之后的位置。

9.5 文件检测函数

C语言中常用的文件检测函数有以下几个。

1. 读写文件出错检测函数 ferror()

格式:

```
int ferror(文件指针);
```

功能:检查文件在用各种输入输出函数进行读写时是否出错。如 ferror()返回值为0,表示未出错,否则表示有错。

2. 文件出错标志和文件结束标志置 0 函数 clearerr()

格式:

```
void clearerr(文件指针);
```

功能:用于清除出错标志和文件结束标志,使它们为 0 值。

3. 文件结束检测函数 feof()

格式:

```
feof(文件指针);
```

功能:判断文件是否处于文件结束位置,如文件结束,则返回值为 1,否则为 0。

本 章 小 结

　　文件是程序设计中的一种重要的数据类型,是指存储在外部介质上的一组数据集合。C语言中文件被看成字节或字符的序列,称为流式文件。从用户角度看,文件可分为普通文件和设备文件。普通文件是指保存在磁盘或其他外部介质上的一个有序数据集,设备文件是与主机相连的各种外部设备被看作是一个文件进行管理。从文件编码方式看,文件可分为ASCII码文件(又称为文本文件)和二进制码文件。ASCII码文件在磁盘中存放时,每个字符对应一个字节,因此能读懂文件内容;二进制文件按二进制编码存放,因此内容无法读懂。从缓冲方式看,文件可分为缓冲文件系统和非缓冲文件系统。缓冲文件系统,系统自动开辟缓冲区;非缓冲文件系统,系统不自动提供文件缓冲区。

　　文件在读写之前必须打开,读写结束必须关闭。文件可按只读、只写、读写、追加4种操作方式打开,同时还必须指定文件的类型是二进制文件还是文本文件。文件可按字节、字符串、数据块为单位读写,文件也可按指定的格式进行读写。文件内部的位置指针可指示当前的读写位置,通过文件定位函数可以移动该指针,从而实现对文件的随机读写。

习　题　9

一、单项选择题

1. 当已存在一个abc.txt文件时,执行函数fopen("abc.txt","r+")的功能是_____。

　　A. 打开abc.txt文件,清除原有的内容

　　B. 打开abc.txt文件,只能写入新的内容

　　C. 打开abc.txt文件,只能读取原有内容

　　D. 打开abc.txt文件,可以读取和写入新的内容

2. 若用fopen()函数打开一个新的二进制文件,该文件可以读也可以写,则文件打开模式是_____。

　　A. "ab+"　　　　　　B. "wb+"　　　　　　C. "rb+"　　　　　　D. "ab"

3. 使用fseek()函数可以实现的操作是_____。

　　A. 改变文件的位置指针的当前位置　　　　B. 文件的顺序读写

　　C. 文件的随机读写　　　　　　　　　　　D. 以上都不对

4. fread(buf,64,2,fp)的功能是_____。

　　A. 从fp文件流中读出整数64,并存放在buf中

　　B. 从fp文件流中读出整数64和2,并存放在buf中

　　C. 从fp文件流中读出64字节的字符,并存放在buf中

　　D. 从fp文件流中读出2个64字节的字符,并存放在buf中

5. 以下程序的功能是_____。

```
void main(){
    FILE * fp;
    char str[]="HELLO";
    fp=fopen("PRN ","w");
    fpus(str,fp);fclose(fp);
}
```

    A. 在屏幕上显示 HELLO   B. 把 HELLO 存入 PRN 文件中

    C. 在打印机上打印出 HELLO   D. 以上都不对

6. 若 fp 是指向某文件的指针,且已读到此文件末尾,则库函数 feof(fp)的返回值是_____。

    A. EOF   B. 0   C. 非零值   D. NULL

7. 以下叙述中不正确的是_____。

    A. C 语言中的文本文件以 ASCII 码形式存储数据

    B. C 语言中对二进制位的访问速度比文本文件快

    C. C 语言中,随机读写方式不使用于文本文件

    D. C 语言中,顺序读写方式不使用于二进制文件

8. 以下程序企图把从终端输入的字符输出到名为 abc.txt 的文件中,直到从终端读入字符♯号时结束输入和输出操作,但程序有错。

```
#include<stdio.h>
void main(){
    FILE * fout;
    char ch;
    fout=fopen("abc.txt","w");
    ch=fgetc(stdin);
    while(ch!='#'){
        fputc(ch,fout);
        ch =fgetc(stdin);
    }
    fclose(fout);
}
```

出错的原因是_____。

    A. 函数 fopen 调用形式有误   B. 输入文件没有关闭

    C. 函数 fgetc 调用形式有误   D. 文件指针 stdin 没有定义

9. 若 fp 为文件指针,且文件已正确打开,i 为 long 型变量,以下程序段的输出结果是_____。

```
fseek(fp,0,SEEK_END);
i=ftell(fp);
```

```
printf("i=%ld\n",i);
```

  A. −1   B. fp 所指文件的长度,以字节为单位

  C. 0   D. 2

二、填空题

1. C 语言中根据数据的组织形式,把文件分为_____和_____两种。

2. 使用 fopen("abc","r+")打开文件时,若 abc 文件不存在,则_____。

3. 使用 fopen("abc","w+")打开文件时,若 abc 文件已存在,则_____。

4. C 语言中文件的格式化输入输出函数对是_____;文件的数据块输入输出函数对是_____;文件的字符串输入输出函数对是_____。

5. C 语言中文件指针设置函数是_____;文件指针位置检测函数是_____。

6. 在 C 程序中,文件可以用_____方式存取,也可以用_____方式存取。

7. 在 C 程序中,数据可以用_____和_____两种代码形式存放。

8. 在 C 语言中,文件的存取是以_____为单位的,这种文件被称作_____文件。

9. feof(fp)函数用来判断文件是否结束,如果遇到文件结束,函数值为_____,否则为_____。

三、程序填空题

1. 下面程序用变量 count 统计文件中字符的个数,请填空。

```
#include<stdio.h>
#include<stdlib.h>
void main(){
    FILE * fp;
    long count=0;
    if((fp=fopen("letter.dat",_____))==NULL){
        printf("cannot open file\n");
        exit(0);
    }
    while(!feof(fp)){
        _____;
        _____;
    }
    printf("count=%ld\n",count);
    fclose(fp);
}
```

2. 以下程序的功能是将文件 file1.c 的内容输出到屏幕上并复制到文件 file2.c 中,请填空。

```
#include<stdio.h>
void main(){
    FILE _____;
    fp1=fopen("file1.c","r");
    fp2=fopen("file2.c","w");
```

```
    while(!feof(fp1))
        putchar(getc(fp1));
    _____;
    while(!feof(fp1))
        putc _____;
    fclose(fp1);
    fclose(fp2);
}
```

3. 以下程序中用户由键盘输入一个文件名,然后输入一串字符(用♯结束输入)存放到此文件中形成文本文件,并将字符的个数写到文件尾部。

```
#include<stdio.h>
#include<stdlib.h>
void main(void){
    FILE * fp;
    char ch,fname[32];
    int count=0;
    printf("Input the filename : ");
    scanf("%s",fname);
    if((fp=fopen(_____,"w+"))==NULL){
        printf("Can't open file: %s \n",fname);
        exit(0);
    }
    printf("Enter data:\n");
    while((ch=getchar())!="♯"){
        fputc(ch,fp);
        count++;
    }
    fprintf(_____,"\n%d\n",count);
    fclose(fp);
}
```

四、编程题

1. 编写一个程序,由键盘输入一个文件名,然后把从键盘输入的字符依次存放到该文件中,用♯作为结束输入的标志。

2. 编写一个程序,建立一个 abc 文本文件,向其中写入 this is a test 字符串,然后显示该文件的内容。

3. 编写一个程序,查找指定的文本文件中某个单词出现的行号及该行的内容。

4. 编写一个程序 fcat.c,把命令行中指定的多个文本文件连接成一个文件。例如:

fcat file1 file2 file3

它把文本文件 file1、file2 和 file3 连接成一个文件,连接后的文件名为 file1。

5. 编写一个程序,将指定的文本文件中某单词替换成另一个单词。

第 **10** 章

编译预处理与位运算

学习目标：

(1) 理解编译预处理的作用。

(2) 掌握宏定义、宏替换、文件包含、条件编译等预处理命令的定义及使用。

(3) 理解数的机器码表示方法(原码、反码、补码)。

(4) 掌握各种位运算符及有关运算规则。

(5) 理解位域的基本原理和使用方法。

编译预处理是 C 语言的重要特点之一。所谓编译预处理，就是 C 语言编译系统在对 C 语言源程序进行编译之前就对源程序进行的一些预加工。最常用的编译预处理有宏定义、文件包含和条件编译 3 类。预处理命令是一种特殊的命令，为了区别一般的语句，必须以♯开头，结尾不加分号。预处理命令可以放在程序中的任何位置，其有效范围是从定义开始到文件结束。

10.1 宏定义与宏替换

在 C 语言源程序中允许用一个标识符来表示一个字符串，称为宏。宏定义中的标识符称为宏名。编译预处理时，程序中所有出现的宏名，都用宏定义中的字符串代换，称为宏替换或宏展开。宏是由源程序中的宏定义命令完成的，宏替换是由预处理程序自动完成的。宏分为不带参数和带参数两种。

1. 不带参数的宏定义

用指定的标识符代表一个字符串，一般形式：

♯define 宏名 字符串

说明：

(1) 通常将宏定义放在源程序文件的首部。

(2) 宏名一般习惯用大写字母，与变量名相区别。

(3) 宏定义不是 C 语言语句，不要在宏定义字符串尾部加分号。如果加了分号，分号也将作为字符串的一部分。

（4）编译之前,预处理程序将程序中该宏定义之后出现的所有宏名用指定的字符串进行简单替换。不分配内存空间,也不做正确性检查,如有错误,只能在编译阶段发现。

（5）用宏名替换字符串,可以减少程序中重复书写字符串的工作量。

【例 10-1】 无参宏定义圆周率,求圆周长、面积和圆球体积。

程序代码如下:

```
/* e10_1.c */
#define PI 3.14                    /* 定义无参宏名 PI */
#include <stdio.h>
void main(){
    float r,c,s,v;
    scanf("%f",&r);
    c=2*PI*r;
    s=PI*r*r;
    v=4.0/3*PI*r*r*r;
    printf("c=%f,s=%f,v=%f\n",c,s,v);
}
```

程序运行结果:

```
2.0
c=12.560000,s=12.560000,v=33.493333
```

程序说明:

程序中的 PI 全部替换成 3.14。

【例 10-2】 对例 10-1 改写,利用无参宏嵌套定义求得圆周长、面积和圆球体积。

程序代码如下:

```
/* e10_2.c */
#define  PI  3.14
#define  R   2.0
#define  C   2*PI*R              /* 定义无参宏名 C */
#define  S   PI*R*R              /* 定义无参宏名 S */
#define  V   4.0/3*PI*R*R*R      /* 定义无参宏名 V */
#include <stdio.h>
void main(){
    printf("C=%f,S=%f,V=%f\n",C,S,V);
}
```

程序运行结果:

```
C=12.560000,S=12.560000,V=33.493333
```

程序说明:

（1）宏定义中,字符串中可以含任何字符,可以是常数,也可以是表达式。

（2）宏定义允许嵌套,在宏定义的字符串中可以使用已经定义的宏名。在宏展开时由预处理程序层层替换。

2. 带参数的宏

进行带参宏替换时,与使用有参函数类似,通过实参与形参传递数据,增加程序的灵活性。一般形式:

#define 宏名(形参表) 字符串

例如:

#define T(x) x * x

预处理程序将程序中出现的所有带实参的宏名,展开成由实参组成的表达式。

有参宏的调用和宏展开如下:

调用格式:

宏名(实参表)

宏展开:用宏调用提供的实参字符串,直接置换宏定义命令行中相应形参字符串,非形参字符保持不变。

【例 10-3】 使用带参数的宏定义,求圆的周长、面积和圆球体积。

程序代码如下:

```
/* e10_3.c */
#define PI 3.14
#define C(r) 2 * PI * r              /* 定义带参数的宏名 C */
#define S(r) PI * r * r              /* 定义带参数的宏名 S */
#define V(r) 4.0/3 * PI * r * r * r  /* 定义带参数的宏名 V */
#include<stdio.h>
void main(){
    float a,circle,area,volume;
    scanf("%f",&a);
    circle=(float)(C(a));
    area=(float)(S(a));
    volume=(float)(V(a));
    printf("PI,a=%f,circle=%f,area=%f,volume=%f\n",a,circle,area,volume);
}
```

程序运行结果:

```
2.0
PI,a=2.000000,c=12.560000,s=12.560000,v=33.493333
```

程序说明:

(1) 宏名在源程序中若用引号括起来,则预处理程序不对其做宏替换,如在 printf() 中的 PI。

（2）宏名与括号之间不能有空格。

【例 10-4】 带参数的宏替换。

程序代码如下：

```
/* e10_4.c */
#define T(x) x * x                /* 定义带参数的宏名 T */
#include<stdio.h>
void main(){
    int a,b;
    scanf("input: %d,%d", &a,&b);
    printf("%d",T(a+b));          /* 将 T(a+b)被替换成 a+b * a+b */
    }
```

程序运行结果：

```
input: 5,8
53
```

程序说明：

（1）宏展开后，代入 a 和 b 的值，T(a+b)被替换成 $5+8*5+8$。

（2）宏名后的实参表达式括号的有无，直接影响待替换的内容，可以思考把程序中 T(a+b)改成 T((a+b))的运行结果。

带参数的宏和函数有一定的相似之处，但也存在以下区别。

（1）两者的定义形式不一样。宏定义中只给出参数，不指明参数的类型；而在函数定义时，必须指定每一个形参的类型。

（2）函数调用是在程序运行时进行的，分配临时的内存单元；而宏替换是在编译前进行的，不分配内存单元，不进行值的传递处理。函数调用影响运行时间，宏替换影响编译时间。

（3）函数调用时，先求实参表达式的值，然后将值代入形参；而宏调用时只是用实参简单地替换形参。

（4）函数调用时，要求实参和形参的类型一致；而宏调用时系统并不检查类型是否匹配。

（5）函数只有一个返回值，宏替换可能有多个结果。

（6）多次使用宏，宏展开之后源程序会变长，因为每一次宏展开都会使源程序增长；而函数调用不会使源程序变长。

【例 10-5】 求 1 到 10 的平方之和。

程序代码如下：

```
/* 方法 1: 使用函数 */
int FUN(int k){
    return(k * k);
}
void main(){
    int i=1;
    while( i<=10 )
```

```
        printf("%d ",FUN(i++) );
    }
    /* 方法 2：使用宏 */
    #define FUN(a) a*a
    void main(){
        int k=1;
        while( k<=10 )
          printf("%d ",FUN(k++));
    }
```

程序运行结果：

方法 1 运行结果：1 4 9 … 100
方法 2 运行结果：2 12 30 56 90

程序说明：

方法 2 运行过程共循环 5 次。

预处理程序将程序中带实参的 FUN 替换成(k++)*(k++)，由于实参的求值顺序是从右向左，因此，

第一次循环：(k++)*(k++) 为 2*1；

第二次循环：(k++)*(k++) 为 4*3；

第三次循环：(k++)*(k++) 为 6*5；

第四次循环：(k++)*(k++) 为 8*7；

第五次循环：(k++)*(k++) 为 10*9。

3. 撤销已定义的宏

宏定义写在函数之外，其作用域为宏定义命令开始到源程序结束。如要撤销已定义的宏，可使用♯undef 命令，则相应的宏名作用域为从宏定义开始到♯undef 处。例如：

```
#include<stdio.h>
#define PI 3.14
void main(){
    ...                            ┃
                                   ┃  PI 的有效范围
}                                  ┃
#undef PI
fun1(){
    ...
}
fun2(){
    ...
}
```

由于♯undef 的作用，使 PI 的作用范围在♯undef 处终止，因此在 fun1 和 fun2 函数中，PI 不再代表 3.14。这样可以灵活控制宏定义的作用范围。

10.2 文 件 包 含

文件包含可以将另一个指定源文件的内容包含到本源文件中。一般形式如下：

格式 1：

```
#include<包含文件名>
```

格式 2：

```
#include "包含文件名"
```

说明：

(1) 格式 1 形式，预处理程序在标准目录下查找指定的文件；格式 2 形式，预处理程序首先在引用源文件所在的目录中寻找，如果没找到，再按系统指定的标准目录查找。为了提高预处理程序的搜索效率，通常对用户自定义的非标准文件使用格式 2，对使用系统库函数等标准文件使用格式 1。

(2) 一个 ♯include 命令只能包含一个文件。被包含的文件一定是文本文件，不可以是可执行程序或目标程序。

例如，调用系统库函数中的字符串处理函数，需在程序的开始使用：

```
#include<string.h>
```

表明将 string.h 的内容包含到当前程序文件中。

文件包含在程序设计中非常重要。当用户定义了一些外部变量或宏，可以将这些定义放在一个文件中，凡是需要使用这些定义的程序，只要将该文件包含到相应的程序中即可。这样可以避免对外部变量再次进行说明，既能减少工作量，又可避免出错。

【例 10-6】 将宏定义放在一个单独的 head.h 文件中，在程序文件 prog.c 中求圆的周长、面积和球体积。

程序代码如下：

```
/* 文件 head.h */
#define PI 3.14
#define C 2 * PI * r
#define S PI * r * r
#define V 4.0/3 * PI * r * r * r
/* 文件 prog.c */
#include "head.h"
#include<stdio.h>
void main(){
    float r;
    scanf("%f",&r);
    printf("C=%f,S=%f,V=%f\n",C,S,V);
}
```

程序运行结果：

```
2.0
C=12.560000,S=12.560000,V=33.493333
```

程序说明：

（1）文件 head.h 中，分别通过宏定义圆周率、圆周长、圆面积和球体积。

（2）文件 prog.c 中，包含用户自定义文件 head.h 和系统库函数文件 stdio.h，分别使用文件包含的两种不同格式书写。

【例 10-7】 对例 10-6 改写，定义 file1.h 和 file2.h 两个文件，实现文件包含的嵌套，在程序文件 prog.c 中求圆的周长、面积和圆球体积。

程序代码如下：

```
/* 文件 file1.h */
#define PI 3.14
/* 文件 file2.h */
#include "file1.h"
#define C 2 * PI * r
#define S PI * r * r
#define V 4.0/3 * PI * r * r * r
/* 文件 prog.c */
#include "file2.h"
#include <stdio.h>
void main(){
    float r;
    scanf("%f",&r);
    printf("C=%f,S=%f,V=%f\n",C,S,V);
}
```

程序运行结果：

```
2.0
C=12.560000,S=12.560000,V=33.493333
```

程序说明：

文件包含也可以嵌套，即 prog.c 中包含文件 file2.h，在 file2.h 中需包含文件 file1.h，在 prog.c 中使用 #include "file2.h" 即可，无须再次包含 file1.h，因为 file2.h 已经提前将 file1.h 包含。

10.3　条件编译

一般情况下，源程序中所有的行都参加编译。但有时希望对其中一部分内容只在满足一定条件下才进行编译，即对一部分内容指定编译条件，这就是"条件编译"。预处理程序提供了条件编译的功能。可以按不同的条件去编译不同的程序部分，因而产生不同的目标代码文件。这对于程序的移植和调试是很有用的。

条件编译指令将决定哪些代码被编译，而哪些是不被编译的。可以根据表达式的值或者某个特定的宏是否被定义来确定编译条件。常见的条件编译指令如表 10.1 所示。

表 10.1 常见的条件编译指令

条件编译指令	说　　明
#if	如果条件为真，则执行相应操作
#elif	如果前面条件为假，而该条件为真，则执行相应操作
#else	如果前面条件均为假，则执行相应操作
#endif	结束相应的条件编译指令
#ifdef	如果该宏已定义，则执行相应操作
#ifndef	如果该宏没有定义，则执行相应操作

1. #if-#else-#endif

调用格式：

```
#if 常量表达式
    程序段 1
#else
    程序段 2
#endif
```

功能：如常量表达式的值为真（非 0），则对程序段 1 进行编译；否则对程序段 2 进行编译。

注意：必须使用 #endif 结束该条件编译指令。

例如：

```
#include<stdio.h>
#define RESULT 0                    /* 定义 RESULT 为 0 */
int main(void){
    #if !RESULT                     /* 或者 0==RESULT */
        printf("It's False!\n");
    #else
        printf("It's True!\n");
    #endif                          /* 标志结束#if */
        return 0;
}
```

定义了 RESULT 为 0，在 main() 中使用 #if-#else-#endif 条件判断语句，如果 RESULT 为 0，则输出 It's False!，否则输出 It's True!。本例输出为 It's False!。

2. ♯ifndef-♯define-♯endif

调用格式：

```
#ifndef 标识符
#define 标识符 替换列表
    程序段
#endif
```

功能：一般用于检测程序中是否已经定义了名字为某标识符的宏，如果没有定义该宏，则定义该宏，并选中从 ♯define 开始到♯endif 之间的程序段；如果已定义，则不再重复定义该符号，且相应程序段不被选中。

例如：

```
#ifndef PI
#define PI 3.1416
#endif
```

判断是否已经定义了名为 PI 的宏，如果没有定义 PI，则执行宏定义。如果检测到已经定义了 PI，则不再重复执行上述宏定义。该条件编译指令更重要的一个应用是防止头文件重复包含。

3. ♯if-♯elif-♯else-♯endif

调用格式：

```
#if 条件表达式 1
    程序段 1
#elif 条件表达式 2
    程序段 2
#else
    程序段 3
#endif
```

功能：先判断条件 1 的值，如果为真，则程序段 1 被选中编译；如果为假，而条件表达式 2 的值为真，则程序段 2 被选中编译；其他情况，程序段 3 被选中编译。

4. ♯ifdef-♯endif

调用格式：

```
#ifdef 标识符
    程序段
#endif
```

功能：如果检测到已定义该标识符，则选择执行相应程序段被选中编译；否则，该程序段会被忽略。

例如:

```
#ifdef N
#undef N
    程序段
#endif
```

功能:如果检测到符号 N 已定义,则删除其定义,并选中相应的程序段。

【例 10-8】 使用条件编译,计算圆的周长。

程序代码如下:

```
/* e10_8.c */
#define PI 3.14
#include<stdio.h>
void main(){
    float r,c,s;
    printf("input a number: ");
    scanf("%f",&r);
    #ifdef PI
        c=2*PI*r;
        printf("circle of round is: %f\n",c);
    #else
        s=PI*r*r;
    printf("area of round is: %f\n",s);
    #endif
}
```

程序运行结果:

```
input a number: 3.0
circle of round is 18.840000
```

程序说明:

在程序第一行宏定义中,无参宏定义 PI 为 3.14,因此在条件编译时,对程序段 1 进行编译,故计算并输出圆周长。

【例 10-9】 改写例 10-8,使用条件编译,计算圆的面积。

程序代码如下:

```
/* e10_9.c */
#define PI 3.14
#include<stdio.h>
void main(){
    float r,c,s;
    printf("input a number: ");
    scanf("%f",&r);
    #ifndef PI
```

```
        c=2 * PI * r;
        printf("circle of round is: %f\n",c);
    #else
        s=PI * r * r;
    printf("area of round is: %f\n",s);
    #endif
}
```

程序运行结果：

input a number: 3.0
area of round is 28.260000

程序说明：

程序中定义了宏 PI，因此在条件编译时，对程序段 2 进行编译。

【例 10-10】 使用条件编译，计算圆球的体积。

知识点说明：

本题条件编译的条件是，如常量表达式的值为真（非 0），则对程序段 1 进行编译；否则对程序段 2 进行编译。

程序代码如下：

```
/* e10_10.c */
#define R 0
#include<stdio.h>
void main(){
    float r,c,v;
    printf("input a number: ");
    scanf("%f",&r);
    #if R
        c=2 * 3.14 * r;
        s=3.14 * r * r;
        printf("c=%f,s=%f\n",c,s);
    #else
        v=4.0/3 * 3.14 * r * r * r;
    printf("volume of sphere is: %f\n",v);
    #endif
}
```

程序运行结果：

input a number: 3.0
volume of sphere is 113.040000

程序说明：

程序中定义了宏 R，因此在条件编译时，常量表达式的值为假，对程序段 2 编译，故计算并输出圆球的体积。

上面介绍的条件编译当然也可以用条件语句来实现。但是用条件语句将会对整个源程序进行编译,生成的目标代码程序很长,而采用条件编译,则根据条件只编译其中的程序段 1 或程序段 2,生成的目标程序较短。如果条件选择的程序段很长,采用条件编译的方法是十分必要的。

10.4 数的机器码表示方法

前面介绍的各种运算都是以字节为基本单位进行的。而在很多系统软件中,常常需要处理二进制位的问题。为此,C 语言提供了针对二进制位进行运算的位运算符。同时为了节省信息的存储空间,使得处理简便,C 语言还构造了一种称为"位域"的数据结构。

在计算机中如何对数据进行组织和存储?运算操作时,符号位如何表示?是否同数值位一起参与运算操作?如果参与,会给运算操作带来什么影响?为了妥善处理好这些问题,产生了使用符号位和数值位一起编码来表示相应数的各种方法,如原码、反码和补码等计算机内的数据组织与存储形式。

10.4.1 字节与位

字节(byte)是计算机中的存储单元。一个字节可以存放一个英文字母或符号,一个汉字通常要用两个字节来存储。每一个字节都有自己的编号,叫作"地址"。

位(bit)是计算机中最小的存储单元。1 字节由 8 个二进制位构成,每位的取值为 0 或 1。最右端的位称为"最低位",编号为 0;最左端的位称为"最高位"。图 10.1 所示是一个字节的二进制位编号。

7	6	5	4	3	2	1	0

图 10.1　一个字节各二进制位的编号

字(word)是由若干字节组成的一个单元。一个字可以存放一个数据或指令。至于一个字由几个字节组成,取决于计算机的硬件系统。

10.4.2 原码、反码、补码

计算机使用的是二进制。数据有不同的编码方式,分别有原码、反码和补码。

1. 原码

以 8 位计算机系统为例,把最高位(即最左面的一位)留作表示符号,其他 7 位表示二进制数,这种编码方式叫作原码。最高位为 0 表示正数,为 1 表示负数。

例如,00000011 表示 +3,10000011 表示 −3。显然,这样可以表示的数值范围在 −128

到+127 之间。

这种表示方法有一个缺陷,数值 0 有两个原码,会出现歧义:

```
00000000                              /* 表示+0 */
10000000                              /* 表示-0 */
```

2. 反码

对于正数,反码与原码相同。例如,00000011 表示+3。所谓反码,是指与原码在表示负数时相反:符号位(最高位)为 1 表示负数,但其余位的值相反。

例如,11111100 表示-3。显然,这样可以表示的数值范围为-128～+127。

这种表示方法仍然有一个缺陷,数值 0 有两个反码,会出现歧义:

```
00000000                              /* 表示+0 */
11111111                              /* 表示-0 */
```

3. 补码

对于正数,补码与原码相同。0 的补码为 00000000。这样,0 的表示唯一。

对于负数,可以从原码得到补码。步骤如下:

首先,符号位不变,为 1;

其次,其余各位取反,即 0 变为 1,1 变为 0;

最后,对整个数加 1。

【例 10-11】 已知一个补码为 11111001,求其原码。

求解过程:

(1) 因为符号位为 1,表示是一个负数,所以符号位不变,仍为 1;

(2) 其余 7 位 1111001 取反后为 0000110;

(3) 整个数再加 1,所以 11111001 的原码是 10000111(-7)。

计算机中的数据都采用补码。原因在于:使用补码,可以将符号位和其他位统一处理;同时,减法也可按加法来处理。如-3+4 可以变成-3 的补码与+4 的补码相加。另外,两个用补码表示的数相加时,如果最高位(符号位)有进位,则进位被舍弃。

10.5　位运算符和位运算

位运算符通常用来对操作数进行位级的操作运算。首先将运算符转换为位级,然后对操作数执行计算。位运算符是以单独的二进制位为操作对象的运算,而且操作数只能是整型或字符型。这是与其他运算符的主要不同之处。由于提供了位运算功能,使得 C 语言也能像汇编语言一样编写系统程序。

在 C 语言中,有如下 6 种位运算符(在比特级运算)。

&:与。两个操作数,在两个操作数上的每个位上进行与操作。只有两个位都是 1

时,运算结果才是 1。

|:或。两个操作数,在两个操作数上的每个位上进行或操作。只要有一个位为 1,运算结果为 1。

~:非。单元操作符。只要一个操作数。翻转比特位:0 变 1,1 变 0.

^:异或。两个操作数。在两个操作数的每个位上进行异或操作。如果两个位不相同,运算结果为 1。

<<:左移。两个操作数。要左移的数以及左移的位数。

>>:右移。两个操作数。要右移的数以及右移的位数。

运算规则如表 10.2 所示。

表 10.2 位运算规则表

x	y	$\sim x$	$\sim y$	$x\&y$	$x|y$	$x^\wedge y$
0	0	1	1	0	0	0
0	1	1	0	0	1	1
1	0	0	1	0	1	1
1	1	0	0	1	1	0

10.5.1 按位取反运算符~

格式:~ x

功能:各位翻转,即原来为 1 的位变成 0,原来为 0 的位变成 1。

【例 10-12】 设有变量 x:25(00011001)和变量 y:0(00000000),实现两个变量的各二进制位翻转。

程序代码如下:

```
/* e10_12.c */
#include<stdio.h>
void main(){
    int x=25;
    unsigned y=0;
    printf("~x: %d\n",~x);        /* ~x 的补码为 11100110 */
    printf("~y: %d\n",~y);        /* ~y 的补码为 11111111 */
}
```

程序运行结果:

~x: -26
~y: -1

程序说明:

(1) 通过~运算,操作数中原来为 1 的位变成 0,原来为 0 的位变成 1。

（2）～x 的补码为 11100110，符号位是 1，表示负数，根据补码求原码，可求出～x 的原码为－26。

（3）～y 的补码为 111111111，符号位是 1，表示负数，根据补码求原码，可求出～y 的原码为－1，如图 10.2 所示。

$$x: 25(00011001) \qquad y: 0(00000000)$$
$$\tilde{}x: -26(11100110) \qquad \tilde{}y: -1(11111111)$$

图 10.2　二进制位翻转

10.5.2　按位与运算符 &

格式：x & y

功能：当两个操作对象二进制数的相同位都为 1 时，结果数值的相应位为 1，否则相应位为 0。

【例 10-13】　设有操作数 s：146(10010010)，要求借助掩码 mask，通过 & 运算，保留操作数 s 的前 4 位，清零后 4 位。

程序代码如下：

```
/* e10_13.c */
#include<stdio.h>
void main(){
    int s=146,mask=240,z;
    z=s&mask;
    printf("s=%d,mask=%d,z=%d\n",s,mask,z);
}
```

程序运行结果：

```
s=146,mask=240,z=144
```

程序说明：

（1）掩码 mask 中保留位置为 1，清零位置为 0。

（2）通过 & 运算，操作数 s 的前 4 位保留，后 4 位清零，如图 10.3 所示。

$$\begin{array}{ll} s: & 146(10010010) \\ \& \quad mask: & 240(11110000) \\ \hline z: & 144(10010000) \end{array}$$

图 10.3　& 运算

10.5.3　按位或运算符 |

格式：x | y

功能：当两个操作对象二进制数的相同位都为 0 时，结果数值的相应位为 0，否则相应位为 1。

【例 10-14】　设有操作数 s：81(01010001)，要求借助掩码 mask，通过 | 运算，操作数 s 后 4 位置 1。

程序代码如下:

```
/* e10_14.c */
#include<stdio.h>
void main(){
    int s=81,mask=15,z;
    z=s|mask;
    printf("s=%d,mask=%d,z=%d\n",s,mask,z);
}
```

程序运行结果:

s=81,mask=15,z=95

程序说明:

(1) 掩码 mask 中后 4 位置 1。

(2) 通过 | 运算,操作数 s 的后 4 位置 1,如图 10.4 所示。

```
s:      81(01010001)
| mask:  15(00001111)
z:      95(01011111)
```

图 10.4 |运算

10.5.4　按位异或运算符^

格式:x ^ y

功能:当两个操作对象二进制数的相同位的值相同时,结果数值的相应位为 0,否则相应位为 1。

异或操作的主要性质:任意数和自身异或结果为 0;0 和任意数 n 异或结果还是本身 n。

【例 10-15】　设有变量 a:3(00000011)和变量 b:4(00000100),使用^运算,不借助临时变量,交换两个变量的值。

程序代码如下:

```
/* e10_15.c */
#include<stdio.h>
void main(){
    int a,b;
    a=3;b=4;
    a=a^b;              /* 执行按位异或运算后,a 为 7 */
    b=b^a;              /* 执行按位异或运算后,b 为 3 */
    a=a^b;              /* 执行按位异或运算后,a 为 4 */
    printf("%d,%d\n",a,b);
}
```

程序运行结果:

4,3

程序说明:

通过三次 ^ 运算,不借助第三个变量,变量 a 的值 3 变换成 4,变量 b 的值变换成 3,

实现两个变量值交换，如图 10.5 所示。

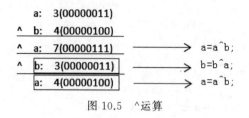

图 10.5　^运算

10.5.5　左位移运算符<<

格式：x<<要位移的位数

功能：把操作对象的二进制数向左移动指定的位，高位溢出，并在右面补上相应位数的 0。

【例 10-16】　设有操作数 a：43(00101011)，求其左移 2 位后结果。

程序代码如下：

```c
/* e10_16.c */
#include<stdio.h>
void main(){
    int a,b;
    a=43;
    b=a<<2;
    printf("%d,%d\n",a,b);
}
```

程序运行结果：

```
43,172
```

程序说明：

（1）执行 x<<2，高两位 00 溢出，右面补上两个 0。

（2）左移 n 位相当于对原来的数值乘以 2^n。左移 2 位，相当于原操作数 43 乘以 2^2，即 172，如图 10.6 所示。

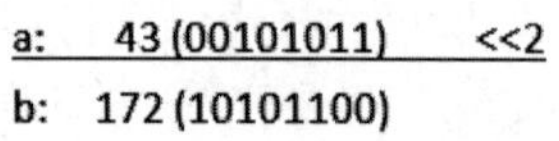

a:　43 (00101011)　　<<2
b:　172 (10101100)

图 10.6　a 左移 2 位

【例 10-17】　从键盘上输入一个正整数 num，按二进制位输出该数。

程序代码如下：

```c
/* e10_17.c */
#include "stdio.h"
void main(){
    int num, mask, i;
    printf("Input a integer number: ");
```

```
    scanf("%d",&num);
    mask=1<<15;                         /* 构造 1 个最高位为 1、其余各位为 0 的整数 */
    printf("%d=",num);
    for(i=1;i<=16;i++){
        putchar(num&mask ?'1': '0');/* 输出最高位的值(1/0) */
        num<<=1;                        /* 将次高位移到最高位上 */
        if(i%4==0) putchar(',');    /* 四位一组,用逗号分隔 */
    }
    printf("\bB\n");
}
```

程序运行结果:

```
Input a integer number: 65
65=0000,0000,0100,0001B
```

程序说明:

(1) 构造 1 个最高位为 1、其余各位为 0 的整数放入 mask 变量中,采用左移 15 位的方法。

(2) 变量 num 与 mask 变量进行 & 运算,如果为真输出字符 1,否则输出字符 0。

(3) 将次高位移到最高位上,采用复合赋值运算符<<=;输出的 0 或 1 字符四位一组,用逗号分开。对 16 位上的各位采用循环进行该操作。

(4) 除按位取反运算外,其余 5 个位运算符均可与赋值运算符一起,构成复合赋值运算符: &=、|=、^=、<<=、>>=。

10.5.6　右位移运算符>>

格式:x>>要位移的位数

功能:把操作对象的二进制数向右移动指定的位,移出的低位舍弃。高位补位分以下两种情况:

(1) 对无符号数或有符号数的正数,右移时左边高位补 0;

(2) 对有符号数的负数,右移时左边高位的补位,取决于计算机系统。如补 0,称为逻辑右移,补 1 称为算术右移。

【例 10-18】　设有操作数 a:83(01010011),求其右移 2 位后结果。

程序代码如下:

```
/* e10_18.c */
#include<stdio.h>
void main(){
    int a,b;
    a=83;
    b=a>>2;
    printf("%d,%d\n",a,b);
}
```

程序运行结果：

83,20

程序说明：

（1）对于无符号数 01010011，执行 x＞＞2，低两位 11 舍弃，高位补上两个 0。

| a: | 83 (01010011) | >>2 |
| b: | 20 (00010100) | |

图 10.7　a 右移 2 位

（2）右移 n 位相当于对原来的数值除以 2^n。右移 2 位，相当于原操作数 83 除以 2^2，即 20，如图 10.7 所示。

【例 10-19】　取一个八进制整数 a 从右端开始的 4～7 位。

程序代码如下：

```
/* e10_19.c */
#include <stdio.h>
void main(){
    unsigned a,b,c,d;
    scanf("%o",&a);              /* 键盘输入 1 个八进制的整数 */
    b=a>>4;                      /* a 右移 4 位 */
    c=~(~0<<4);                  /* 构造 1 个低 4 位全为 1、其余各位为 0 的整数 */
    d=b&c;
    printf("%o,%d\n%o,%d\n",a,a,d,d);
}
```

程序运行结果：

0101
101,65
4,4

程序说明：

（1）先使 a 右移 4 位，目的是使要取出的那几位移到最右端，如图 10.8 所示。右移到最右端可以用 a＞＞4 实现。

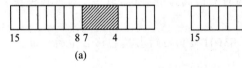

图 10.8　右移示意图

（2）设置一个低 4 位全为 1，其余全为 0 的数，可用下面方法实现：～（～0＜＜4）。

（3）将上面二者进行 & 运算。即（a＞＞4）& ～（～0＜＜4）。

（4）与低 4 位为 1 的数进行 & 运算，就能将这 4 位保留下来。

10.6 位域(位段)

存储信息时,并不一定需要占用一个或多个完整的字节,而只需占一个或几个二进制位。例如,在存放一个开关量时,只有 0 和 1 两种状态,用 1 位二进位即可。那么怎样对一个字节中一个或几个二进制位赋值或改变其值呢? 可以采用位域,用较少的位数存储数据。

10.6.1 位域的定义和位域变量的说明

1. 位域的定义

位域是把一个字节中的二进位划分为几个不同的区域,并说明每个区域的位数。每个域有一个域名,允许在程序中按域名进行操作。

位域定义形式:

struct 位域结构名 { 位域列表 };

其中,位域列表的形式:

类型说明符 位域名: 位域长度

例如:

```
struct bs{
    int a: 8;
    int b: 2;
    int c: 6;
};
```

2. 位域变量的说明

位域本质上是一种结构类型,不过其成员是按二进位分配的,以位为单位来指定其成员所占内存长度。所以,位域变量的说明,与结构体变量定义类似,可采用先定义后说明、同时定义说明或者直接说明 3 种方式。例如:

```
struct bs{
    int a: 8;
    int b: 2;
    int c: 6;
}data;
```

采用同时定义方式,说明位域变量 data 为 bs 类型的变量,共占 2 字节,如图 10.9 所示。其中位域 a 占 8 位,位域 b 占 2 位,位域 c 占 6 位。

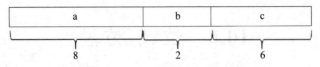

图 10.9　位域变量 data 的存储长度

对于位域定义的几点说明如下。

(1) 位域成员的类型必须指定为 unsigned 或 int 类型。

(2) 若有意使某位域从下一个字节开始,可定义如图 10.10 所示。

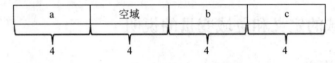

图 10.10　位域 b 从第 2 个字节开始存放

例如:

```
struct bs{
    unsigned a: 4
    unsigned : 0                    /* 空域 */
    unsigned b: 4                   /* 从下一单元开始存放 */
    unsigned c: 4
}
```

在这个位域定义中,a 占第 1 个字节的 4 位,后 4 位填 0 表示不使用;b 从第 2 个字节开始占用 4 位,c 占用 4 位。

(3) 如一个字节所剩空间不够存放另一位域时,也应从下一单元起存放该位域。

(4) 一个位域必须存储在同一个字节中,不能跨两个字节。也就是说一个位域的长度不能超过 8 位二进位。

(5) 位域可以无位域名,这时它只用来做填充或调整位置。无名的位域是不能使用的。例如:

```
struct k{
    int a: 1
    int  : 2                        /* 该 2 位不能使用 */
    int b: 3
    int c: 2
};
```

10.6.2　位域的使用

计算机在用于过程控制、参数检测或数据通信领域时,控制信息往往只占 1 字节中的一个或几个二进制位,使用位域实现了数据压缩,显得尤为重要。

位域的使用一般形式：

位域变量名.位域名

位域允许用各种格式输出。

【例 10-20】 位域的使用。

程序代码如下：

```c
/* e10_20.c */
#include <stdio.h>
void main(){
    struct bs{                      /* 定义位域结构 bs,3 个位域分别为 a,b,c */
        unsigned a: 1;
        unsigned b: 3;
        unsigned c: 4;
    }bit, * pbit;                   /* 定义指向位域结构 bs 类型的指针变量 pbit */
    bit.a=1;                        /* 给位域赋值 */
    bit.b=7;
    bit.c=5;
    printf("%d,%o,%x\n",bit.a,bit.b,bit.c);
    pbit=&bit;                      /* 指针变量 pbit 指向位域变量 bit */
    pbit->a=0;
    pbit->b&=3;                     /* 相当于: pbit->b=pbit->b&3 */
    pbit->c|=1;                     /* 相当于: pbit->c=pbit->c|1,结果为 15 */
    printf("%d,%d,%d\n",pbit->a,pbit->b,pbit->c);
}
```

程序运行结果：

```
1,7,5
0,3,5
```

程序说明：

pbit->b&=3 相当于 pbit->b=pbit->b&3,位域 b 中原有值为 7,与 3 按位做与运算的结果为 3(111&011=011,十进制值为 3)。

本 章 小 结

预处理功能是 C 语言特有的功能,它是在对源程序正式编译前由预处理程序完成的。

最常用的编译预处理有宏定义、文件包含和条件编译 3 类。无参数宏定义常用来定义符号常量,有参数的宏定义常用来定义一些简单操作。宏定义只做字符替换,不做语法正确性检查。函数只有一个返回值,宏替换可能有多个结果。

文件包含主要用于两个方面,一是包含程序中要调用的库函数的头文件,二是包含用户编写的文件。

条件编译指令将决定哪些代码被编译,而哪些是不被编译的。这对于程序的移植和调试是很有用的。

位运算在系统软件开发与计算机检测和控制领域中有重要应用,也是 C 语言的特色之一,它是以二进制位为单位进行运算的。位运算符只有逻辑运算和移位运算两类。

左移和右移分别等价于乘以 2 和除以 2。

左移和右移操作符不能用在负数上。如果两个操作数其中一个为负数,将会导致 undefined 行为,如 $-1<<1$ 或 $1<<-1$。而且,如果移动的位数超过数的范围,也会导致 undefined 行为,如 $1<<33$。

位操作符不能用来替换逻辑运算符。逻辑运算符($\&\&$,$||$和!)运算结果为 0 或 1。但位操作符运算结果为整数,而且逻辑运算符将任意非 0 值视为 1。

$\&$ 运算符可以用来快速检测一个数的奇偶性。$x \& 1$ 表达式的值如果非 0,则 x 是奇数;反之为偶数。

位域本质上是一种结构类型,不过其成员是按二进位分配,以位为单位来指定其成员所占内存长度。位域提供了一种手段,使得可在高级语言中实现数据的压缩,节省了存储空间,同时也提高了程序的效率。

习　题　10

一、单项选择题

1. 以下说法正确的是_____。

  A. 可以把 define 和 if 定义为用户标识符

  B. 可以把 define 定义为用户标识符,但不能把 if 定义为用户标识符

  C. 可以把 if 定义为用户标识符,但不能把 define 定义为用户标识符

  D. define 和 if 都不能定义为用户标识符

2. 下面叙述中不正确的是_____。

  A. 函数调用时,先求出实参表达式,然后代入形参。而使用带参的宏只是进行简单的字符替换

  B. 函数调用是在程序运行时处理的,分配临时的内存单元。而宏展开则是在编译时进行的,在展开时也要分配内存单元,进行值传递

  C. 对于函数中的实参和形参都要定义类型,二者的类型要求一致,而宏不存在类型问题,宏没有类型

  D. 调用函数只可得到一个返回值,而用宏可以设法得到几个结果

3. 以下说法不正确的是_____。

  A. 文件包含是指一个源文件可以将另一个文件的全部内容包含进去

  B. 文件包含处理命令的格式为 #include<包含文件名>或 #include "包含文

件名"

  C. 一条包含命令可以指定多个被包含文件

  D. 文件包含可以嵌套

4. 下面程序是通过带参的宏定义求圆的面积,下画线处应填写_____。

```
#define PI 3.14159
#define AREA(r) _____
void main(){
    float r=5;
    printf("%f ",AREA(r));
}
```

  A. PI＊(r)＊(r) B. PI＊(r)   C. r＊r   D. PI＊r＊r

5. 以下叙述中正确的是_____。

  A. 用♯include 包含的头文件的后缀不可以是.a

  B. 若一些源程序中包含某个头文件;当该头文件有错时,只需对该头文件进行修改,包含此头文件所有源程序不必重新进行编译

  C. 宏命令行可以看作是一行 C 语言语句

  D. C 语言编译中的预处理是在编译之前进行的

6. 下面叙述中正确的是_____。

  A. 宏定义是 C 语言语句,所以要在行末加分号

  B. 可以使用♯undef 命令来终止宏定义的作用域

  C. 在进行宏定义时,宏定义不能层层嵌套

  D. 对程序中用双引号括起来的字符串内的字符,与宏名相同的要进行置换

7. 在"文件包含"预处理语句中,当♯include 后面的文件名用双引号括起时,寻找被包含文件的方式为_____。

  A. 直接按系统设定的标准方式搜索目录

  B. 先在源程序所在目录搜索,若找不到,再按系统设定的标准方式搜索

  C. 仅搜索源程序所在目录

  D. 仅搜索当前目录

8. 下列程序执行后的输出结果是_____。

```
#include<stdio.h>
#define MA(x) x＊(x-1)
void main(){
    int a=1,b=2;
    printf("%d \n",MA(1+a+b));
}
```

  A. 6   B. 8   C. 10   D. 12

9. 程序中头文件 typel.h 的内容如下:

  #define N 5

```
#define M1 N * 3
```

程序如下:

```
#include<stdio.h>
#include "type1.h"
#define M2 N * 2
void main(){
    int i;
    i=M1+M2;
    printf("%d\n",i);
}
```

程序编译后运行的输出结果是_____。

    A. 10   B. 20   C. 25   D. 30

10. 设有以下宏定义:

```
#define N 3
#define Y(n) ((N+1) * n)
```

则执行语句:$z=2*(N+Y(5+1));$后,z 的值为_____。

    A. 出错   B. 42   C. 48   D. 54

11. 以下不正确的叙述是_____。

    A. 宏替换不占用运行时间   B. 宏名无类型

    C. 宏替换只是字符替换   D. 宏名必须用大写字母表示

12. 以下叙述中不正确的是_____。

    A. a&=b 等价于 a=a&b   B. a|=b 等价于 a=a|b

    C. a!=b 等价于 a=a!b   D. a^=b 等价于 a=a^b

13. char x = 56; x = x&056; printf("%d,%o\n",x,x);以上程序段的结果是_____。

    A. 56,70   B. 0,0   C. 40,50   D. 62,76

14. char z='A'; int b; b=((241&15)&&(z|'a'));b 的值为_____。

    A. 0   B. 1   C. TURE   D. FALSE

15. int x=1,y=2;x=x^y;y=y^x;x=x^y;执行以上语句后,x 和 y 的值分别是_____。

    A. x=1,y=2   B. x=2,y=2   C. x=2,y=1   D. x=1,y=1

16. 在 C 语言中,要求操作数必须是整型或字符型的运算符是_____。

    A. &&   B. &   C. !   D. ||

17. 表达式 0x13&0x17 的值是_____。

    A. 0x17   B. 0x13   C. 0xf8   D. 0xec

18. 设有定义语句: char c1=92,c2=92;,则以下表达式值为 0 的是_____。

    A. c1^c2   B. c1&c2   C. ~c2   D. c1|c2

19. 设 char 型变量 x 的值为 10100111,则表达式(2＋x)^(～3)的值是_____。

    A. 10101001　　　　B. 10101000　　　　C. 11111101　　　　D. 01010101

20. 设有以下语句：char a＝3,b＝6,c;c＝a^b<<2;,则 c 的二进制值是_____。

    A. 00011011　　　　B. 00010100　　　　C. 00011100　　　　D. 00011000

二、填空题

1. C 语言提供的预处理功能主要有_____、_____和_____。

2. C 语言规定预处理命令必须以_____开头。

3. 在预编译时将宏名替换成_____的过程称为宏展开。

4. 预处理命令不是 C 语言语句,不必在行末加_____。

5. 定义宏的关键字是_____。

6. 若有定义：♯define PI 3,则表达式 PI＊2＊2 的值为_____。

7. 在宏定义♯define A 3.14159 中,宏名 A 代替_____。

8. 如要撤销已定义的宏,可使用_____命令。

9. 设 x＝11001101,若想通过 x＆y 使 x 中的低 4 位不变,高 4 位清零,则 y 的二进制数是_____。

10. 设 x＝10100011,若要通过 x^y 使 x 的高 4 位取反,低 4 位不变,则 y 的二进制数是_____。

11. 设有以下语句：char x＝4,y＝8,z; z＝x^y>>2;则 z 的二进制值是_____。

12. 下列程序段的运行结果是_____。

```
int a=1,b=2;
if(a&b)    printf("***\n");
else       printf("$$$\n");
```

13. 位运算中,操作数每右移一位,相当于_____。

14. 位运算中,唯一的单目运算符是_____。

15. 位域成员的类型必须指定为_____。

16. 计算机内部是以_____形式存放数值的。

三、阅读程序

1. 下列程序执行的结果是_____。

```
#include<stdio.h>
#define MAX(x,y) (x)>(y)?(x):(y)
void main(){
    int a=5,b=2,c=3,d=3,t;
    t=MAX(a+b,c+d)*10;
    printf("%d\n",t);
}
```

2. 下列程序执行的结果是_____。

```
#include<stdio.h>
```

```
#define PI 3.14
#define R 5.0
#define S PI * R * R
void main(){
    printf("%f",S);
}
```

3. 下列程序的运行结果是_____。

```
#include<stdio.h>
#define N 10
#define s(x) x * x
#define f(x) (x * x)
void main(){
    int i1,i2;
    i1=1000/s(N);
    i2=1000/f(N);
    printf("%d,%d\n",i1,i2);
}
```

4. 下列程序的运行结果是_____。

```
#include<stdio.h>
#define N 4+1
#define M N * 2+N
#define RE 5 * M+M * N
void main(){
    printf("%d",RE/2);
}
```

5. 下列程序执行的结果是_____。

```
#include<stdio.h>
#define A 4
#define B(x) A * x/2
void main(){
    float c,a=4.5;
    c=B(a);
    printf("c=%5.1f", c);
}
```

6. 下列程序执行的结果是_____。

```
#include<stdio.h>
void main(){
    unsigned char a,b,c;
    a=0x3;b=a|0x8;c=b<<1;
    printf("%d,%d,%d",a,b,c);
```

```
}
```

7. 下列程序执行的结果是_____。

```
#include<stdio.h>
void main(){
    int x=3,y=2,z=1;
    printf("%d",x/y&~z);
}
```

8. 下列程序执行的结果是_____。

```
#include<stdio.h>
void main(){
    char x=040;
    printf("%d",x=x>>1);
}
```

9. 下列程序执行的结果是_____。

```
#include<stdio.h>
void main(){
    unsigned char a,b;
    a=7^3;b=~4&3;
    printf("%d,%d",a,b);
}
```

10. 下列程序执行的结果是_____。

```
#include<stdio.h>
void main(){
    unsigned a=0112,x,y,z;
    x=a>>3;printf("x=%o,",x);
    y=~(~0<<4);printf("y=%o,",y);
    z=x&y;printf("z=%o\n",z);
}
```

四、编程题

1. 定义一个带参的宏 swap(x,y),以实现两个整数之间的交换,并利用它将一维数组 a 和 b 的值进行交换。

2. 编写一个宏定义 AREA(a,b,c),用于求一个边长为 a、b 和 c 的三角形的面积。其公式为 $s=(a+b+c)/2$,area$=\sqrt{s(s-a)(s-b)(s-c)}$。

3. 取一个整数 a 从右端开始的 4~9 位(位号从 0 开始,例如:16 位数位 0~15 位)。

4. 已知整数 a,将整数 a 的右边第 1、2、4、5、8 位保留(右起为第 1 位),其他位翻转构成新 a,并以八进制格式输出。

第 **11** 章

综合应用举例

学习目标：

通过综合实训，加强对理论知识的认识，掌握程序设计的基本语法、步骤和方法，培养良好的程序设计思路以及良好的编程风格。

11.1　通讯录管理程序

11.1.1　项目要求

编写一个个人通讯录管理程序，要求对通讯录的内容能够进行增加、删除、插入、保存到文件、读取指定条件的记录等操作，并能够按照姓名进行查找、排序和显示通讯录的全部内容。

11.1.2　项目分析

通讯录记录结构：姓名、单位和电话。采用结构体数组来存放记录，利用菜单来分别调用各功能模块。

11.1.3　总体设计

将通讯录管理程序划分为以下几个模块。

主模块：

功能：显示系统菜单。

1. 输入记录

功能：输入若干条记录。

2. 显示全部记录

功能：按一定格式一次显示 10 条记录。

3. 查找记录

功能：按姓名查找记录，找到后按一定格式显示出来。

4. 删除记录

功能：按姓名删除一条记录。

5. 插入记录

功能：在按姓名找到的记录前插入一条记录。

6. 保存文件

功能：将若干条记录格式写入文件。

7. 从文件中读入记录

功能：从文件格式读入记录。

8. 按序号显示记录

功能：按序号从文件中读取某记录，并按格式显示。

9. 按姓名排序

功能：将记录按姓名进行排序。

10. 快速查找记录

功能：用二分查找法按姓名快速查找记录并显示。

11. 复制文件

功能：将记录文件复制给目标文件。

12. 程序结束

功能：结束整个程序的运行。

11.1.4 代码实现

```
/* e11_1.c */
#include "stdio.h"                          /* I/O 函数 */
#include "stdlib.h"                         /* 标准库函数 */
#include "string.h"                         /* 字符串函数 */
#include "ctype.h"                          /* 字符操作函数 */
#define M 50                                /* 定义常数表示记录数 */
```

```
typedef struct{                              /* 定义数据结构 */
    char name[20];                           /* 姓名 */
    char units[30];                          /* 单位 */
    char tele[10];                           /* 电话 */
}ADDRESS;
/******以下是函数原型*******/
int enter(ADDRESS t[]);                      /* 输入记录 */
void list(ADDRESS t[],int n);                /* 显示记录 */
void search(ADDRESS t[],int n);              /* 按姓名查找显示记录 */
int del(ADDRESS t[],int n);                  /* 删除记录 */
int add(ADDRESS t[],int n);                  /* 插入记录 */
void save(ADDRESS t[],int n);                /* 记录保存为文件 */
int load(ADDRESS t[]);                       /* 从文件中读记录 */
void display(ADDRESS t[]);                   /* 按序号查找显示记录 */
void sort(ADDRESS t[],int n);                /* 按姓名排序 */
void qseek(ADDRESS t[],int n);               /* 快速查找记录 */
void copy();                                 /* 文件复制 */
void print(ADDRESS temp);                    /* 显示单条记录 */
int find(ADDRESS t[],int n,char * s) ;       /* 查找函数 */
int menu_select();                           /* 主菜单函数 */
void main(){
    ADDRESS adr[M];                          /* 定义结构体数组 */
    int length;                              /* 保存记录长度 */
    for(;;){                                 /* 无限循环 */
        switch(menu_select()){      /* 调用主菜单函数,返回整数值作开关语句的条件 */
        case 0: length=enter(adr);break;     /* 输入记录 */
        case 1: list(adr,length);break;      /* 显示全部记录 */
        case 2: search(adr,length);break;    /* 查找记录 */
        case 3: length=del(adr,length);break;   /* 删除记录 */
        case 4: length=add(adr,length); break;  /* 插入记录 */
        case 5: save(adr,length);break;      /* 保存文件 */
        case 6: length=load(adr); break;     /* 读文件 */
        case 7: display(adr);break;          /* 按序号显示记录 */
        case 8: sort(adr,length);break;      /* 按姓名排序 */
        case 9: qseek(adr,length);break;     /* 快速查找记录 */
        case 10: copy();break;               /* 复制文件 */
        case 11: exit(0);                    /* 程序结束 */
        }
    }
}
/* 菜单函数,函数返回值为整数,代表所选的菜单项 */
menu_select(){
    char s[80];
    int c;
```

```
    printf("press any key enter menu......\n");  /* 提示按任意键继续 */
    printf("********************MENU********************\n\n");
    printf(" 0. Enter record\n");
    printf(" 1. List the file\n");
    printf(" 2. Search record on name\n");
    printf(" 3. Delete a record\n");
    printf(" 4. add record \n");
    printf(" 5. Save the file\n");
    printf(" 6. Load the file\n");
    printf(" 7. display record on order\n");
    printf(" 8. sort to make new file\n");
    printf(" 9. Quick seek record\n");
    printf(" 10. copy the file to new file\n");
    printf(" 11. Quit\n");
    printf("**********************************************\n");
    do{
        printf("\n Enter you choice(0~11): ");   /* 提示输入选项 */
        scanf("%s",s);                            /* 输入选择项 */
        c=atoi(s);                                /* 将输入的字符串转化为整型数 */
    }while(c<0||c>11);                            /* 选择项不在 0~11 则重输 */
    return c;                                     /* 返回选择项,主程序根据该数调用相应的函数 */
}
/* 输入记录,形参为结构体数组,函数值返回类型为整型表示记录长度 */
int enter(ADDRESS t[]){
    int i,n;
    printf("\nplease input num \n");             /* 提示信息 */
    scanf("%d",&n);                              /* 输入记录数 */
    printf("please input record \n");           /* 提示输入记录 */
    printf("name unit telephone\n");
    printf("-------------------------------------------------\n");
    for(i=0;i<n;i++){
        scanf("%s%s%s",t[i].name,t[i].units,t[i].tele);   /* 输入记录 */
        printf("-------------------------------------------------\n");
    }
    return n;                                     /* 返回记录条数 */
}
/* 显示记录,参数为记录数组和记录条数 */
void list(ADDRESS t[],int n){
    int i;
    printf("\n\n*****************ADDRESS*****************\n");
    printf("name unit telephone\n");
    printf("-------------------------------------------------\n");
    for(i=0;i<n;i++)
        printf("%-20s%-30s%-10s\n",t[i].name,t[i].units,t[i].tele);
```

```c
        if((i+1)%10==0){                                    /* 判断输出是否达到 10 条记录 */
            printf("Press any key continue...\n");   /* 提示信息 */
        }
            printf("**************************end*******************\n");
    }
/* 查找记录 */
void search(ADDRESS t[],int n){
    char s[20];                                         /* 保存待查找姓名字符串 */
    int i;                                              /* 保存查找到结点的序号 */
    printf("please search name\n");
    scanf("%s",s);                                      /* 输入待查找姓名 */
    i=find(t,n,s);                                      /* 调用 find 函数，得到一个整数 */
    if(i>n-1)                                    /* 如果整数 i 值大于 n-1，说明没找到 */
        printf("not found\n");
    else
        print(t[i]);                                    /* 找到，调用显示函数显示记录 */
}
/* 显示指定的一条记录 */
void print(ADDRESS temp){
    printf("\n\n***********************************************\n");
    printf("name unit telephone\n");
    printf("--------------------------------------------------\n");
    printf("%-20s%-30s%-10s\n",temp.name,temp.units,temp.tele);
    printf("**************************end*******************\n");
}
/* 查找函数，参数为记录数组和记录条数以及姓名 s */
int find(ADDRESS t[],int n,char * s){
    int i;
    for(i=0;i<n;i++)                            /* 从第一条记录开始，直到最后一条 */
    {
        if(strcmp(s,t[i].name)==0)       /* 记录中的姓名和待比较的姓名是否相等 */
        return i;                            /* 相等，则返回该记录的下标号，程序提前结束 */
    }
    return i;                                          /* 返回 i 值 */
}
/* 删除函数，参数为记录数组和记录条数 */
int del(ADDRESS t[],int n){
    char s[20];                                        /* 要删除记录的姓名 */
    int ch=0;
    int i,j;
    printf("please deleted name\n");          /* 提示信息 */
    scanf("%s",s);                                     /* 输入姓名 */
    i=find(t,n,s);                                     /* 调用 find 函数 */
    if(i>n-1)                                          /* 如果 i>n-1，超过了数组的长度 */
```

```
            printf("no found not deleted\n");        /*显示没找到要删除的记录*/
        else{
            print(t[i]);                              /*调用输出函数显示该条记录信息*/
            printf("Are you sure delete it(1/0)\n");  /*确认是否要删除*/
            scanf("%d",&ch);                          /*输入一个整数0或1*/
            if(ch==1){                                /*如果确认删除整数为1*/
                for(j=i+1;j<n;j++){                   /*删除该记录,实际后续记录前移*/
                    strcpy(t[j-1].name,t[j].name);    /*将后一条记录的姓名复制到前一条*/
                    strcpy(t[j-1].units,t[j].units);  /*将后一条记录的单位复制到前一条*/
                    strcpy(t[j-1].tele,t[j].tele);    /*将后一条记录的电话复制到前一条*/
                }
                n--;                                  /*记录数减1*/
            }
        }
    return n;                                         /*返回记录数*/
}
/*插入记录函数,参数为结构体数组和记录数*/
int add(ADDRESS t[],int n){                           /*插入函数,参数为结构体数组和记录数*/
    ADDRESS temp;                                     /*新插入记录信息*/
    int i,j;
    char s[20];                                       /*确定插入在哪个记录之前*/
    printf("please input record\n");
    printf("*********************************************\n");
    printf("name unit telephone\n");
    printf("------------------------------------------------\n");
    scanf("%s%s%s",temp.name,temp.units,temp.tele);   /*输入插入信息*/
    printf("------------------------------------------------\n");
    printf("please input locate name \n");
    scanf("%s",s);                                    /*输入插入位置的姓名*/
    i=find(t,n,s);                                    /*调用find函数,确定插入位置*/
    for(j=n-1;j>=i;j--){                              /*从最后一个结点开始向后移动一条*/
        strcpy(t[j+1].name,t[j].name);                /*当前记录的姓名复制到后一条*/
        strcpy(t[j+1].units,t[j].units);              /*当前记录的单位复制到后一条*/
        strcpy(t[j+1].tele,t[j].tele);                /*当前记录的电话复制到后一条*/
    }
    strcpy(t[i].name,temp.name);                      /*将新插入记录的姓名复制到第i个位置*/
    strcpy(t[i].units,temp.units);                    /*将新插入记录的单位复制到第i个位置*/
    strcpy(t[i].tele,temp.tele);                      /*将新插入记录的电话复制到第i个位置*/
    n++;                                              /*记录数加1*/
    return n;                                         /*返回记录数*/
}
/*保存函数,参数为结构体数组和记录数*/
void save(ADDRESS t[],int n){
    int i;
```

```
    FILE * fp;                                    /* 指向文件的指针 */
    if((fp=fopen("record.txt","wb"))==NULL){      /* 打开文件,并判断打开是否正常 */
        printf("can not open file\n");            /* 没打开 */
        exit(1);                                  /* 退出 */
    }
    printf("\nSaving file\n");                     /* 输出提示信息 */
    fprintf(fp,"%d",n);                           /* 将记录数写入文件 */
    fprintf(fp,"\r\n");                           /* 将换行符号写入文件 */
    for(i=0;i<n;i++){
        fprintf(fp,"%-20s%-30s%-10s",t[i].name,t[i].units,t[i].tele);
                                                  /* 格式写入记录 */

        fprintf(fp,"\r\n");                       /* 将换行符号写入文件 */
    }
    fclose(fp);                                   /* 关闭文件 */
    printf("****save success***\n");              /* 显示保存成功 */
}
/* 读入函数,参数为结构体数组 */
int load(ADDRESS t[]){
    int i,n;
    FILE * fp;                                    /* 指向文件的指针 */
    if((fp=fopen("record.txt","rb"))==NULL){      /* 打开文件 */
        printf("can not open file\n");            /* 不能打开 */
        exit(1);                                  /* 退出 */
    }
    fscanf(fp,"%d",&n);                           /* 读入记录数 */
    for(i=0;i<n;i++)
        fscanf(fp,"%20s%30s%10s",t[i].name,t[i].units,t[i].tele);
                                                  /* 按格式读入记录 */
    fclose(fp);                                   /* 关闭文件 */
    printf("You have success read data from file!!!\n");    /* 显示保存成功 */
    return n;                                     /* 返回记录数 */
}
/* 按序号显示记录函数 */
void display(ADDRESS t[]){
    int id,n;
    FILE * fp;                                    /* 指向文件的指针 */
    if((fp=fopen("record.txt","rb"))==NULL){      /* 打开文件 */
        printf("can not open file\n");            /* 不能打开文件 */
        exit(1);                                  /* 退出 */
    }
    printf("Enter order number...\n");            /* 显示信息 */
    scanf("%d",&id);                              /* 输入序号 */
    fscanf(fp,"%d",&n);                           /* 从文件读入记录数 */
```

```
    if(id>=0&&id<n){                            /* 判断序号是否在记录范围内 */
        fseek(fp,(id-1)*sizeof(ADDRESS),1);     /* 移动文件指针到该记录位置 */
        print(t[id]);                           /* 调用输出函数显示该记录 */
        printf("\r\n");
    }
    else
        printf("no %d number record!!!\n",id);  /* 如果序号不合理显示信息 */
    fclose(fp);                                 /* 关闭文件 */
}
/* 排序函数,参数为结构体数组和记录数 */
void sort(ADDRESS t[],int n){
    int i,j,flag;
    ADDRESS temp;                               /* 临时变量作交换数据用 */
    for(i=0;i<n;i++){
        flag=0;                                 /* 设标志判断是否发生过交换 */
        for(j=0;j<n-1;j++)
            if((strcmp(t[j].name,t[j+1].name))>0){   /* 比较大小 */
                flag=1;
                strcpy(temp.name,t[j].name);    /* 交换记录 */
                strcpy(temp.units,t[j].units);
                strcpy(temp.tele,t[j].tele);
                strcpy(t[j].name,t[j+1].name);
                strcpy(t[j].units,t[j+1].units);
                strcpy(t[j].tele,t[j+1].tele);
                strcpy(t[j+1].name,temp.name);
                strcpy(t[j+1].units,temp.units);
                strcpy(t[j+1].tele,temp.tele);
            }
            if(flag==0)break;
                                    /* 如果标志为 0,说明没有发生过交换循环结束 */

    }
    printf("sort sucess!!!\n");                  /* 显示排序成功 */
}
/* 快速查找,参数为结构体数组和记录数 */
void qseek(ADDRESS t[],int n){
    char s[20];
    int l,r,m;
    printf("\nPlease sort before qseek!\n");
                                    /* 提示确认在查找前,记录是否已排序 */
    printf("please enter name for qseek\n");    /* 提示输入 */
    scanf("%s",s);                              /* 输入待查找的姓名 */
    l=0;r=n-1;                                  /* 设置左边界与右边界的初值 */
    while(l<=r){                                /* 当左边界<=右边界时 */
        m=(l+r)/2;                              /* 计算中间位置 */
```

```c
        if(strcmp(t[m].name,s)==0){
                                         /* 与中间结点姓名字段做比较,判断是否相等 */
            print(t[m]);                  /* 如果相等,则调用print函数显示记录信息 */
            return ;                       /* 返回 */
        }
        if(strcmp(t[m].name,s)<0)          /* 如果中间结点小 */
            l=m+1;                         /* 修改左边界 */
        else
            r=m-1;                         /* 否则,中间结点大,修改右边界 */
    }
    if(l>r)                                /* 如果左边界大于右边界时 */
        printf("not found\n");             /* 显示没找到 */
}
/* 复制文件 */
void copy(){
    char outfile[20];                      /* 目标文件名 */
    int i,n;
    ADDRESS temp[M];                       /* 定义临时变量 */
    FILE * sfp,* tfp;                      /* 定义指向文件的指针 */
    if((sfp=fopen("record.txt","rb"))==NULL){/* 打开记录文件 */
        printf("can not open file\n");     /* 显示不能打开文件信息 */
        exit(1);                           /* 退出 */
    }
    printf("Enter outfile name,for example c:\\f1\\te.txt:\n");   /* 提示信息 */
    scanf("%s",outfile);                   /* 输入目标文件名 */
    if((tfp=fopen(outfile,"wb"))==NULL){   /* 打开目标文件 */
        printf("can not open file\n");     /* 显示不能打开文件信息 */
        exit(1);                           /* 退出 */
    }
    fscanf(sfp,"%d",&n);                   /* 读出文件记录数 */
    fprintf(tfp,"%d",n);                   /* 写入目标文件数 */
    fprintf(tfp,"\r\n");                   /* 写入换行符 */
    for(i=0;i<n;i++){
        fscanf(sfp,"%20s%30s%10s\n",temp[i].name,temp[i].units,
        temp[i].tele);                     /* 读入记录 */
        fprintf(tfp,"%-20s-30s%-10s\n",temp[i].name,
        temp[i].units,temp[i].tele);       /* 写入记录 */
        fprintf(tfp,"\r\n");               /* 写入换行符 */
    }
    fclose(sfp);                           /* 关闭源文件 */
    fclose(tfp);                           /* 关闭目标文件 */
    printf("you have success copy file!!!\n"); /* 显示复制成功 */
}
```

11.1.5　测试结果

(1) 启动界面,如图 11.1 所示。

图 11.1　启动界面

(2) 选择菜单"0. Enter record"后,输入记录,如图 11.2 所示。

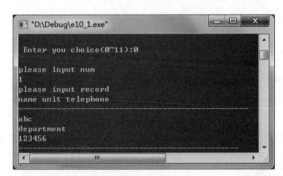

图 11.2　输入记录

(3) 选择菜单"1. List the file"后,输出记录,如图 11.3 所示。

图 11.3　输出记录

11.2　学生成绩管理系统

11.2.1　项目要求

能够实现对学生成绩进行管理,包括计算出学生的总成绩、平均成绩并根据学生成绩进行排序显示,包括对学生信息的增加、删除、修改和查找等操作。

11.2.2　项目分析

学生成绩管理主要包括的信息有学号、姓名、成绩等,学生信息保存在二进制文件中,由于学生的人数不确定,采用单链表来记录学生的信息,以便动态地增加学生信息。

11.2.3　总体设计

将学生成绩管理系统划分为以下几个模块。
主模块:
功能:显示系统菜单

1. 初始化模块

功能:初始化单链表为空指针。

2. 输入记录

功能:连续添加学生信息,当输入学号的第一个字符为@时结束输入。

3. 从表中删除记录

功能:从单链表中删除一条指定学号的学生信息。

4. 显示所有记录

功能:显示当前单链表中的所有记录。

5. 按照姓名查找

功能:查找指定姓名的学生信息。

6. 保存记录到文件

功能:把当前单链表中的内容保存到指定文件中。

7. 从文件中读入记录

功能：从指定文件中读取记录到单链表。

8. 计算所有学生的总分和平均分

功能：计算当前单链表中学生的总分和平均成绩。

9. 插入记录到表中

功能：插入一条记录到单链表中。

10. 复制文件

功能：复制文件备份。

11. 排序

功能：按学生成绩从高到低进行排序。

12. 追加记录到文件中

功能：将当前单链表中的记录追加到指定文件中。

13. 索引

功能：按照学号从小到大的顺序进行排序。

14. 分类合计

功能：按班统计学生成绩。

11.2.4　代码实现

```c
/* e11_2.c */
#include "stdio.h"                    /* I/O 函数 */
#include "stdlib.h"                   /* 其他说明 */
#include "string.h"                   /* 字符串函数 */
#include "conio.h"                    /* 屏幕操作函数 */
#include "ctype.h"                    /* 字符操作函数 */
#include "malloc.h"                   /* 动态地址分配函数 */
#define N 3                           /* 定义常数 */
typedef struct z1{                    /* 定义数据结构 */
    char no[11];
    char name[15];
    int score[N];
    float sum;
```

```c
        float average;
        int order;
        struct z1 * next;
    }STUDENT;

    STUDENT * init();                          /*初始化函数*/
    STUDENT * create();                        /*创建链表*/
    STUDENT * del(STUDENT * h);                /*删除记录*/
    void print(STUDENT * h);                   /*显示所有记录*/
    void search(STUDENT * h);                  /*查找*/
    void save(STUDENT * h);                    /*保存*/
    STUDENT * load();                          /*读入记录*/
    void computer(STUDENT * h);                /*计算总分和均分*/
    STUDENT * insert(STUDENT * h);             /*插入记录*/
    void append();                             /*追加记录*/
    void copy();                               /*复制文件*/
    STUDENT * sort(STUDENT * h);               /*排序*/
    STUDENT * index(STUDENT * h);              /*索引*/
    void total(STUDENT * h);                   /*分类合计*/
    int menu_select();                         /*菜单函数*/
    /* *****主函数开始****** */
    void main(){
        STUDENT * head;                        /*链表定义头指针*/
        head=init();                           /*初始化链表*/
        system("CLS");                         /*清屏*/
        for(;;){                               /*无限循环*/
            switch(menu_select()){
            case 0: head=init();break;         /*执行初始化*/
            case 1: head=create();break;       /*创建链表*/
            case 2: head=del(head);break;      /*删除记录*/
            case 3: print(head);break;         /*显示全部记录*/
            case 4: search(head);break;        /*查找记录*/
            case 5: save(head);break;          /*保存文件*/
            case 6: head=load(); break;        /*读文件*/
            case 7: computer(head);break;      /*计算总分和均分*/
            case 8: head=insert(head);break;   /*插入记录*/
            case 9: copy();break;              /*复制文件*/
            case 10: head=sort(head);break;    /*排序*/
            case 11: append();break;           /*追加记录*/
            case 12: head=index(head);break;   /*索引*/
            case 13: total(head);break;        /*分类合计*/
            case 14: exit(0);                  /*如菜单返回值为14,程序结束*/
            }
        }
```

```
}
/*菜单函数,返回值为整数*/
menu_select(){
    char * menu[]={"*************MENU*************",    /*定义菜单字符串数组*/
    " 0. init list",                                    /*初始化*/
    " 1. Enter list",                                   /*输入记录*/
    " 2. Delete a record from list",              /*从表中删除记录*/
    " 3. print list ",                            /*显示单链表中所有记录*/
    " 4. Search record on name",                  /*按照姓名查找记录*/
    " 5. Save the file",                          /*将单链表中记录保存到文件中*/
    " 6. Load the file",                          /*从文件中读入记录*/
    " 7. compute the score",                      /*计算所有学生的总分和平均分*/
    " 8. insert record to list ",                 /*插入记录到表中*/
    " 9. copy the file to new file",              /*复制文件*/
    " 10. sort to make new file",                 /*排序*/
    " 11. append record to file",                 /*追加记录到文件中*/
    " 12. index on nomber",                       /*索引*/
    " 13. total on nomber",                       /*分类合计*/
    " 14. Quit"};                                 /*退出*/
    char s[3];                                    /*以字符形式保存选择号*/
    int c,i;                                      /*定义整型变量*/
    for(i=0;i<16;i++)                             /*输出主菜单数组*/
    printf("%s\n",menu[i]);
    do{
        printf("\n   Enter you choice(0~14): ");
                                                  /*在菜单窗口外显示提示信息*/
        scanf("%s",s);                    /*输入选择项*/
        c=atoi(s);                        /*将输入的字符串转化为整型数*/
    }while(c<0||c>14);                    /*选择项不在0~14则重输*/
    return c;                            /*返回选择项,主程序根据该数调用相应的函数*/
}
STUDENT * init(){
    return NULL;
}
/*创建链表*/
STUDENT * create(){
    int i; int s;
    STUDENT * h=NULL, * info;               /* STUDENT 为指向结构体的指针*/
    int inputs(char * prompt,char * s,int count);
    for(;;){
        info=(STUDENT * )malloc(sizeof(STUDENT));   /*申请空间*/
        if(!info){                          /*如果指针 info 为空*/
            printf("\nout of memory");       /*输出内存溢出*/
            return NULL;                     /*返回空指针*/
```

```
        }
        inputs("enter no: ",info->no,11);              /* 输入学号并校验 */
        if(info->no[0]=='@') break;                    /* 如果学号首字符为@则结束输入 */
        inputs("enter name: ",info->name,15);          /* 输入姓名,并进行校验 */
        printf("please input %d score \n",N);          /* 提示开始输入成绩 */
        s=0;                                           /* 计算每个学生的总分,初值为 0 */
        for(i=0;i<N;i++){                              /* N 门课程循环 N 次 */
            do{
                printf("score%d: ",i+1);               /* 提示输入第几门课程 */
                scanf("%d",&info->score[i]);           /* 输入成绩 */
                if(info->score[i]>100||info->score[i]<0)    /* 确保成绩在 0~100 */
                    printf("bad data,repeat input\n");      /* 出错提示信息 */
            }while(info->score[i]>100||info->score[i]<0);
            s=s+info->score[i];                        /* 累加各门课程成绩 */
        }
        info->sum=s;                                   /* 将总分保存 */
        info->average=(float)s/N;                      /* 求出平均值 */
        info->order=0;                                 /* 未排序前此值为 0 */
        info->next=h;                                  /* 将头结点作为新输入结点的后继结点 */
        h=info;                                        /* 新输入结点为新的头结点 */
    }
    return(h);                                         /* 返回头指针 */
}
/* 输入字符串,并进行长度验证 */
int inputs(char * prompt,char * s,int count){
    char p[255];
    do{
        printf(prompt);                                /* 显示提示信息 */
        scanf("%s",p);                                 /* 输入字符串 */
        if(strlen(p)>count) printf("\n too long!\n");
                                                       /* 长度校验,超过 count 值重输 */
    }while(strlen(p)>count);
    strcpy(s,p);                                       /* 将输入的字符串复制到字符串 s 中 */
    return 0;
}

/* 输出链表中结点信息 */
void print(STUDENT * h){
    int i=0;                                           /* 统计记录条数 */
    STUDENT * p;                                       /* 移动指针 */
    system("CLS");                                     /* 清屏 */
    p=h;                                               /* 初值为头指针 */
printf("\n\n\n*********************STUDENT*********************************\n");
```

```
    printf("|rec|nO    |    name    | sc1| sc2| sc3| sum | ave |order|\n");
    printf("|---|----------|---------------|----|----|----|--------|
-------|-----|\n");
        while(p!=NULL)
        {
            i++;
            printf("|%3d |%-10s|%-15s|%4d|%4d|%4d| %4.2f | %4.2f | %3d |\n",i,p
            ->no,p->name,p->score[0],p->score[1],p->score[2],p->sum,p->
            average,p->order);
            p=p->next;
        }
    printf("******************************end*****************************\n");
    }
    /* 删除记录 */
    STUDENT * del(STUDENT * h){
    STUDENT * p, * q;                  /* p 为查找到要删除的结点指针,q 为其前驱指针 */
        char s[11];                              /* 存放学号 */
        system("CLS");                          /* 清屏 */
        printf("please deleted no\n");          /* 显示提示信息 */
        scanf("%s",s);                          /* 输入要删除记录的学号 */
        q=p=h;                                  /* 给 q 和 p 赋初值头指针 */
        while(strcmp(p->no,s) &&p!=NULL){
                                        /* 当记录的学号不是要找的,或指针不为空时 */
            q=p;                            /* 将 p 指针值赋给 q 作为 p 的前驱指针 */
            p=p->next;                      /* 将 p 指针指向下一条记录 */
        }
        if(p==NULL)                            /* 如果 p 为空,说明链表中没有该结点 */
            printf("\nlist no %s student\n",s);
        else{                                  /* p 不为空,显示找到的记录信息 */
    printf("******************************have found************************\n");
            printf("|no      |    name    | sc1| sc2| sc3| sum | ave |order|\n");
    printf("|----------|---------------|----|----|----|--------|-----
--|-----|\n");
        printf("|%-10s|%-15s|%4d|%4d|%4d| %4.2f | %4.2f | %3d |\n", p->no,p->
        name,p->score[0],p->score[1],p->score[2],p->sum,p->average,p->
        order);
    printf("******************************end*****************************\n");
        getch();                              /* 按任意键后,开始删除 */
        if(p==h)                              /* 如果 p==h,说明被删结点是头结点 */
            h=p->next;                        /* 修改头指针指向下一条记录 */
        else
            q->next=p->next;      /* 不是头指针,将 p 的后继结点作为 q 的后继结点 */
        free(p);                              /* 释放 p 所指结点空间 */
        printf("\n have deleted No %s student\n",s);
```

```c
            printf("Don't forget save\n");              /* 提示删除后不要忘记保存文件 */
        }
        return(h);                                       /* 返回头指针 */
    }
    /* 查找记录 */
    void search(STUDENT * h){
        STUDENT * p;                                     /* 移动指针 */
        char s[15];                                      /* 存放姓名的字符数组 */
        system("CLS");                                   /* 清屏幕 */
        printf("please enter name for search\n");
        scanf("%s",s);                                   /* 输入姓名 */
        p=h;                                             /* 将头指针赋给 p */
        while(strcmp(p->name,s)&&p!=NULL)
                                            /* 当记录的姓名不是要找的,或指针不为空时 */
        p=p->next;                                       /* 移动指针,指向下一结点 */
        if(p==NULL)                                      /* 如果指针为空 */
    printf("\nlist no %s student\n",s);                  /* 显示没有该学生 */
        else{                                            /* 显示找到的记录信息 */
    printf("\n\n*******************************havefound*****************************\
    n");
            printf("|nO     |      name     | sc1| sc2| sc3| sum | ave |order|\n");
    printf("|----------|---------------|----|----|----|--------|-----
    --|-----|\n");
            printf("|%-10s|%-15s|%4d|%4d|%4d| %4.2f | %4.2f | %3d |\n", p->no,p->
            name,p->score[0],p->score[1],p->score[2],p->sum,p->average,p->
            order);
    printf("*******************************end*******************************\n");
        }
    }
    /* 插入记录 */
    STUDENT * insert(STUDENT * h){
        STUDENT * p, * q, * info;        /* p指向插入位置,q是其前驱,info指新插入记录 */
        char s[11];                                      /* 保存插入点位置的学号 */
        int s1,i;
        printf("please enter location before the no\n");
        scanf("%s",s);                                   /* 输入插入点学号 */
        printf("\nplease new record\n");                 /* 提示输入记录信息 */
        info=(STUDENT * )malloc(sizeof(STUDENT));   /* 申请空间 */
        if(!info){
            printf("\nout of memory");                   /* 如没有申请到,内存溢出 */
            return NULL;                                 /* 返回空指针 */
        }
        inputs("enter no: ",info->no,11);                /* 输入学号 */
        inputs("enter name: ",info->name,15);     /* 输入姓名 */
```

```
        printf("please input %d score \n",N);          /*提示输入分数*/
        s1=0;                                           /*保存新记录的总分,初值为 0 */
        for(i=0;i<N;i++){                               /*N 门课程循环 N 次输入成绩*/
            do{                                          /*对数据进行验证,保证在 0~100 */
                printf("score%d: ",i+1);
                scanf("%d",&info->score[i]);
                if(info->score[i]>100||info->score[i]<0)
                    printf("bad data,repeat input\n");
            }while(info->score[i]>100||info->score[i]<0);
            s1=s1+info->score[i];                       /*计算总分*/
        }
        info->sum=s1;                                   /*将总分存入新记录中*/
        info->average=(float)s1/N;                      /*计算平均分*/
        info->order=0;                                  /*名次赋值 0 */
        info->next=NULL;                                /*设后继指针为空*/
        p=h;                                            /*将指针赋值给 p */
        q=h;                                            /*将指针赋值给 q */
        while(strcmp(p->no,s)&&p!=NULL){                /*查找插入位置*/
            q=p;                                        /*保存指针 p,作为下一个 p 的前驱*/
            p=p->next;                                  /*将指针 p 后移*/
        }
        if(p==NULL)                                     /*如果 p 指针为空,说明没有指定结点*/
            if(p==h)                                    /*同时 p 等于 h,说明链表为空*/
                h=info;                                 /*新记录则为头结点*/
        else
            q->next=info;                               /*p 为空,但 p 不等于 h,将新结点插在表尾*/
        else
            if(p==h){                                   /*p 不为空,则找到了指定结点*/
                info->next=p;                           /*如果 p 等于 h,则新结点插入在第一个结点之前*/
                h=info;                                 /*新结点为新的头结点*/
            }
            else{
                info->next=p;     /*不是头结点,则是中间某个位置,新结点的后继结点为 p */
                q->next=info;                           /*新结点作为 q 的后继结点*/
            }
        printf("\n ----have inserted %s student----\n",info->name);
        printf("---Don't forget save---\n");           /*提示存盘*/
        return(h);                                      /*返回头指针*/
}
/*保存数据到文件*/
void save(STUDENT * h){
        FILE * fp;                                      /*定义指向文件的指针*/
        STUDENT * p;                                    /*定义移动指针*/
        char outfile[10];                               /*保存输出文件名*/
```

```
        printf("Enter outfile name,for example c:\\f1\\te.txt:\n");
                                                        /*提示文件名格式信息*/
        scanf("%s",outfile);
        if((fp=fopen(outfile,"wb"))==NULL){
                                    /*为输出打开一个二进制文件,如没有则建立*/
            printf("can not open file\n");
            exit(1);
        }
        printf("\nSaving file......\n");            /*打开文件,提示正在保存*/
        p=h;                                        /*移动指针从头指针开始*/
        while(p!=NULL){                             /*如p不为空*/
            fwrite(p,sizeof(STUDENT),1,fp);         /*写入一条记录*/
            p=p->next;                              /*指针后移*/
        }
        fclose(fp);                                 /*关闭文件*/
        printf("-----save success!!-----\n"); /*显示保存成功*/
    }
    /*从文件读数据*/
    STUDENT * load(){
        STUDENT * p, * q, * h=NULL;                 /*定义记录指针变量*/
        FILE * fp;                                  /*定义指向文件的指针*/
        char infile[10];                            /*保存文件名*/
        printf("Enter infile name,for example c:\\f1\\te.txt:\n"); scanf("%s",infile);
                                                    /*输入文件名*/
        if((fp=fopen(infile,"rb"))==NULL){          /*打开一个二进制文件,为读方式*/
            printf("can not open file\n");          /*如不能打开,则结束程序*/
            exit(1);
        }
        printf("\n -----Loading file!-----\n");
        p=(STUDENT *)malloc(sizeof(STUDENT));       /*申请空间*/
        if(!p){
printf("out of memory!\n");                         /*如没有申请到,则内存溢出*/
    return h;                                       /*返回空头指针*/
        }
        h=p;                                        /*申请到空间,将其作为头指针*/
        while(!feof(fp)){                           /*循环读数据直到文件尾结束*/
            if(1!=fread(p,sizeof(STUDENT),1,fp))
                break;                              /*如果没读到数据,跳出循环*/
            p->next=(STUDENT *)malloc(sizeof(STUDENT));
                                                    /*为下一个结点申请空间*/
            if(!p->next){
                printf("out of memory!\n");         /*如没有申请到,则内存溢出*/
                return h;
            }
```

```
        q=p;                                    /* 保存当前结点的指针,作为下一结点的前驱 */
        p=p->next;                              /* 指针后移,新读入数据链到当前表尾 */
    }
    q->next=NULL;                               /* 最后一个结点的后继指针为空 */
    fclose(fp);                                 /* 关闭文件 */
    printf("---You have success read data from file!!!---\n");
    return h;                                   /* 返回头指针 */
}
/* 追加记录到文件 */
void append(){
    FILE * fp;                                  /* 定义指向文件的指针 */
    STUDENT * info;                             /* 新记录指针 */
    int s1,i;
    char infile[10];                            /* 保存文件名 */
    printf("\nplease new record\n");
    info=(STUDENT *)malloc(sizeof(STUDENT));    /* 申请空间 */
    if(!info){
        printf("\nout of memory");              /* 没有申请到,内存溢出本函数结束 */
        return ;
    }
    inputs("enter no: ",info->no,11);           /* 调用 inputs 输入学号 */
    inputs("enter name: ",info->name,15);       /* 调用 inputs 输入姓名 */
    printf("please input %d score \n",N);       /* 提示输入成绩 */
    s1=0;
    for(i=0;i<N;i++){
        do{
            printf("score%d: ",i+1);
            scanf("%d",&info->score[i]);        /* 输入成绩 */
            if(info->score[i]>100||info->score[i]<0)printf("bad data,repeat
            input\n");
        }while(info->score[i]>100||info->score[i]<0);   /* 成绩数据验证 */
        s1=s1+info->score[i];                   /* 求总分 */
    }
    info->sum=s1;                               /* 保存总分 */
    info->average=(float)s1/N;                  /* 求平均分 */
    info->order=0;                              /* 名次初始值为 0 */
    info->next=NULL;                            /* 将新记录后继指针赋值为空 */
    printf("Enter infile name,for example c:\\f1\\te.txt:\n");    scanf("%s",
    infile);                                    /* 输入文件名 */
    if((fp=fopen(infile,"ab"))==NULL){
                                                /* 向二进制文件尾增加数据方式打开文件 */
        printf("can not open file\n");          /* 显示不能打开 */
        exit(1);                                /* 退出程序 */
    }
```

```
        printf("\n -----Appending record!-----\n");
        if(1!=fwrite(info,sizeof(STUDENT),1,fp)){      /* 写文件操作 */
            printf("-----file write error!-----\n");
            return;                                     /* 返回 */
        }
        printf("-----append sucess!!----\n");
        fclose(fp);                                     /* 关闭文件 */
    }
    /* 文件复制 */
    void copy(){
        char outfile[10],infile[10];
        FILE * sfp,* tfp;                               /* 源和目标文件指针 */
        STUDENT * p=NULL;                               /* 移动指针 */
        system("CLS");                                  /* 清屏 */
        printf("Enter infile name,for example c:\\f1\\te.txt:\n");
        scanf("%s",infile);                             /* 输入源文件名 */
        if((sfp=fopen(infile,"rb"))==NULL){             /* 二进制读方式打开源文件 */
            printf("can not open input file\n");
            exit(0);
        }
        printf("Enter outfile name,for example c:\\f1\\te.txt:\n");
        scanf("%s",outfile);                            /* 输入目标文件名 */
        if((tfp=fopen(outfile,"wb"))==NULL){            /* 二进制写方式打开目标文件 */
            printf("can not open output file \n");
            exit(0);
        }
        while(!feof(sfp)){                              /* 读文件直到文件尾 */
            if(1!=fread(p,sizeof(STUDENT),1,sfp))
                break;                                  /* 块读 */
            fwrite(p,sizeof(STUDENT),1,tfp);            /* 块写 */
        }
        fclose(sfp);                                    /* 关闭源文件 */
        fclose(tfp);                                    /* 关闭目标文件 */
        printf("you have success copy file!!!\n");      /* 显示成功复制 */
    }
    /* 排序 */
    STUDENT * sort(STUDENT * h){
        int i=0;                                        /* 保存名次 */
        STUDENT * p,* q,* t,* h1;                        /* 定义临时指针 */
        h1=h->next;                                     /* 将原表的头指针所指的下一个结点作头指针 */
        h->next=NULL;                                   /* 第一个结点为新表的头结点 */
        while(h1!=NULL){                                /* 当原表不为空时,进行排序 */
```

```
        t=h1;                                        /* 取原表的头结点 */
        h1=h1->next;                                 /* 原表头结点指针后移 */
        p=h;                                         /* 设定移动指针 p,从头指针开始 */
        q=h;                                         /* 设定移动指针 q 作为 p 的前驱,初值为头指针 */
        while(t->sum<p->sum&&p!=NULL){               /* 作总分比较 */
            q=p;                                     /* 待排序结点值小,则新表指针后移 */
            p=p->next;
        }
        if(p==q){                                    /* p==q,说明待排序结点值大,应排在首位 */
            t->next=p;                               /* 待排序结点的后继结点为 p */
            h=t;                                     /* 新头结点为待排序结点 */
        }
        else{        /* 待排序结点应插入在中间某个位置 q 和 p 之间,如 p 为空则是尾部 */
            t->next=p;                               /* t 的后继结点是 p */
            q->next=t;                               /* q 的后继结点是 t */
        }
    }
    p=h;                                             /* 已排好序的头指针赋给 p,准备填写名次 */
    while(p!=NULL){                                  /* 当 p 不为空时,进行下列操作 */
        i++;                                         /* 结点序号 */
        p->order=i;                                  /* 将名次赋值 */
        p=p->next;                                   /* 指针后移 */
    }
    printf("sort sucess!!!\n");                      /* 排序成功 */
    return h;                                        /* 返回头指针 */
}
/* 计算总分和均值 */
void computer(STUDENT * h){
    STUDENT * p;                                     /* 定义移动指针 */
    int i=0;                                         /* 保存记录条数初值为 0 */
    long s=0;                                        /* 总分初值为 0 */
    float average=0;                                 /* 平均分初值为 0 */
    p=h;                                             /* 从头指针开始 */
    while(p!=NULL){                                  /* 当 p 不为空时处理 */
        s+=p->sum;                                   /* 累加总分 */
        i++;                                         /* 统计记录条数 */
        p=p->next;                                   /* 指针后移 */
    }
    average=(float)s/i;    /* 求平均分,平均分为浮点数,总分为整数,所以做类型转换 */
    printf("\n--All students sum score is: %ld average is %5.2f\n",s,average);
}
/* 索引 */
```

```c
STUDENT * index(STUDENT * h){
    STUDENT * p, * q, * t, * h1;                        /* 定义临时指针 */
    h1=h->next;                              /* 将原表的头指针所指的下一个结点作头指针 */
    h->next=NULL;                                   /* 第一个结点为新表的头结点 */
    while(h1!=NULL){                /* 当原表不为空时,进行排序 */
        t=h1;                        /* 取原表的头结点 */
        h1=h1->next;                 /* 原表头结点指针后移 */
        p=h;                         /* 设定移动指针 p,从头指针开始 */
        q=h;                         /* 设定移动指针 q 作为 p 的前驱结点,初值为头指针 */
        while(strcmp(t->no,p->no)>0&&p!=NULL){          /* 做学号比较 */
            q=p;                     /* 待排序结点值大,应往后插,所以新表指针后移 */
            p=p->next;
        }
        if(p==q){                    /* p==q,说明待排序结点值小,应排在首位 */
            t->next=p;               /* 待排序结点的后继结点为 p */
            h=t;                     /* 新头结点为待排序结点 */
        }
        else{        /* 待排序结点应插入在中间某个位置 q 和 p 之间,如 p 为空则是尾部 */
            t->next=p;               /* t 的后继是 p */
            q->next=t;               /* q 的后继是 t */
        }
    }
    printf("index sucess!!!\n");    /* 索引排序成功 */
    return h;                /* 返回头指针 */
}
/* 分类合计 */
void total(STUDENT * h){
    STUDENT * p, * q;             /* 定义临时指针变量 */
    char sno[9],qno[9], * ptr;  /* 保存班级号 */
    float s1,ave;                /* 保存总分和平均分 */
    int i;                       /* 保存班级人数 */
    system("CLS");               /* 清屏 */
    printf("\n\n *******************Total****************\n");
    printf("---class--------sum-------------average----\n");
    p=h;                         /* 从头指针开始 */
    while(p!=NULL){              /* 当 p 不为空时做下面的处理 */
        memcpy(sno,p->no,8);     /* 从学号中取出班级号 */
        sno[8]='\0';             /* 做字符串结束标记 */
        q=p->next;               /* 将指针指向待比较的记录 */
        s1=p->sum;               /* 当前班级的总分初值为该班级的第一条记录总分 */
        ave=p->average;          /* 当前班级的平均分初值为该班级的第一条记录平均分 */
        i=1;                     /* 统计当前班级人数 */
```

```
    while(q!=NULL){           /*内循环开始*/
        memcpy(qno,q->no,8);          /*读取班级号*/
        qno[8]='\0';                  /*做字符串结束标记*/
        if(strcmp(qno,sno)==0){   /*比较班级号*/
            s1+=q->sum;               /*累加总分*/
            ave+=q->average;          /*累加平均分*/
            i++;                      /*累加班级人数*/
            q=q->next;                /*指针指向下一条记录*/
        }
        else
          break;                      /*不是一个班级的结束本次内循环*/
    }
    printf("%s     %10.2f       %5.2f\n",sno,s1,ave/i);
    if(q==NULL)
        break;                        /*如果当前指针为空,外循环结束,程序结束*/
    else
        p=q;              /*否则,将当前记录作为新的班级的第一条记录开始新的比较*/
}
printf("--------------------------------------------\n");
}
```

11.2.5 测试结果

(1) 启动界面,如图 11.4 所示。

(2) 输入学生信息(1. Enter list),如图 11.5 所示。

图 11.4　启动界面

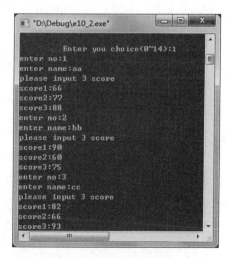

图 11.5　输入学生信息

(3) 显示学生信息(3. print list),如图 11.6 所示。

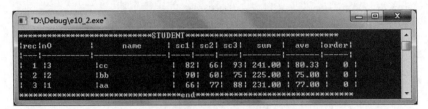

图 11.6　显示学生信息

本 章 小 结

通过本章学习,使读者对 C 语言的相关知识有更加全面的了解,并能够进行综合运用,提高使用 C 语言开发应用程序的能力。

附录 A　标准 ASCII 码表

美国信息交换标准代码

（American Standard Code for Information Interchange，ASCII）

十进制	八进制	十六进制	字符	十进制	八进制	十六进制	字符	十进制	八进制	十六进制	字符
0	000	00	NUL	43	053	2B	+	86	126	56	V
1	001	01	SOH	44	054	2C	,	87	127	57	W
2	002	02	STX	45	055	2D	−	88	130	58	X
3	003	03	ETX	46	056	2E	.	89	131	59	Y
4	004	04	EOT	47	057	2F	/	90	132	5A	Z
5	005	05	ENQ	48	060	30	0	91	133	5B	[
6	006	06	ACK	49	061	31	1	92	134	5C	\
7	007	07	BEL	50	062	32	2	93	135	5D	]
8	010	08	BS	51	063	33	3	94	136	5E	^
9	011	09	HT	52	064	34	4	95	137	5F	_
10	012	0A	LT	53	065	35	5	96	140	60	`
11	013	0B	VT	54	066	36	6	97	141	61	a
12	014	0C	FF	55	067	37	7	98	142	62	b
13	015	0D	CR	56	070	38	8	99	143	63	c
14	016	0E	SO	57	071	39	9	100	144	64	d
15	017	0F	SI	58	072	3A	:	101	145	65	e
16	020	10	DLE	59	073	3B	;	102	146	66	f
17	021	11	DC1	60	074	3C	<	103	147	67	g
18	022	12	DC2	61	075	3D	=	104	150	68	h
19	023	13	DC3	62	076	3E	>	105	151	69	i
20	024	14	DC4	63	077	3F	?	106	152	6A	j
21	025	15	NAK	64	100	40	@	107	153	6B	k
22	026	16	SYN	65	101	41	A	108	154	6C	l
23	027	17	ETB	66	102	42	B	109	155	6D	m
24	030	18	CAN	67	103	43	C	110	156	6E	n
25	031	19	EM	68	104	44	D	111	157	6F	o
26	032	1A	SUB	69	105	45	E	112	160	70	p
27	033	1B	ESC	70	106	46	F	113	161	71	q
28	034	1C	FS	71	107	47	G	114	162	72	r
29	035	1D	GS	72	110	48	H	115	163	73	s
30	036	1E	RS	73	111	49	I	116	164	74	t
31	037	1F	US	74	112	4A	J	117	165	75	u
32	040	20	SP	75	113	4B	K	118	166	76	v
33	041	21	!	76	114	4C	L	119	167	77	w
34	042	22	"	77	115	4D	M	120	170	78	x
35	043	23	#	78	116	4E	N	121	171	79	y
36	044	24	$	79	117	4F	O	122	172	7A	z
37	045	25	%	80	120	50	P	123	173	7B	{
38	046	26	&.	81	121	51	Q	124	174	7C	|
39	047	27	'	82	122	52	R	125	175	7D	}
40	050	28	(	83	123	53	S	126	176	7E	~
41	051	29	)	84	124	54	T	127	177	7F	del
42	052	2A	*	85	125	55	U				

附录 B 运算符的优先级和结合性

优先级	运算符	含　义	参与运算对象的数目	结合方向
1	( ) [ ] −> .	圆括号运算符 下标运算符 指向结构体成员运算符 结构体成员运算符		自左至右
2	! ~ ++ −− − （类型） * & sizeof	逻辑非运算符 按位取反运算符 自增运算符 自减运算符 负号运算符 类型转换运算符 指针运算符 取地址运算符 求类型长度运算符	单目运算符	自右至左
3	* / %	乘法运算符 除法运算符 求余运算符	双目运算符	自左至右
4	+ −	加法运算符 减法运算符	双目运算符	自左至右
5	<< >>	左移运算符 右移运算符	双目运算符	自左至右
6	> >= < <=	关系运算符	双目运算符	自左至右
7	== !=	判等运算符 判不等运算符	双目运算符	自左至右
8	&	按位与运算符	双目运算符	自左至右
9	^	按位异或运算符	双目运算符	自左至右
10	|	按位或运算符	双目运算符	自左至右
11	&&	逻辑与运算符	双目运算符	自左至右
12	||	逻辑或运算符	双目运算符	自左至右
13	?:	条件运算符	三目运算符	自右至左

优先级	运算符	含　　义	参与运算对象的数目	结合方向
14	= += -= *= /= %= >>= <<= &= ^= |=	赋值运算符	双目运算符	自右至左
15	,	逗号运算符(顺序求值运算符)		自左至右

附录 C   C 语言的库函数

1. 数学函数

使用 ♯include "math.h"

函数名	函数类型和形参类型	功 能	返回值	说 明
abs	int abs(int x);	求整数 x 的绝对值	计算结果	
acos	double acos(double x);	计算 arccos(x)的值	计算结果	x 应在−1~1
asin	double asin(double x);	计算 arcsin(x)的值	计算结果	x 应在−1~1
atan	double atan(double x);	计算 arctan(x)的值	计算结果	
atan2	double atan2 (double x, double y);	计算 arctan(x/y)的值	计算结果	
cos	double cos(double x);	计算 cos(x)的值	计算结果	x 单位为弧度
cosh	double acosh(double x);	计算 x 的双曲余弦 cosh(x)的值	计算结果	
exp	double exp(double x);	求 e^x 的值	计算结果	
fabs	double fabs(double x);	求 x 的绝对值	计算结果	
floor	double floor(double x);	求出不大于 x 的最大整数	该整数的双精度实数	
fmod	double fmod (double x, double y);	求出整除 x/y 的余数	返回余数的双精度数	
frexp	double frexp(double val, int * eptr);	把双精度数 val 分解为数字部分(尾数)x 和以 2 为底的指数 n,即 $val = x * 2^n$,n 存放在 eptr 指向的变量中	返回数字部分 x $0.5 \leqslant x \leqslant 1$	
log	double log(double x);	求 lnx	计算结果	
log10	double log10(double x);	求 $\log_{10} x$	计算结果	
modf	double modf (double val, double * iptr);	把双精度数 val 分解为整数部分和小数部分,把整数部分存到 iptr 指向的单元中	val 的小数部分	
pow	double pow (double x, double y)	计算 x^y 的值	计算结果	
rand	int rand(void);	产生一个−90~32 767 的随机整数	随机整数	
sin	double sin(double x);	计算 sinx 的值	计算结果	x 的单位为弧度
sinh	double sinh(double x);	计算 x 的双曲正弦函数值	计算结果	

函数名	函数类型和形参类型	功 能	返回值	说 明
sqrt	double sqrt(double x);	计算 x 的平方根	计算结果	x≥0
tan	double tan(double x);	计算 tan(x)的值	计算结果	x 的单位为弧度
tanh	double tanh(double x);	计算 x 的双曲正切函数值	计算结果	

2. 字符函数和字符串函数

使用字符串函数时包含头文件 string.h,使用字符函数时包含头文件 ctype.h。

函数名	函数类型和形参类型	功 能	返 回 值	包含文件
isalnum	int isalnum(int ch);	检查 ch 是否是字母或数字	是字母或数字返回 1;否则返回 0	ctype.h.
isalpha	int isalpha(int ch);	检查 ch 是否是字母	是,返回 1;不是,返回 0	ctype.h.
iscntrl	int iscntrl(int ch);	检查 ch 是否控制字符	是,返回 1;不是,返回 0	ctype.h.
isdigit	int isdigit(int ch);	检查 ch 是否数字(0~9)	是,返回 1;不是,返回 0	ctype.h.
isgraph	int isgraph(int ch);	检查 ch 是否是可打印字符(其 ASCII 码在 0x21~0x7E),不包括空格	是,返回 1;不是,返回 0	ctype.h.
islower	int islower(int ch);	检查 ch 是否是小写字母(a~z)	是,返回 1;不是,返回 0	ctype.h.
isprint	int isprint(int ch);	检查 ch 是否是可打印字符(其 ASCII 码在 0x21~0x7E),包括空格	是,返回 1;不是,返回 0	ctype.h.
ispunct	int ispunct(int ch);	检查 ch 是否标点字符(不包括空格),即除字母、数字和空格以外的所有可打印字符	是,返回 1;不是,返回 0	ctype.h.
isspace	int isspace(int ch);	检查 ch 是否空格、跳格符(制表符)或换行符	是,返回 1;不是,返回 0	ctype.h.
isupper	int isupper(int ch);	检查 ch 是否是大写字母(A~Z)	是,返回 1;不是,返回 0	ctype.h.
isxdigit	int isxdigit(int ch);	检查 ch 是否一个十六进制数学字符(即 0~9,或 A~F,或 a~f)	是,返回 1;不是,返回 0	ctype.h.
strcat	char * strcat(char * str1, char * str2);	把字符串 str2 接到 str1 后面,str1 最后的'\0'被取消	str1	string.h

函数名	函数类型和形参类型	功　能	返回值	包含文件
strchr	char * strchr(char * str, int ch);	指向 str 指向的字符串中第一次出现 ch 的位置	返回指向该位置的指针,如找不到,返回空指针	string.h
strcmp	char strcmp(char * str1, char * str2);	比较两个字符串 str1、str2	str1<str2,返回负数; str1＝str2,返回 0; str1>str2,返回正数	string.h
strcpy	char * strcpy(char * str1, char * str2);	把 str2 指向的字符串复制到 str1 中去	返回 str1	string.h
strlen	unsigned int strlen (char * str);	统计字符串 str 中字符的个数(不包括终止符 '\0')	返回字符个数	string.h
strstr	char * strstr(char * str1, char * str2);	找出 str2 字符串在 str1 字符串中第一次出现的位置(不包括 str2 的串结束符)	返回该位置的指针,如果找不到,返回空指针	string.h
tolower	int tolower(int ch);	将 ch 字符转换为小写字母	返回将 ch 所代表的字符的小写字母	ctype.h.
toupper	int toupper(int ch);	将 ch 字符转换为大写字母	返回将 ch 所代表的字符的大写字母	ctype.h.

3. 输入/输出函数

使用 #include "stdio.h"。

函数名	函数类型和形参类型	功　能	返回值	说　明
clearerr	void clearerr(FILE * fp);	清除文件指针错误指示器	无	
close	int close(int fp);	关闭文件	关闭成功返回 0, 不成功返回－1	非 ANSI C 标准函数
creat	int creat(char * filename, int mode);	以 mode 所指定方式建立文件	成功返回正数, 否则返回－1	非 ANSI C 标准函数
eof	int eof(int fd);	检查文件是否结束	遇到文件结束,返回 1,否则返回 0	非 ANSI C 标准函数
fclose	int fclose(FILE * fp);	关闭 fp 所指的文件,释放文件缓冲区	有错误返回非 0, 否则返回 0	
feof	int feof(FILE * fp);	检查文件是否结束	遇到文件结束,返回非 0,否则返回 0	
fgetc	int fgetc(FILE * fp);	从 fp 所指的文件中取得下一个字符	返回所得到的字符,若读入出错,返回 EOF	

函数名	函数类型和形参类型	功　能	返回值	说　明
fgets	char * fgets(char * buf, int n, FILE * fp);	从 fp 所指向的文件读取一个长度为(n-1)的字符串,存入起始地址为 buf 的空间	返回地址 buf,若遇文件结束或出错,返回 NULL	
fopen	FILE * fopen (char * filename, char * mode);	以 mode 指定的方式打开名为 filename 的文件	成功,返回一个文件指针;否则返回 0	
fprintf	int fprintf (FILE * fp, char * format, args, …);	把 args 的值以 format 指定的格式输出到 fp 指定的文件中	实际输出的字符数	
fputc	int fputc(char ch, FILE * fp);	将字符 ch 输出到 fp 指定的文件中	成功返回该字符,否则返回非 0	
fputs	int fputs (char * str, FILE * fp);	将 str 所指向的字符串输出到 fp 指定的文件中	成功返回 0,出错返回非 0	
fread	int fread (char * pt, unsigned size, unsigned n, FILE * fp);	从 fp 所指定的文件中读取长度为 size 的 n 个数据项,存到 pt 所指向的内存区	返回所读的数据项个数,若遇文件结束或出错,返回 0	
fscanf	int fscanf (FILE * fp, char format,args,…);	从 fp 所指的文件中按 format 给定的格式将输入数据送到 args 所指向的内存单元	已输入的数据个数	
fseek	int fseek (FILE * fp, long offset,int base);	将 fp 所指的文件的位置指针移到以 base 所指出的位置为基准,以 offset 为位移量的位置	返回当前位置,否则,返回-1	
ftell	long ftell(FILE * fp);	返回 fp 所指向的文件中的读写位置	返回 fp 所指向的文件中的读写位置	
fwrite	int fwrite (char * ptr, unsigned size, unsigned n, FILE * fp);	把 ptr 所指向的 n * size 个字节输出到 fp 所指向的文件中	写到 fp 文件中的数据项的个数	
getc	int getc(FILE * fp);	从 fp 所指的文件中读入一个字符	返回所读的字符,若文件结束或出错,返回 EOF	
getchar	int getchar(void);	从标准输入设备读取下一个字符	返回所读字符,若文件结束或出错,返回-1	
getw	int getw(FILE * fp);	从 fp 所指的文件中读取一个字(整数)	返回输入的整数,若文件结束或出错,返回-1	非 ANSI C 标准函数

函数名	函数类型和形参类型	功　　能	返回值	说　明
open	int open(char * filename, int mode);	以 mode 指定的方式打开已存在的名为 filename 的文件	返回文件号（正数），如打开失败，返回－1	非 ANSI C 标准函数
printf	int printf(char * format, args,…);	按 format 指向的格式字符串所规定的格式，将输出表列 args 的值输出到标准输出设备	输出字符的个数，若出错，返回－1	format 可以是一个字符串，或字符数组的起始地址
putc	int putc(int ch, FILE * fp);	把一个字符 ch 输出到 fp 所指的文件中	输出的字符 ch，若出错，返回 EOF	
putchar	int putchar(char ch);	把字符 ch 输出到标准输出设备	输出的字符 ch，若出错，返回 EOF	
puts	int puts(char * str);	把 str 指向的字符串输出到标准输出设备，将'\0'转换成回车换行	返回换行符，若出错，返回 EOF	
putw	int putw(int w, FILE * fp);	将一个整数 w（即一个字）写到 fp 指向的文件中	返回输出的整数，若出错，返回 EOF	非 ANSI C 标准
read	int read(int fd, char * buf, unsigned count);	从文件号 fp 所指定的文件中读 count 个字节到由 buf 指示的缓冲区中	返回真正读入的字节个数，如遇文件结束返回 0，出错返回－1	非 ANSI C 标准
rename	int rename(char * oldname, char * newname);	把由 oldname 所指的文件名，改为由 newname 所指的文件名	成功返回 0；出错返回－1	
rewind	void rewind(FILE * fp);	将 fp 所指的文件中的位置指针置于文件开头位置，并清除文件结束标志和错误标志	无	
scanf	int scanf(char * format, args,…);	从标准输入设备按 format 指向的格式字符串规定的格式，输入数据给 args 所指向的单元	读入并赋给 args 的数据个数。遇文件结束返回 EOF，出错返回 0	args 为指针
write	int write(int fd, char * buf, unsigned count);	从 buf 指示的缓冲区输出 count 个字符到 fd 所标志的文件中	返回实际输出的字节数，出错返回－1	非 ANSI C 标准

4. 动态存储分配函数

使用 ♯include "stdlib.h"或 ♯include "malloc.h"。

函数名	函数类型和形参类型	功　能	返　回　值
calloc	void（或 char）* calloc（unsigned n, unsigned size）;	分配 n 个数据项的内存连续空间，每个数据项的大小为 size	分配内存单元的起始地址,如不成功,返回 0
free	void free(void * p);	释放 p 所指的内存区	无
malloc	void（或 char）* malloc(unsigned size);	分配 size 字节的存储区	所分配的内存起始地址,如内存不够,返回 0
realloc	void(或 char) * realloc(void * p, unsigned size);	将 p 所指出的已分配内存区的大小改为 size。size 可以比原来分配的空间大或小	返回指向该内存区的指针

参 考 文 献

[1] Prinz P，Crawford T. C 语言核心技术[M]. 2 版. 北京：机械工业出版社，2017.

[2] Lu Y H. C 语言程序设计进阶教程[M]. 北京：机械工业出版社，2017.

[3] Hanly J R. C 语言程序设计与问题求解[M]. 7 版. 北京：机械工业出版社，2017.

[4] Etter D M. 工程问题 C 语言求解[M]. 4 版. 北京：高等教育出版社，2016.

[5] 黄维通. C 语言程序设计[M]. 3 版. 北京：高等教育出版社，2018.

[6] 苏小红. C 语言程序设计学习指导[M]. 4 版. 北京：高等教育出版社，2019.

[7] 何钦铭，颜晖. C 语言程序设计[M]. 2 版. 北京：高等教育出版社，2012.

[8] 杨国林. C 程序设计[M]. 2 版. 北京：高等教育出版社，2018.

[9] 教育部考试中心. 全国计算机等级考试二级教程——C 语言程序设计(2020 年版)[M]. 北京：高等教育出版社，2019.

图书资源支持

感谢您一直以来对清华版图书的支持和爱护。为了配合本书的使用,本书提供配套的资源,有需求的读者请扫描下方的"书圈"微信公众号二维码,在图书专区下载,也可以拨打电话或发送电子邮件咨询。

如果您在使用本书的过程中遇到了什么问题,或者有相关图书出版计划,也请您发邮件告诉我们,以便我们更好地为您服务。

我们的联系方式:

地　　址：北京市海淀区双清路学研大厦 A 座 701

邮　　编：100084

电　　话：010-83470236　　010-83470237

资源下载：http://www.tup.com.cn

客服邮箱：2301891038@qq.com

QQ：2301891038（请写明您的单位和姓名）

资源下载、样书申请

书圈

扫一扫，获取最新目录

课程直播

用微信扫一扫右边的二维码,即可关注清华大学出版社公众号"书圈"。